◉ 工学のための数学 ◉
EKM-6

工学のための
関数解析

山田　功

数理工学社

編者のことば

科学技術が進歩するに従って，各分野で用いられる数学は多岐にわたり，全体像をつかむことが難しくなってきている．また，数学そのものを学ぶ際には，それが実社会でどのように使われているかを知る機会が少なく，なかなか学習意欲を最後まで持続させることが困難である．このような状況を克服するために企画されたのが本ライブラリである．

全体は３部構成になっている．第１部は，線形代数・微分積分・データサイエンスという，あらゆる数学の基礎になっている書目群であり，第２部は，フーリエ解析・グラフ理論・最適化理論のような，少し上級に属する書目群である．そして第３部が，本ライブラリの最大の特色である工学の各分野ごとに必要となる数学をまとめたものである．第１部，第２部がいわゆる従来の縦割りの分類であるのに対して，第３部は，数学の世界を応用分野別に横割りにしたものになっている．

初学者の方々は，まずこの第３部をみていただき，自分の属している分野でどのような数学が，どのように使われているかを知っていただきたい．しかし，「知ること」と「使えること」の間には大きな差がある．ある分野を知ることだけでなく，その分野で自ら仕事をしようとすれば，道具として使えるところまでもっていかなければいけない．そのためには，第３部を念頭に置きながら，第１部と第２部をきちんと読むことが必要となる．

ある工学の分野を切り開いて行こうとするとき，まず問題を数学的に定式化することから始める．そこでは，問題を，どのような数学を用いて，どのように数学的に表現するかということが重要になってくる．問題の表面的な様相に惑わされることなく，その問題の本質だけを取り出して議論できる道具を見つけることが大切である．そのようなことができるためには，様々な数学を真に自分のものにし，単に計算の道具としてだけでなく，思考の道具として使いこなせるようになっていなければいけない．そうすることにより，ある数学が何故，工学のある分野で有効に働いているのかという理由がわかるだけでなく，一見別の分野であると思われていた問題が，数学的には全く同じ問題であることがわかり，それぞれの分野が大きく発展していくのである．本ライブラリが，このような目的のために少しでも役立てば，編者として望外の幸せである．

2004 年 2 月

編者　小川英光
藤田隆夫

「工学のための数学」書目一覧

第 1 部		第 3 部	
1	工学のための 線形代数	A–1	電気・電子工学のための数学
2	工学のための 微分積分	A–2	情報工学のための数学
3	工学のための データサイエンス入門	A–3	機械工学のための数学
4	工学のための 関数論	A–4	化学工学のための数学
5	工学のための 微分方程式	A–5	建築計画・都市計画の数学
6	工学のための 関数解析	A–6	経営工学のための数学
第 2 部			
7	工学のための ベクトル解析		
8	工学のための フーリエ解析		
9	工学のための ラプラス変換・z 変換		
10	工学のための 代数系と符号理論		
11	工学のための グラフ理論		
12	工学のための 離散数学		
13	工学のための 最適化手法入門		
14	工学のための 数値計算		

(A: Advanced)

まえがき

工学者にとって「関数解析」は「線形代数と微分積分の相乗効果の賜物」とイメージすればわかりやすい．

線形代数と同様に主役はベクトルであるが，関数解析に登場するベクトルは「線形代数で学んだベクトル」に限定されない．例えば，関数や写像も 1 つのベクトルと見てしまう．このように抽象化されたベクトルの世界にもノルムや内積を上手に定義することにより，一見種類が異なって見えていた「世の中の多様な問題」が統一的な視点で捉えられるようになり，問題解決のチャンスは飛躍的に高まる．このことは，「ヒルベルト空間論」(関数解析のコア) が，量子力学，ゲーム理論，コンピュータサイエンスなど横断的な分野で超人的な功績を遺した天才フォン・ノイマンが中心となって建設された史実からも容易に想像できる．

筆者自身も「関数解析の統一的な視点」が専門分野 (信号処理工学) の発展の要所要所で決定的な役割を演じてきたことを実感している[*1]．学生時代の筆者も何とか「関数解析的な考え方」を体得し，研究の糧にしようと夢見たのであったが，「工科系の大学初年級の数学 (微分積分と線形代数)」と「数学者が著した関数解析の書物」の間に横たわるギャップに大いに苦しめられた．また，現在もなおそうしたギャップを埋めてくれる書物が少ないことが工学系の関数解析ユーザ層の拡大を阻んでいる主要因と感じるようになった．本書は，正にそうしたギャップを埋めるために書かれたテキストであり，東京工業大学情報工学科が開講している，工学者のための入門コース「関数解析学 (学部 3 年生対象)」[*2]の筆者の講義ノートを大幅に加筆したものである．執筆に当っては，読者が一

[*1] 例えば，多種多様な最小 2 乗法はヒルベルト空間の直交射影定理によって統一的に理解できる．また，現在の信号画像処理工学は P.L.Lions (1994 年フィールズ賞受賞者) や I.Daubechies (ウエーブレット理論の開拓者の 1 人) など多くの第一級の数学者のアイディアを取り入れて進化し続けている．このことについては，拙文「工学と関数解析–統一的視座のありがたみ (数理科学第 55 巻 4 号, pp.49–55, 2017)」も併せて参照されたい．

[*2] 2017 年度からは，東京工業大学工学院情報通信系の「関数解析と逆問題 (学部 3 年生対象)」として開講されている．工学系の学部学生が「関数解析の統一的な考え方」に触れるカリキュラムは現在でも先進的であり，すでに工学と数学の間の垣根を低くし，多方面で有形無形の効果を発揮しているものと思われる．

歩一歩読み進めるたびに，地に足が着いた感覚が培われ，次第に議論の急所に自ら気づくようになり，理解が深まっていくスタイルとなるよう心がけた．数学的な事実の羅列になることを避けるため，議論の動機や定理の意味や恩恵を説明するとともに，いくつかの定理については思い切って限定的な形式に制限することにより，それらの証明が見通しのよいものとなるよう工夫した．工学者を対象とした本書が証明を重視したのは，工学系の研究の現場では厳密な論証能力の必要性が年々高まっているからであり，また，本書がより本格的な関数解析への準備にもなるよう意図したためでもある．読者層には大学初年級の数学 (微分積分と線形代数) を学んだ方を想定しているが，実数列の極限やベクトル空間の定義を確認する地点からスタートし[*3)]，「関数解析の前提となる考え方 (距離空間など)」と「関数解析の基本的な舞台 (ノルム空間，内積空間，バナッハ空間，ヒルベルト空間，共役空間) で展開される基本的な理論」へと徹底的にやさしくガイドしているので，工学系の学部生，大学院生でもそれほど困難なく読み進めることができるだろう．本書では「ルベーグ積分」や「線形作用素のスペクトル理論 (行列の固有値問題の無限次元版)」については，紙数の制限を超えた大掛かりな準備が必要なこともあり，思い切って割愛せざるをえなかった．関数解析は，その基本的な考え方の習得に目標を絞れば「ルベーグ積分」を表に出さなくても説明可能であるし，また，「線形作用素のスペクトル理論」も実際の工学系への応用では「行列の固有値問題の議論」に帰着されることが多いためでもある．そのかわり，近年，情報工学分野を中心に急速に応用が拡大している非線形解析の基本操作 (「凸射影」や「ノルム空間における微分」など) については凸最適化理論への応用とともに本書の中で詳しく説明している．各章の章末には理解を深めるために様々な難易度の演習問題を付している[*4)]．

本書が読者の皆様にとって「関数解析」の基本的な考え方を体得され，これを応用されるための一助となれば幸いである．

数学を専門としない筆者が曲がりなりにも関数解析に親しみ，ささやかな応用ができるようになったのは，学生時代に薫陶を賜った多くの先生方や筆者の専門分野で出会った国内外の第一線の研究者にいただいたアドバイスのおかげ

---

*3) 付録には補足として「集合と写像」「実数」「多変数実関数の微分」などに関する簡単なまとめと，「行列論」に関するいくつかの発展的な内容を解説している．

*4) 読者の学習の助けになるよう解答や学習のヒントを出版社のホームページから提供できるようにしたので，活用していただきたい．

である．特に大学院時代から今日に至るまでご指導を賜る辻井重男先生 (東京工業大学名誉教授)，坂庭好一先生 (東京工業大学教授) には，情報通信工学の諸問題に数理を応用する愉しみを教えていただいた．本書の執筆をお勧めくださった小川英光先生 (東京工業大学名誉教授) には「関数解析的な視点で考える」ことの大切さを教えていただいた．また，植松友彦先生 (東京工業大学教授) には本書の構成について御相談させていただいた．そして，研究室の学生諸君には読者の立場から多くの有益なコメントをいただいた．この機会に深く感謝申し上げたい．

最後に，本書の出版にあたって，数理工学社の方々にはひとかたならぬお世話になったことをここに記し，厚く御礼申し上げる．

2009 年 4 月　桜満開の大岡山にて

山田　功

目　　次

[†] 記号 † を付した節については，最初はざっと目を通す程度にとどめ，関数解析の議論に慣れた段階で必要に応じて読み直してみられることもおすすめできる．

[章末問題の解答について]

章末問題の解答はサイエンス社のホームページ

http://www.saiensu.co.jp

でご覧ください.

第1章

実数列の極限とベクトル空間

点の位置を少しだけ動かすことによって生じる変化を観察し，ミクロな情報を読みとり，これを積み上げ，マクロな情報を描き出す．この方針を見事に具現化・体系化した情報処理の方法が，人類史上最大の英知「微分積分法 (1666～1676 年の 10 年の間にニュートンとライプニッツによって独立に開発された)」である．この奇跡の大発明こそが解析学の源流であり，現在の科学技術の基礎となっている．まさしく点の位置を少しだけ動かすことは，“That’s one small step for a man, one giant leap for mankind”(月面への第一歩に際してニール・アームストロングが語った言葉 (1969.7.20)) だったのである．微かな変化をとらえるには，精密な測定器やセンサーが必要なように，誰からみても曖昧さが生じない「極限の議論の方法」がどうしても必要になる．関数解析は，微分積分学の情報処理機能の守備範囲を一般のベクトル空間に拡げることに成功した体系とみることができる (こんな宝物を工学に応用しない手はない)．この意味で本書の第一歩を「実数列の極限」と「ベクトル空間」の概念の確認にあてることは自然なことと思われる．

1.1　実数列の極限

世の中には有限回の計算で完全な解が求まらない問題がたくさんある．身近なところでは，代数方程式の解を求める問題がそうだ．天才数学者アーベル (Abel, 1802〜1829) やガロア (Galois, 1811〜1832) は「5 次以上の一般の代数方程式の解は，**代数的に解けない**[1]ことを示している．そのような問題では「厳密解」への収束が保証された数列が利用される [例：ニュートン (Newton, 1642〜1727) 法]．一方，図 1.1 は「ボケた画像から鮮明なグレイスケール画像が修復されていく過程」を表している．グレイスケール画像は 2 次元平面上の各点に濃淡値が指定された「関数」として解釈できる．(a)➡(b)➡(c) の変化は，(a) の関数から徐々に (c) の関数に近づいていく様子を表している．この例から「関数の列の極限」という概念も想像できるだろう．

実は，すべての「極限概念」の基本は「実数列の極限」にある．本書では，実数列 $a_1, a_2, a_3, \cdots$ を $(a_n)_{n=1}^{\infty}$ で表す．実数列 $(a_n)_{n=1}^{\infty}$ がある実数 α に収束するとき，α を $(a_n)_{n=1}^{\infty}$ の極限値といい，$\lim_{n\to\infty} a_n = \alpha$ と書く．「$(a_n)_{n=1}^{\infty}$ が α に収束する」という意味を**誰からみても曖昧さが生じないように説明するにはどうしたらよいだろう**．おそらく「n がすごく大きなところで a_n は α にいくらでも接近していく」というのが極限に対する一般的なイメージだろう．でも「すごく大きな n」とは一体どのくらいの大きさを指すのだろうか．「いくらでも接近していく」ことを正確に表現するにはどうしたらよいだろう．これらの曖昧さを払拭するためには，次に紹介する "ε–N 論法" によって定義すればよい

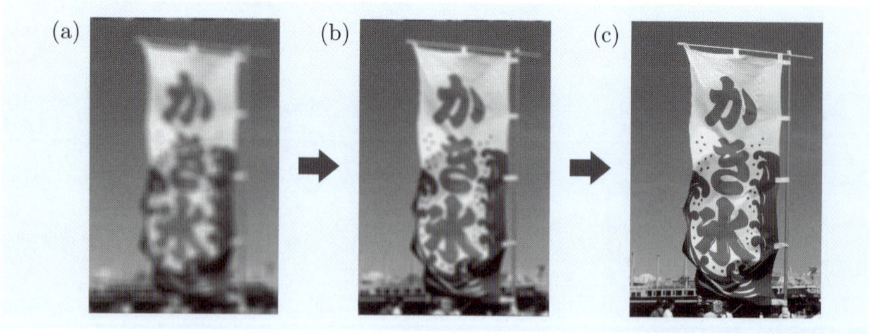

図 1.1

[1] 代数方程式 $f(x) = c_0x^n + c_1x^{n-1} + \cdots + c_{n-1}x + c_n = 0$ のすべての解が，係数 c_i $(i = 0, 1, \cdots, n)$ から「四則演算」(加減乗除のこと) と「冪 (べき) 乗根」($\sqrt[m]{\ }$ のこと) による操作を有限回施すことにより書き表されるとき，「$f(x) = 0$ は代数的に解ける」という．

(この定義は人工的でとっつきにくいように感じられるかもしれないが，6 ページのコラム「魔法使いと自転車修業の話」のたとえ話を読んでいただけば，よくできた自然な定義であることを実感していただけると思う).

定義 1.1 (実数列の収束)

実数列 $(a_n)_{n=1}^{\infty}$ とある実数 α が与えられ，任意に指定された正数 ε に対して，ある $N(\varepsilon) \in \boldsymbol{N}$ ($\boldsymbol{N}$ は自然数全体の集合) が存在し，

$$N(\varepsilon) \leq n \text{ ならば } |a_n - \alpha| < \varepsilon \tag{1.1}$$

が成立するとき[2)]，「数列 $(a_n)_{n=1}^{\infty}$ は，α に収束する (または，数列 a_n は，α に収束する)」といい，

$$\lim_{n\to\infty} a_n = \alpha \text{ または } a_n \to \alpha \quad (n \to \infty)$$

と書く．α を数列 $(a_n)_{n=1}^{\infty}$ の極限または極限値という．数列 $(a_n)_{n=1}^{\infty}$ がいずれの値にも収束しないとき，$(a_n)_{n=1}^{\infty}$ は発散するという．

本書では次の公理 1.1 の成立を仮定している (この公理と等価ないくつかの公理が知られており，実数の連続性の公理と呼ばれている．実数の連続性の公理については付録の定理 A.1 と章末問題 6 を参照されたい．また，実数の集合に対する有界性，上限，下限の意味については付録の定義 A.2 を参照されたい).

公理 1.1 (実数の連続性に関するワイエルシュトラス (Weierstrass, 1815〜1897) の公理[3)])

上に有界な任意の部分集合 $A \subset \boldsymbol{R}$ に対し，上限 $\sup A \in \boldsymbol{R}$ が存在する．同様に，下に有界な任意の部分集合 $A \subset \boldsymbol{R}$ に対し，下限 $\inf A \in \boldsymbol{R}$ が存在する．

以下，実数列の収束について，いくつかの基本的な事実を確認しておこう．

[2)] 念のため，補足しておくと「任意に指定された正数 ε に対して，ある $N(\varepsilon) \in \boldsymbol{N}$ が存在し $\cdots$」というのは，「たとえどんなに小さな正数 ε を指定しても，それに応じた自然数 $N(\varepsilon) \in \boldsymbol{N}$ が必ず存在し $\cdots$」という意味を気持を込めずに表現しただけである．また「$N(\varepsilon) \leq n$ ならば $\cdots$」というのは，「$N(\varepsilon)$ 以上のすべての自然数 n について $\cdots$」という意味を気持を込めずに表現しただけである．$N(\varepsilon)$ は ε の選ばれかたに応じて変わってよい自然数を表しているが，そのことが明らかな場合には，$N(\varepsilon)$ のかわりに N が使われる．

[3)] 数学では理論の前提となっている出発点の仮定を公理 (axiom) という．

例題 1.1 (収束列は有界である)

実数列 $(a_n)_{n=1}^{\infty}$ が何らかの実数 $\alpha \in \boldsymbol{R}$ に収束するとき，$(a_n)_{n=1}^{\infty}$ は (上にも下にも) 有界であることを示せ (「実数列の有界性」については定義 A.2 参照).

【解答】 定義 1.1 で特に，$\varepsilon = 1$ としても，ある有限な $N_1 \in \boldsymbol{N}$ が存在し，「$N_1 < n$ ならば $|a_n - \alpha| < 1$」となるので，

$$N_1 < n \text{ ならば } \alpha - 1 < a_n < \alpha + 1$$

を得る．一方，$a_1, a_2, \cdots, a_{N_1}$ は有限個の実数なので，これらの最小値

$$b := \min\{a_1, a_2, \cdots, a_{N_1}\} > -\infty$$

最大値

$$c := \max\{a_1, a_2, \cdots, a_{N_1}\} < \infty$$

は各々有限な実数値として確定する．以上から，任意の $n \in \boldsymbol{N}$ に対して，

$$\min\{\alpha - 1, b\} \leq a_n \leq \max\{\alpha + 1, c\}$$

となり，$(a_n)_{n=1}^{\infty}$ の有界性が示された. ■

問 1.1 **(極限の一意性)** 実数列 $(a_n)_{n=1}^{\infty}$ がある実数に収束するとすれば，収束先は一意に決まることを示せ[4].

実数列の収束を保証する基本的な条件をあげておく.

性質1.1

(a) (単調有界数列の収束性) 任意の n に対して，$a_n \leq a_{n+1}$ ($a_n \geq a_{n+1}$) となるような実数列 $(a_n)_{n=1}^{\infty}$ を単調増加数列 (単調減少数列[5]) と呼び，単調増加数列と単調減少数列をまとめて「単調な実数列」と呼ぶ．単調な実数列 $(a_n)_{n=1}^{\infty}$ に対して，

$$「(a_n)_{n=1}^{\infty} \text{が収束する}」\Leftrightarrow「(a_n)_{n=1}^{\infty} \text{は有界}」$$

が成立する．特に，$(a_n)_{n=1}^{\infty}$ が有界な単調増加数列であるとき，

$$\lim_{n\to\infty} a_n = \sup a_n$$

となり，$(a_n)_{n=1}^{\infty}$ が有界な単調減少数列であるとき，

$$\lim_{n\to\infty} a_n = \inf a_n$$

が成立する (証明は章末問題 4 参照).

---

[4] 性質 2.1 でより一般的な状況で議論する.

[5] 任意の $n \in \boldsymbol{N}$ に対して $a_n < a_{n+1}$ となるとき，狭義単調増加列であるといい，任意の $n \in \boldsymbol{N}$ に対して，$a_n > a_{n+1}$ となるとき，狭義単調減少列であるという.

(b) (コーシー (Cauchy, 1789〜1857) の判定条件)

「実数列 $(a_n)_{n=1}^{\infty}$ に対して，ある $\alpha \in \boldsymbol{R}$ が存在し，$(a_n)_{n=1}^{\infty}$ が α に収束する」

$$\Updownarrow$$

「実数列 $(a_n)_{n=1}^{\infty}$ について，任意に指定された正数 ε に対し，ある $N(\varepsilon) \in \boldsymbol{N}$ が存在して，

$$N(\varepsilon) \leq n, m \text{ ならば } |a_n - a_m| < \varepsilon \tag{1.2}$$

が成立する」(証明は性質 2.1 と定理 2.1(a) 参照)

ところで「実数列が収束する」という条件はとても厳しい条件であり，その他大勢の収束しない実数列は，まとめて「発散する」という言葉で片付けられていた．収束するかどうかわからない実数列 $(a_n)_{n=1}^{\infty}$ に対しても，大きな n に対する振る舞いを把握したいときには，以下の上極限と下極限が利用できる (上極限，下極限はどんな実数列にも定義可能).

定義 1.2 (上極限と下極限)

任意の実数列 $(a_n)_{n=1}^{\infty}$ に対して，

(a) 上極限 $\limsup_{n\to\infty} a_n$ を以下のように定義する．

(i) $(a_n)_{n=1}^{\infty}$ が上に有界でないとき，

$$\limsup_{n\to\infty} a_n := +\infty$$

とする．

(ii) $(a_n)_{n=1}^{\infty}$ が上に有界であるときには，新しい数列 $(\hat{a}_p)_{p=1}^{\infty}$ を

$$\hat{a}_p := \sup\{a_n \mid n \geq p\} = \sup\{a_p, a_{p+1}, \cdots\} \tag{1.3}$$

のように定義し (公理 1.1 参照)，これを用いて上極限 $\limsup_{n\to\infty} a_n$ を

$$\limsup_{n\to\infty} a_n := \begin{cases} \lim_{p\to\infty} \hat{a}_p & (\hat{a}_p)_{p=1}^{\infty} \text{が下に有界であるとき} \\ -\infty & (\hat{a}_p)_{p=1}^{\infty} \text{が下に有界でないとき} \end{cases} \tag{1.4}$$

のように定義する [注：$(\hat{a}_p)_{p=1}^{\infty}$ が下に有界であるとき，単調有界数列の収束性 (性質 1.1(a)) より，$\limsup_{n\to\infty} a_n$ は有限確定値として決まる].

(b) (同様に) 下極限 $\liminf_{n\to\infty} a_n$ を以下のように定義する．まず，

(i) $(a_n)_{n=1}^{\infty}$ が下に有界でないとき，

$$\liminf_{n\to\infty} a_n := -\infty$$

とする．

(ii) $(a_n)_{n=1}^{\infty}$ が下に有界 であるときには，新しい数列 $(\check{a}_p)_{p=1}^{\infty}$ を

$$\check{a}_p := \inf\{a_n \mid n \geq p\} = \inf\{a_p, a_{p+1}, \cdots\} \tag{1.5}$$

のように定義し，これを用いて下極限 $\liminf_{n\to\infty} a_n$ を

$$\liminf_{n\to\infty} a_n := \begin{cases} \lim_{p\to\infty} \check{a}_p & (\check{a}_p)_{p=1}^{\infty}\text{が上に有界であるとき} \\ +\infty & (\check{a}_p)_{p=1}^{\infty}\text{が上に有界でないとき} \end{cases} \tag{1.6}$$

のように定義する．

魔法使いと自転車修業の話

魔法使いに魔法をかけられ，あなたの目の前にどこまでも真っ直ぐに伸びた道と自転車が与えられたと思ってください (図 1.2 参照)．状況は最悪で，道の外側は断崖絶壁になっている．魔法使いは，あなたの『超人的な直進走行能力』に興味があり，それをテストしたいという．魔法使いは，道幅を自由に変えられる超能力をもっており，「少しばかり，練習時間を与える．おまえの準備ができたところで，道幅を 1 m に狭めるので，これを走り抜けてみよ」という．自転車に乗り始めて 2 時間が経過したところで，あなたは難なく幅 1 m の道を走行できるようになったとしよう．ところが，疑い深い魔法使いは，これだけでは満足せず，「しばらく，練習用に道幅を 1 m のままにしておいてやる．おまえの準備ができたところで，道幅を一気に 10 cm にまで狭めるので，これを走り抜けてみよ」という．厳しい修行を経て，自転車に乗り始めてちょうど 1 年が経過したところで幅 10 cm の道を無事走り抜けらるようになったとしよう．ここまでを数学的に表現するには，道の長さ方向を x 軸，道の長さ方向に垂直な方向を y 軸とし，道の中央線の y 軸の値を α とし，「自転車に乗り始めて n 時間後のあなたの自転車の y 軸の位置」を a_n で表し，

$$\left.\begin{array}{ll} n \geq 2 \text{ ならば} & |a_n - \alpha| < 50(\text{cm}) \\ n \geq 365 \times 24 \text{ ならば} & |a_n - \alpha| < 5(\text{cm}) \end{array}\right\} \tag{1.7}$$

とすればよいだろう．式 (1.7) は「2 時間後以降」と「1 年後以降」の状況を比較することによって，「自転車が中央線に接近していく傾向」を表現していることに注意されたい．式 (1.7) の条件をクリアすることによって，さすがの魔法使いも

上極限のイメージは，数列をプロットしたときの「包絡線の上端の行く末」と思ってよい．同様に下極限のイメージは，数列をプロットしたときの「包絡線の下端の行く末」と思ってよい．

図 1.2

納得するだろう」と一息つきたいところだが，疑い深い魔法使いは，やがて，さらに道幅を狭めると言い出した⋯．このようにシツコイ魔法使いを説得するにはどうしたらよいだろうか．結局，「どんなに小さく設定された道幅 (具体的な数値に限定されないので $2 \times \varepsilon$ とする) に対しても，十分な年月 (N 時間とする．もちろん ε に依存する) を経た後は，この道幅を無事走り抜けられること」を実証するしかないだろう．これは，定義 1.1 の「数列 $(a_n)_{n=1}^{\infty}$ が α に収束する」ことと同じである．このように，疑い深い魔法使いを納得させることを想像すると，定義 1.1 の “極限の定義” の自然さが理解できる．

1.2　ベクトル空間

『線形代数』の内容から「実数体上のベクトル空間 (あるいは線形空間)」を復習しておこう．線形代数で学んだように，集合とスカラーを対にして，2つの演算 (集合の元どうしの加法と集合の元のスカラー倍) を定義し，ベクトル空間が構成される[6]．

ベクトル空間 $X(\neq \emptyset)$ の元をベクトル (vector) または点という．また，実数体 $\boldsymbol{R}$ の元をスカラー (scalar) という[7]．本書ではベクトルとスカラーの区別を明記する必要があるときには，ベクトルを太文字 (bold) で表すが，混同の恐れがないときには太文字を使わないこともある．2つのベクトルの間にはベクトルの加算が定義される．また，ベクトルとスカラーの対にはスカラー倍演算が定義される．

定義 1.3 (実数体上のベクトル空間)

X における**線形演算**，すなわち「X の任意の2つのベクトルの加算 (足し算のことで記号 "+" を使う)」と「X の任意のベクトルに $\boldsymbol{R}$ の元 (スカラー) をかけるスカラー倍演算」が以下の (a),(b) の諸条件を満足するとき，集合 X は **$\boldsymbol{R}$ 上のベクトル空間** (vector space) または，**$\boldsymbol{R}$ 上の線形空間** (linear space) であるという．

(a)　可換群の公理：任意の $\boldsymbol{x}, \boldsymbol{y} \in X$ に対して，和と呼ばれる X の元 (これを $\boldsymbol{x}+\boldsymbol{y}$ で表す) が定まり，次の法則が成立する．任意の $\boldsymbol{x}, \boldsymbol{y}, \boldsymbol{z} \in X$ に対して，

(i)　$(\boldsymbol{x}+\boldsymbol{y})+\boldsymbol{z}=\boldsymbol{x}+(\boldsymbol{y}+\boldsymbol{z})$　(結合則 1)

(ii)　$\boldsymbol{x}+\boldsymbol{y}=\boldsymbol{y}+\boldsymbol{x}$　(可換則)

(iii)　すべての $\boldsymbol{x} \in X$ に対して，$\boldsymbol{0}+\boldsymbol{x}=\boldsymbol{x}$ となる共通の元 $\boldsymbol{0} \in X$ が存在する (加法単位元の存在性).

(iv)　任意の $\boldsymbol{x} \in X$ に対し，$\boldsymbol{x}+(\boldsymbol{x}')=\boldsymbol{0}$ となる逆元 $\boldsymbol{x}' \in X$ が存在する．$\boldsymbol{x}'$ を $-\boldsymbol{x}$ と表す (逆元の存在性).

(b)　スカラー倍演算の公理：任意の $\alpha \in \boldsymbol{R}$ と $\boldsymbol{x} \in X$ に対してスカラー倍と呼ばれる X の元 (これを $\alpha\boldsymbol{x}$ で表す) が定まり，次の法則が成立する．任意の $\alpha, \beta \in \boldsymbol{R}$，$\boldsymbol{x}, \boldsymbol{y} \in X$ に対して，

---

[6] 有理数全体 $\boldsymbol{Q}$ や，実数全体 $\boldsymbol{R}$，複素数全体 $\boldsymbol{C}$ のように四則演算 (加減乗除) が自由にできる数の世界を "体" (field) という．

[7] 関数解析では「複素数体 $\boldsymbol{C}$ 上のベクトル空間」が舞台となることも多い．以下の「実数体上のベクトル空間」の定義の中で，$\boldsymbol{R}$ を $\boldsymbol{C}$ に置き換えて定義され，複素数体 $\boldsymbol{C}$ の元がスカラーになる．本書では議論を簡単にするために $\boldsymbol{R}$ 上のベクトル空間に議論を絞っているが，$\boldsymbol{C}$ 上のベクトル空間では内積の定義などに違いがあるので注意が必要である．

(i) $\alpha(\boldsymbol{x}+\boldsymbol{y}) = \alpha\boldsymbol{x} + \alpha\boldsymbol{y}$ (分配則その 1)
(ii) $(\alpha+\beta)\boldsymbol{x} = \alpha\boldsymbol{x} + \beta\boldsymbol{x}$ (分配則その 2)
(iii) $\alpha(\beta\boldsymbol{x}) = (\alpha\beta)\boldsymbol{x}$ (結合則 2)
(iv) すべての $\boldsymbol{x} \in X$ に対して，$1\boldsymbol{x} = \boldsymbol{x}$ (スカラー倍演算の単位元)

定義 1.4 (線形写像，1 次独立)

(a) $\boldsymbol{R}$ 上の 2 つのベクトル空間 X, Y に対して写像 $\varPhi : X \to Y$ が

$$\varPhi(\alpha\boldsymbol{x} + \beta\boldsymbol{y}) = \alpha\varPhi(\boldsymbol{x}) + \beta\varPhi(\boldsymbol{y}) \quad (\forall\boldsymbol{x},\boldsymbol{y} \in X, \forall\alpha,\beta \in \boldsymbol{R}) \tag{1.8}$$

を満たすとき, $\varPhi$ は, X から Y への**線形写像** (linear mapping) であるという．X から Y への線形写像全体の集合を $\mathcal{L}(X,Y)$ と表す．線形写像 $\varPhi$: $X \to Y$ が全単射であるとき, $\varPhi$ は, X から Y への**同型写像**と呼び, X と Y は (ベクトル空間として) **同型**であるという．同型な 2 つのベクトル空間 X と Y が与えられるとき, 1 つの空間 X の代数的な性質は, $\varPhi$ を介して Y の代数的性質に翻訳されるため，X と Y は，しばしば同一視される．

(b) $\boldsymbol{R}$ 上のベクトル空間 X から重複することを許して選ばれた (有限個または無限個の) ベクトルの組を X の中の**ベクトル系**という．有限個のベクトルからなるベクトル系 $\{\boldsymbol{x}_1, \boldsymbol{x}_2, \cdots, \boldsymbol{x}_m\}$ に対して，

$$\sum_{i=1}^{m} \alpha_i\boldsymbol{x}_i = \alpha_1\boldsymbol{x}_1 + \alpha_2\boldsymbol{x}_2 + \cdots + \alpha_m\boldsymbol{x}_m \quad (\alpha_i \in \boldsymbol{R})$$

のように表現されたベクトルを「$\boldsymbol{x}_1, \boldsymbol{x}_2, \cdots, \boldsymbol{x}_m$ の**線形結合**または**1 次結合**」といい[8]，α_i $(i = 1, 2, \cdots, m)$ を線形結合係数という．特に,

$$\sum_{i=1}^{m} \alpha_i\boldsymbol{x}_i = \boldsymbol{0} \Leftrightarrow \alpha_1 = \alpha_2 = \cdots = \alpha_m = 0$$

となるとき, ベクトル系 $\{\boldsymbol{x}_1, \boldsymbol{x}_2, \cdots, \boldsymbol{x}_m\}$ は**線形独立**または, **1 次独立**であるという．一方, ベクトル系 $\{\boldsymbol{x}_1, \boldsymbol{x}_2, \cdots, \boldsymbol{x}_m\}$ が線形独立でないとき, そのベクトル系は**線形従属**または，**1 次従属**であるという．ベクトル系 $\{\boldsymbol{x}_1, \boldsymbol{x}_2, \cdots, \boldsymbol{x}_m\}$ が線形従属なら，$(\alpha_1, \alpha_2, \cdots, \alpha_m) \neq (0, 0, \cdots, 0)$ が存在し，$\sum_{i=1}^{m} \alpha_i\boldsymbol{x}_i = \boldsymbol{0}$ とできるので，$\alpha_k \neq 0$ となる $k \in \{1, 2, \cdots, m\}$ が存在し，$\boldsymbol{x}_k$ は他の $m-1$ 個のベクトルの線形結合

$$\boldsymbol{x}_k = -\frac{1}{\alpha_k}\left(\sum_{i\in\{1,2,\cdots,m\}\setminus\{k\}} \alpha_i\boldsymbol{x}_i\right)$$

[8] m を有限に制限しているので，$\sum_{i=1}^{m} \alpha_i\boldsymbol{x}_i \in X$ が自動的に保証される．

によって表現できる．

(c)　$\boldsymbol{R}$ 上のベクトル空間 X の無限個のベクトルからなるベクトル系 $\{\boldsymbol{x}_\lambda\}_{\lambda\in\Lambda}$ が与えられ，相違なるどんな有限個の $\lambda_1, \lambda_2, \cdots, \lambda_n \in \Lambda$ に対しても，ベクトル系 $\{\boldsymbol{x}_{\lambda_i}\}_{i=1}^n$ が線形独立になるとき，$\{\boldsymbol{x}_\lambda\}_{\lambda\in\Lambda}$ は線形独立であるという．

$\boldsymbol{R}$ 上のベクトル空間の基本的性質をまとめておく（証明は線形代数のテキストを参照されたい）．

性質1.2

(a)　$\boldsymbol{R}$ 上のベクトル空間 X の $m+1$ 個のベクトル $\boldsymbol{y}_1, \boldsymbol{y}_2, \cdots, \boldsymbol{y}_m, \boldsymbol{y}_{m+1}$ がいずれも m 個のベクトル $\boldsymbol{x}_1, \boldsymbol{x}_2, \cdots, \boldsymbol{x}_m \in X$ の線形結合となっているとき，ベクトル系 $\{\boldsymbol{y}_1, \boldsymbol{y}_2, \cdots, \boldsymbol{y}_m, \boldsymbol{y}_{m+1}\}$ は線形従属となる．

(b)　(極大系) X の (有限または無限) 部分集合 S に対して線形独立なベクトル系 $S_0(\subset S)$ にいかなるベクトル $\boldsymbol{x} \in S \setminus S_0$ を付け加えてもベクトル系 $S_0 \cup \{\boldsymbol{x}\}$ が線形従属となるとき，S_0 は，「S の中の**線形独立なベクトルの極大系**」であるという．S_0 が，この条件を満足するとき，S の任意のベクトルは S_0 の有限個のベクトルの線形結合で表せる．さらに，S_0 が $m(<\infty)$ 個の元からなっており，しかも「S の中の線形独立なベクトルの極大系」になれば，いかなる「S の中の線形独立なベクトルの極大系」も m 個の元からなる．

性質 1.2 を使うとベクトル空間やその部分空間の基底や次元が定義できる．

定義 1.5 (部分空間，基底，次元)

(a)　$\boldsymbol{R}$ 上のベクトル空間 X の部分集合 M が X で定義される加算とスカラー乗算の下でそれ自身 $\boldsymbol{R}$ 上のベクトル空間となるとき，M は X の線形部分空間 (linear subspace) または，単に**部分空間** (subspace) であるという (X がベクトル空間であることから，「M が X の部分空間」$\Leftrightarrow$「任意の $\alpha, \beta \in \boldsymbol{R}$，$\boldsymbol{x}, \boldsymbol{y} \in M$ に対して $\alpha\boldsymbol{x} + \beta\boldsymbol{y} \in M$」となっている)．

(b)　$\boldsymbol{R}$ 上のベクトル空間 X のベクトル系 S に対して，S に属する任意の有限個のベクトルのあらゆる線形結合全体の集合を

$$\mathrm{span}(S) := \left\{ \sum_{i=1}^n \alpha_i \boldsymbol{x}_i \mid \alpha_i \in \boldsymbol{R}, \boldsymbol{x}_i \in S, n \in \boldsymbol{N} \right\}$$

のように表記する．span(S) は明らかに X の部分空間になる[9)]．span(S) を「S から**生成される部分空間**」または「S によって**張られる部分空間**」という．特に，S が有限個のベクトルからなるベクトル系 $\{\boldsymbol{x}_1, \boldsymbol{x}_2, \cdots, \boldsymbol{x}_m\}$ である場合には，

$$\mathrm{span}(S) = \left\{ \sum_{i=1}^{m} \alpha_i \boldsymbol{x}_i \mid \alpha_i \in \boldsymbol{R} \ (i = 1, 2, \cdots, m) \right\}$$

となり，span(S) を span$\{\boldsymbol{x}_1, \boldsymbol{x}_2, \cdots, \boldsymbol{x}_m\}$ と表記する．X の部分空間 M に対して $M = \mathrm{span}(S)$ となるベクトル系 S を M の**生成系**と呼ぶ．

(c) $\boldsymbol{R}$ 上のベクトル空間 X に対して「X の中の線形独立なベクトルの極大系 $\mathcal{B}$」を「X の**基底**」という (ただし，$X = \{\mathbf{0}\}$ であるとき，$\mathcal{B} = \emptyset$ と定義する)．X のある基底 $\mathcal{B}$ が $m(< \infty)$ 個のベクトルからなっていれば，X のいかなる基底も m 個のベクトルからなる (性質 1.2(b) 参照)．

(d) X の 1 つの基底 $\mathcal{B}$ が m 個 $(0 \leq m < \infty)$ のベクトルからなるとき，X は m 次元であるといい，$\dim(X) = m$ と表記する (ただし，$\dim(X) = 0 \Leftrightarrow X = \{\mathbf{0}\}$)．このとき，$X$ は**有限次元**であるといい，$\dim(X) < \infty$ と表記する．$\mathcal{B} = \{\boldsymbol{x}_1, \boldsymbol{x}_2, \cdots, \boldsymbol{x}_m\}$ であれば，任意の $\boldsymbol{x} \in X$ は，一意に

$$\boldsymbol{x} = \alpha_1 \boldsymbol{x}_1 + \alpha_2 \boldsymbol{x}_2 + \cdots + \alpha_m \boldsymbol{x}_m$$

の形に表せる．一方，いかなる正整数 k に対しても X の中から k 個の線形独立なベクトルが取り出せるとき，X は**無限次元**であるといい，$\dim(X) = \infty$ と表記する．「ベクトル空間の中の線形独立なベクトルの極大系」はすべて同じ濃度をもつことが知られている．

[9)] S のすべての元を含む X の部分空間で span(S) の真部分集合になるものはない．この意味で span(S) は，「S を含む X の最小の部分空間」であるという．

1章の問題

□**1** (a) 集合 X の 2 つの部分集合 A, B に対する**ド・モルガン** (de Morgan, 1806～1871) **の法則**

$$(A \cup B)^C = A^C \cap B^C, \quad (A \cap B)^C = A^C \cup B^C$$

を証明せよ．また，任意の集合 $\Lambda \neq \emptyset$ に対して定義される X の部分集合 $A_\lambda \subset X$ $(\lambda \in \Lambda)$ からなる集合族 $\{A_\lambda \mid \lambda \in \Lambda\}$ が与えられるとき，これに対する次のド・モルガンの法則を証明せよ．

$$\left(\bigcup_{\lambda \in \Lambda} A_\lambda\right)^C = \bigcap_{\lambda \in \Lambda} A_\lambda^C \tag{1.9}$$

$$\left(\bigcap_{\lambda \in \Lambda} A_\lambda\right)^C = \bigcup_{\lambda \in \Lambda} A_\lambda^C \tag{1.10}$$

(b) $\boldsymbol{R}$ の部分集合について，

$$[0,1] = \bigcap_{n=1}^{\infty} \left(-\frac{1}{n}, 1 + \frac{1}{n}\right), \quad (0,2) = \bigcup_{n=1}^{\infty} \left[\frac{1}{n}, 2 - \frac{1}{n}\right]$$

となることを示せ．

□**2** (a) 2 つの写像 $f : A \to B$ と $g : B_1 \to C$ が単射ならば，合成写像 $g \circ f : A \to C$ も単射となることを示せ．また，$B_1 = B$ となるとき，$f : A \to B$ と $g : B_1 \to C$ が全射なら $g \circ f : A \to C$ も全射となることを示せ．$B_1 = B$ となるとき，$f : A \to B$ と $g : B_1 \to C$ が全単射なら $g \circ f : A \to C$ も全単射となることを示せ．

(b) 3 つの写像 $f : A \to B$, $g : B \to C$, $h : C \to D$ に対して，「結合則：$h \circ (g \circ f) = (h \circ g) \circ f$」が成立することを示せ．

□**3** 以下の不等式を証明せよ．

(a) 任意の $a, b > 0$ に対して，

(i) $0 \leq t \leq 1$ ならば $a^t b^{(1-t)} \leq ta + (1-t)b$

(ii) $1 < t$ ならば $a^t b^{(1-t)} \geq ta + (1-t)b$

(iii) $t < 0$ ならば $a^t b^{(1-t)} \geq ta + (1-t)b$

(いずれの場合も「等号成立 $\Leftrightarrow a = b$」)

(b) $p, q > 1$, $\dfrac{1}{p} + \dfrac{1}{q} = 1$ のとき，任意の $a_i, b_i \geq 0$ $(i = 1, 2, \cdots, n)$ に対して，

$$\sum_{i=1}^{n} a_i b_i \leq \left(\sum_{i=1}^{n} a_i^p\right)^{1/p} \left(\sum_{i=1}^{n} b_i^q\right)^{1/q}$$

この不等式を**ヘルダー** (Hölder, 1859～1937) **の不等式**という ($p = 2$ のときは，特に，**コーシー・シュワルツ** (Schwarz, 1843～1921) **の不等式**という)．

(c) $p \geq 1$ のとき，任意の $a_i, b_i \geq 0\ (i = 1, 2, \cdots, n)$ に対して，

$$\left(\sum_{i=1}^{n}(a_i + b_i)^p\right)^{1/p} \leq \left(\sum_{i=1}^{n} a_i^p\right)^{1/p} + \left(\sum_{i=1}^{n} b_i^p\right)^{1/p}$$

この不等式を**ミンコフスキー** (Minkowski, 1864〜1909) **の不等式**という．

□**4** 単調な実数列の収束性に関する基本性質 [性質 1.1(a)] を証明せよ．

□**5** (**上極限と下極限**) 次の (a), (b) を示せ．

(a) (極限での不等号) 2 つの有界な実数列 $(a_n)_{n=1}^{\infty}$ と $(b_n)_{n=1}^{\infty}$ があって，$a_n \leq b_n$ $(n = 1, 2, \cdots)$ となるとき，

$$\limsup_{n\to\infty} a_n \leq \limsup_{n\to\infty} b_n, \quad \liminf_{n\to\infty} a_n \leq \liminf_{n\to\infty} b_n$$

(b) (実数列の収束条件) 任意の有界な実数列 $(a_n)_{n=1}^{\infty}$ に対して，

$$「(a_n)_{n=1}^{\infty}\text{が収束する}」\Leftrightarrow「\liminf_{n\to\infty} a_n = \limsup_{n\to\infty} a_n」$$

□**6** 公理 1.1 を用いて，実数に関する以下の 2 つの基本性質を示せ (実は，「公理 1.1⇔(a) かつ (b)」が成立することも知られている)．

(a) (**アルキメデス** (Archimedes, B.C.287〜212) **の公理**) 任意の $a, b \in (0, \infty)$ に対して $a < nb$ となる $n \in \boldsymbol{N}$ が存在する．

(b) (**カントール** (Cantor, 1845〜1918) **の公理**) 任意の減少する閉区間の列

$$(\boldsymbol{R} \supset)\ J_1 \supset J_2 \supset \cdots \supset J_n \supset J_{n+1} \supset \cdots$$

に対し，$\bigcap_{n=1}^{\infty} J_n \neq \emptyset$ となり，すべての J_n に共通な点が少なくとも 1 つ存在する．

□**7** $x_1 = 2$ から始めて，$x_{n+1} = \dfrac{x_n}{2} + \dfrac{1}{x_n}$ $(n = 1, 2, 3, \cdots)$ によって数列 $(x_n)_{n=1}^{\infty}$ をつくることを考える．

(a) すべての $n = 1, 2, \cdots$ に対して x_n は，$\sqrt{2}$ 以上の有理数となり，単調減少することを確かめよ．

(b) (a) より，$(x_n)_{n=1}^{\infty}$ は，ある $\alpha \in \boldsymbol{R}$ に収束する．α の正体を求めよ．

□**8** $x_1 = 5$ から始めて，$x_{n+1} = \dfrac{3}{2}x_n - 1$ $(n = 1, 2, 3, \cdots)$ によって数列 $(x_n)_{n=1}^{\infty}$ をつくることを考える．$\alpha = \dfrac{3}{2}\alpha - 1$ となる $\alpha = 2$ を用いて，$(x_n)_{n=1}^{\infty}$ の一般項を求め，$(x_n)_{n=1}^{\infty}$ が発散することを確かめよ．

□**9** (a) 実数列 $S_n := \displaystyle\sum_{k=1}^{n}(-1)^{k+1}\frac{1}{k} = 1 - \frac{1}{2} + \frac{1}{3} - \cdots + (-1)^{n-1}\frac{1}{n}$ $(n = 1, 2, \cdots)$ は収束するか．理由を付して答えよ．

(b) 実数列 $S_n := \sum_{k=1}^{n} \frac{1}{k} = 1 + \frac{1}{2} + \frac{1}{3} + \frac{1}{4} + \cdots + \frac{1}{n}$ $(n = 1, 2, \cdots)$ は収束するか．理由を付して答えよ．

(c) $\varrho > 0$ に対して実数列 $S_n^{[\varrho]} := \sum_{k=1}^{n} \frac{1}{k^\varrho} = 1 + \frac{1}{2^\varrho} + \frac{1}{3^\varrho} + \cdots + \frac{1}{n^\varrho}$ $(n = 1, 2, \cdots)$ は $\varrho > 1$ なら収束し，$0 < \varrho \leq 1$ なら無限に発散することを示せ．

□**10** (**数列の極限**)

(a) $\alpha_n \geq 0, \beta_n \geq 0$ $(n \in \boldsymbol{N})$ とし，$\sum_{n=1}^{\infty} \alpha_n = \infty$ かつ $\sum_{n=1}^{\infty} \alpha_n \beta_n < \infty$ となるならば，$\liminf_{n \to \infty} \beta_n = 0$ となることを示せ．

(b) $\alpha_n \in [0, 1)$ $(n \in \boldsymbol{N})$ に対して，

$$\sum_{n=1}^{\infty} \alpha_n = \infty \Rightarrow \prod_{n=1}^{\infty} (1 - \alpha_n) = 0$$

が成立することを示せ．

(c) $\alpha_n \in [0, 1)$ $(n \in \boldsymbol{N})$ が，$\lim_{n \to \infty} \alpha_n = 0$ となるとき，

$$\sum_{n=1}^{\infty} \alpha_n = \infty \Leftrightarrow \prod_{n=1}^{\infty} (1 - \alpha_n) = 0$$

が成立することを示せ．

(d) $\alpha_n \in [0, 1]$ $(n \in \boldsymbol{N})$ に対して，

$$S_n := \sum_{i=1}^{n} \left\{ \alpha_i \prod_{j=i+1}^{n} (1 - \alpha_j) \right\} \leq 1 \quad (n = 1, 2, 3, \cdots)$$

となることを示せ．

□**11** 3 次元**ユークリッド** (Euclid, B.C.300 頃) **空間** $\boldsymbol{R}^3$ の 3 つのベクトル $\boldsymbol{x}_1 = (1, -2, 3)$, $\boldsymbol{x}_2 = (5, 6, -1)$, $\boldsymbol{x}_3 = (3, 2, 1)$ が「1 次独立」か「1 次従属」であるかを理由を付して答えよ．

□**12** 線形連立方程式

$$\begin{cases} x_1 + 3x_2 - 2x_3 + 2x_5 = 0 \\ 2x_1 + 6x_2 - 5x_3 - 2x_4 + 4x_5 - 3x_6 = -1 \\ 5x_3 + 10x_4 + 15x_6 = 5 \\ 2x_1 + 6x_2 + 8x_4 + 4x_5 + 18x_6 = 6 \end{cases}$$

のすべての解の集合を求めよ．

□**13** 3 次元ユークリッド空間 $\boldsymbol{R}^3$ の基底 $\boldsymbol{u}_1 = (1, 1, 1)$, $\boldsymbol{u}_2 = (0, 1, 1)$, $\boldsymbol{u}_3 = (0, 0, 1)$ から**グラム** (Gram, 1850〜1916)・**シュミット** (Schmidt, 1876〜1959) **の直交化法**を用いて正規直交基底を構成せよ．

第2章

距離空間

本章の内容は，大学初年級の数学と関数解析のギャップを埋める橋渡しになっている．ギャップの正体は，距離空間の議論である．距離空間は集合と距離のペアである．集合の元を点と呼び，2 つの点の間の近さは距離で計測される．距離を用いると点列 (番号づけされた点の集まり) の収束や極限の議論が実数列のときと同じようにできる．集合や距離を上手に選ぶことによって多種多様な距離空間が定義され，様々な情報を分析・加工・処理するための舞台として利用できる．

2.1 距離空間

我々の生活空間は，3 次元空間 $\boldsymbol{R}^3$(位置が縦，横，高さを指定して表現できる世界) であり，2 つの点 $\boldsymbol{x} := (x_1, x_2, x_3)$, $\boldsymbol{y} := (y_1, y_2, y_3) \in \boldsymbol{R}^3$ の間の「距離」といえば，通常，ピタゴラス (Pythagoras, B.C.580～500 頃) の定理から決まる**ユークリッド距離** $\sqrt{(x_1 - y_1)^2 + (x_2 - y_2)^2 + (x_3 - y_3)^2}$ をさす．集合 $\boldsymbol{R}^3$ の任意の 2 点間に遍くユークリッド距離が定義されている．

以下で紹介する「距離空間」は集合に所属する 2 点間の近さや点列の極限を論じるための舞台設定であり，距離空間における 2 点間の「距離」は我々人間にお馴染みの「ユークリッド距離」に限定されない．むしろユークリッド距離がもつ「最小限の重要な 3 性質」を予め抽出しておき，これらを満足するすべての「2 点間の近さの評価尺度」に「距離」と名乗る資格を与える立場をとっている．応用によっては，ユークリッド距離以外の距離がより自然な尺度を与えるからである．また，これらの多様な「距離」をまとめて議論することにより，「2 点間の近さ」の評価尺度が変わるたびに振り出しにもどって類似の議論を展開する無駄を省くことができる．

定義 2.1 (距離空間，点，距離)

集合 X の任意の元 $x, y \in X$ に対し，実数 $d(x, y)$ が対応し[1)]，条件：

(D_1)　$d(x, y) \geq 0$ ただし，$d(x, y) = 0 \Leftrightarrow x = y$

(D_2)　$d(x, y) = d(y, x)$　(対称性)

(D_3)　$d(x, z) \leq d(x, y) + d(y, z)$　(三角不等式)

がすべての $x, y, z \in X$ に対して成立するとき，X は**距離空間** (metric space) であるといい，X の元を**点** (point)，$d(x, y)$ を点 x, y の (間の) **距離** (metric) と呼ぶ．X と d の対応を明確に表現するには距離空間を (X, d) のようにペアで表せばよい．

例 1　**(距離空間の例)**　(a)　実数全体の集合 $\boldsymbol{R}$ で点 $x, y \in \boldsymbol{R}$ の距離を $d(x, y) = |x - y|$ と定義することにより $(\boldsymbol{R}, d)$ は距離空間となる．有理数全体の集合 $\boldsymbol{Q}$ で点 $x, y \in \boldsymbol{Q}$ の距離を $d(x, y) = |x - y|$ と定義することにより $(\boldsymbol{Q}, d)$ も距離空間となる．距離空間 $(\boldsymbol{Q}, d)$ には $(\boldsymbol{R}, d)$ と同じ距離が定義されているのであるが，集合が有理数に限定されていることに注意されたい．

(b)　N 個の実数を順番に並べてできるすべてのベクトルからなる集合 $\boldsymbol{R}^N$ で

---

1) 距離は，X の直積集合 $X \times X$ から非負の実数値への関数 $d : X \times X \to [0, \infty)$ であり，(D_1)～(D_3) を満たすものである．

は，点 $\boldsymbol{x} := (x_1, \cdots, x_N), \boldsymbol{y} := (y_1, \cdots, y_N) \in \boldsymbol{R}^N$ の距離を $d_2(\boldsymbol{x}, \boldsymbol{y}) = \sqrt{\sum_{i=1}^N (x_i - y_i)^2}$ と定義することにより $(\boldsymbol{R}^N, d_2)$ は距離空間となる．実は，正整数 p を任意に選び，$\boldsymbol{R}^N$ で点 $\boldsymbol{x} := (x_1, \cdots, x_N), \boldsymbol{y} := (y_1, \cdots, y_N) \in \boldsymbol{R}^N$ の距離を $d_p(\boldsymbol{x}, \boldsymbol{y}) := \sqrt[p]{\sum_{i=1}^N |x_i - y_i|^p}$ と定義しても $l^p(N) := (\boldsymbol{R}^N, d_p)$ は距離空間となる (例題 2.1 参照).

(c) $\boldsymbol{R}^N$ で点 $\boldsymbol{x} := (x_1, \cdots, x_N), \boldsymbol{y} := (y_1, \cdots, y_N) \in \boldsymbol{R}^N$ の距離を $d_\infty(\boldsymbol{x}, \boldsymbol{y}) := \max\{|x_1 - y_1|, |x_2 - y_2|, \cdots, |x_N - y_N|\}$ と定義しても $l^\infty(N) := (\boldsymbol{R}^N, d_\infty)$ は距離空間となる (例題 2.1 参照).

(d) 実数 $p\ (\geq 1)$ に対して，条件 $\sum_{i=1}^\infty |x_i|^p < \infty$ を満足するすべての実数列 $\boldsymbol{x} := (x_i)_{i=1}^\infty$ からなる集合を l^p (“エルピー” と呼ぶ) と記す．l^p の任意の点 $\boldsymbol{x} := (x_i)_{i=1}^\infty$, $\boldsymbol{y} := (y_i)_{i=1}^\infty$ に対して，$\boldsymbol{x} - \boldsymbol{y} := (x_i - y_i)_{i=1}^\infty \in l^p$ となり，

$$d_p(\boldsymbol{x}, \boldsymbol{y}) := \left(\sum_{i=1}^\infty |x_i - y_i|^p\right)^{1/p}$$

が定義できる．(l^p, d_p) は距離空間となる (例題 2.1 参照)．しばしば，距離空間 (l^p, d_p) を単に l^p と記す．

(e) 条件 $\sup_{i \in \boldsymbol{N}} |x_i| < \infty$ を満足するすべての実数列 $\boldsymbol{x} := (x_i)_{i=1}^\infty$ からなる集合を l^∞ (“エル無限大” と呼ぶ) と記す．l^∞ の任意の点 $\boldsymbol{x} := (x_i)_{i=1}^\infty$, $\boldsymbol{y} := (y_i)_{i=1}^\infty$ に対して，$\boldsymbol{x} - \boldsymbol{y} := (x_i - y_i)_{i=1}^\infty \in l^\infty$ となり，

$$d_\infty(\boldsymbol{x}, \boldsymbol{y}) := \sup_{i \in \boldsymbol{N}} |x_i - y_i|$$

が定義できる．(l^∞, d_∞) は距離空間となる (例題 2.1 参照)．しばしば，距離空間 (l^∞, d_∞) を単に l^∞ と記す．

(f) 閉区間 $[a, b] (\subset \boldsymbol{R})$ (ただし，$a < b$) で定義される実数値連続関数全体の集合を $C[a, b]$ とし，任意の $f, g \in C[a, b]$ に対して，

$$d_p(f, g) := \left(\int_a^b |f(x) - g(x)|^p \, dx\right)^{1/p} \qquad (p \geq 1) \tag{2.1}$$

(積分は**リーマン**(Riemann, 1826〜1866) **積分**による) を定義するとき，$(C[a, b], d_p)$ は距離空間となる (例題 2.4 参照).

(g) (f) の集合 $C[a, b]$ について，任意の $f, g \in C[a, b]$ に対して，

$$d_{\max}(f, g) := \sup_{x \in [a, b]} |f(x) - g(x)|$$

を定義するとき[2)]，$(C[a, b], d_{\max})$ は距離空間となる (例題 2.9 参照).

[2)] $d_{\max}$ の定義に現れた「sup」は，「max」に置き換えられる (定理 2.5 参照).

(h)　空でない集合 X の任意の点 $x, y \in X$ に

$$d(x,y) := \begin{cases} 0 & (x = y) \\ 1 & (x \neq y) \end{cases}$$

で定義すると，(X, d) が距離空間となることが容易に確認できる (確認せよ).
この距離空間を**離散距離空間** (discrete metric space) という.　□

例題 2.1

例 1 (d),(e) で定義した (l^p, d_p) $(1 \leq p \leq \infty)$ が距離空間となることを示せ (**例 1** (a),(b),(c) で紹介した距離空間が確かに距離空間の条件を満たしていることも確認されたい).

【証明】　(d)　(i)　$p = 1$ の場合：任意の $\boldsymbol{x} := (x_1, x_2, \cdots)$, $\boldsymbol{y} := (y_1, y_2, \cdots)$, $\boldsymbol{z} := (z_1, z_2, \cdots) \in l^p$ と任意の正整数 n に対して,

$$\sum_{i=1}^{n} |x_i - y_i| \leq \sum_{i=1}^{n} |x_i| + \sum_{i=1}^{n} |y_i| \leq \sum_{i=1}^{\infty} |x_i| + \sum_{i=1}^{\infty} |y_i| < \infty$$

となるので，左辺は n に関して単調有界となり，有限な確定値

$$\sum_{i=1}^{\infty} |x_i - y_i| := \lim_{n \to \infty} \sum_{i=1}^{n} |x_i - y_i|$$

に収束し,

$$d_1(\boldsymbol{x}, \boldsymbol{y}) = \sum_{i=1}^{\infty} |x_i - y_i| \leq \sum_{i=1}^{\infty} |x_i| + \sum_{i=1}^{\infty} |y_i| < \infty$$

$$\boldsymbol{x}, \boldsymbol{y} \in l^1 \text{ ならば } \boldsymbol{x} - \boldsymbol{y} := (x_i - y_i)_{i=1}^{\infty} \in l^1 \tag{2.2}$$

と $d_1(\boldsymbol{x}, \boldsymbol{y}) = 0 \Leftrightarrow x_i = y_i (i = 1, 2, \cdots) \Leftrightarrow \boldsymbol{x} = \boldsymbol{y}$ を得る．したがって (D_1) は確かめられた．(D_2) は定義から明らか．(D_3) は

$$\sum_{i=1}^{n} |x_i - z_i| \leq \sum_{i=1}^{n} |x_i - y_i| + \sum_{i=1}^{n} |y_i - z_i|$$

の両辺で $n \to \infty$ とした極限を評価して確かめられる．これらの議論を $p \geq 1$ の場合に拡張してみよう.

(ii)　$p \geq 1$ の場合：任意の $\boldsymbol{x} := (x_1, x_2, \cdots)$, $\boldsymbol{y} := (y_1, y_2, \cdots)$, $\boldsymbol{z} := (z_1, z_2, \cdots) \in l^p$ に対してミンコフスキーの不等式 (1 章の章末問題 3 参照) を用いると,

$$\left(\sum_{i=1}^{n} |x_i - y_i|^p \right)^{1/p} \leq \left\{ \sum_{i=1}^{n} (|x_i| + |y_i|)^p \right\}^{1/p}$$

$$\leq \left(\sum_{i=1}^{n} |x_i|^p\right)^{1/p} + \left(\sum_{i=1}^{n} |y_i|^p\right)^{1/p}$$
$$\leq \left(\sum_{i=1}^{\infty} |x_i|^p\right)^{1/p} + \left(\sum_{i=1}^{\infty} |y_i|^p\right)^{1/p} < \infty$$

が任意の正整数 n で成立するので，左辺は (n について単調かつ有界な実数列となるので)$n \to \infty$ としたとき収束し，

$$\left(\sum_{i=1}^{\infty} |x_i - y_i|^p\right)^{1/p} = \lim_{n\to\infty} \left(\sum_{i=1}^{n} |x_i - y_i|^p\right)^{1/p}$$
$$\leq \left(\sum_{i=1}^{\infty} |x_i|^p\right)^{1/p} + \left(\sum_{i=1}^{\infty} |y_i|^p\right)^{1/p} < \infty$$

となる．これは，

$$\boldsymbol{x}, \boldsymbol{y} \in l^p \text{ ならば } \boldsymbol{x} - \boldsymbol{y} := (x_i - y_i)_{i=1}^{\infty} \in l^p \tag{2.3}$$

と (D_1),(D_2) の成立を保証している．(D_3) については，まず，ミンコフスキーの不等式を用いて任意の正整数 n に対して，

$$\left(\sum_{i=1}^{n} |x_i - y_i|^p\right)^{1/p} \leq \left\{\sum_{i=1}^{n} (|x_i - z_i| + |z_i - y_i|)^p\right\}^{1/p}$$
$$\leq \left(\sum_{i=1}^{n} |x_i - z_i|^p\right)^{1/p} + \left(\sum_{i=1}^{n} |z_i - y_i|^p\right)^{1/p} \leq d_p(\boldsymbol{x}, \boldsymbol{z}) + d_p(\boldsymbol{z}, \boldsymbol{y})$$

となることが確認され，さらに左辺が (n について単調かつ有界な実数列となるので)$n \to \infty$ としたとき収束し，

$$d_p(\boldsymbol{x}, \boldsymbol{y}) \leq \lim_{n\to\infty} \left\{\left(\sum_{i=1}^{n} |x_i - z_i|^p\right)^{1/p} + \left(\sum_{i=1}^{n} |z_i - y_i|^p\right)^{1/p}\right\}$$
$$\leq d_p(\boldsymbol{x}, \boldsymbol{z}) + d_p(\boldsymbol{z}, \boldsymbol{y})$$

となるので，(D_3) も成立する．

(e) 任意の $\boldsymbol{x} := (x_1, x_2, \cdots)$, $\boldsymbol{y} := (y_1, y_2, \cdots)$, $\boldsymbol{z} := (z_1, z_2, \cdots) \in l^\infty$ とすると，すべての $i \in \boldsymbol{N}$ に対して，

$$|x_i - y_i| \leq |x_i| + |y_i| \leq \sup_{k_1 \in \boldsymbol{N}} |x_{k_1}| + \sup_{k_2 \in \boldsymbol{N}} |y_{k_2}| < \infty$$

となるので，公理 1.1 より，$d_\infty(\boldsymbol{x}, \boldsymbol{y}) := \sup_{i \in \boldsymbol{N}} |x_i - y_i|$ が有限な実数値として確定する．(D_1),(D_2) を満たすことは明らか．(D_3) も

$$d_\infty(\boldsymbol{x},\boldsymbol{y}) = \sup_{i\in\boldsymbol{N}} |x_i - y_i| \le \sup_{i\in\boldsymbol{N}} (|x_i - z_i| + |z_i - y_i|)$$
$$\le \sup_{i\in\boldsymbol{N}} |x_i - z_i| + \sup_{i\in\boldsymbol{N}} |z_i - y_i| = d_\infty(\boldsymbol{x},\boldsymbol{z}) + d_\infty(\boldsymbol{z},\boldsymbol{y})$$

から確かめられる． ■

例題 2.2

実数 $q > p\ (\ge 1)$ に対して，以下を示せ．集合 l^p, l^q を (**例 1** (d) にならって) 定義すると $l^p \subset l^q$ となる．さらに，実数 $p\ (\ge 1)$ に対して $l^p \subset l^\infty$ も成立する．

【解答】 任意の $\boldsymbol{x} := (x_1, x_2, \cdots) \in l^p$ は $\lim_{n\to\infty} \sum_{i=1}^n |x_i|^p =: \alpha < \infty$ を満たすので，実数列 $\left(\sum_{i=1}^n |x_i|^p\right)_{n=1}^\infty$ は収束列となる．したがって，コーシーの判定条件 (性質 1.1(b)) より十分大きな正整数 N が存在し，

$$i \ge N+1 \Rightarrow \left|\sum_{k=1}^{i} |x_k|^p - \sum_{k=1}^{i-1} |x_k|^p\right| = |x_i|^p < 1$$
$$\Leftrightarrow |x_i| < 1 \Leftrightarrow |x_i|^{q-p} < 1 \tag{2.4}$$

となり，

$$\sum_{i=1}^\infty |x_i|^q = \sum_{i=1}^N |x_i|^q + \sum_{i=N+1}^\infty |x_i|^p |x_i|^{q-p}$$
$$\le \sum_{i=1}^N |x_i|^q + \sum_{i=N+1}^\infty |x_i|^p \le \sum_{i=1}^N |x_i|^q + \sum_{i=1}^\infty |x_i|^p < \infty$$

を得る．これより $\boldsymbol{x} \in l^q$ となることがわかり，$l^p \subset l^q$ を得る．

さらに，式 (2.4) から，任意の $\boldsymbol{x} \in l^p$ に対して

$$c(\boldsymbol{x}) := \max\left\{\max_{i\in\{1,\cdots,N\}} |x_i|, 1\right\}$$

とおくと $|x_i| \le c(\boldsymbol{x}) < \infty\ (\forall i = 1, 2, \cdots)$，すなわち $\boldsymbol{x} \in l^\infty$ となることがわかり，$l^p \subset l^\infty$ も成立する． ■

例 2 実数 $p\ (\ge 1)$ に対して，$\boldsymbol{x}_n = \left(1, \sqrt[p]{1/2}, \sqrt[p]{1/3}, \cdots, \sqrt[p]{1/n}, 0, 0, \cdots\right) \in l^p\ (n = 1, 2, \cdots)$ となるが，任意の $q > p$ に対して $\boldsymbol{x}_\infty := \left(\sqrt[p]{1/m}\right)_{m=1}^\infty \in l^q \backslash l^p$ となる (証明は 1 章の章末問題 9(c) を参照されたい)． □

定義 2.2 (距離空間の開球，集合の有界性，点列と部分列)

(a) (開球：open ball) 距離空間 X の点 $x \in X$ と正数 $r > 0$ を用いて定義される集合 $B_X(x,r) := \{y \in X \mid d(x,y) < r\}$ を x を中心とする半径 r の**開球** (open ball) という．特に距離空間の正体が明らかなときには，開球 $B_X(x,r)$ を単に $B(x,r)$ と表す．

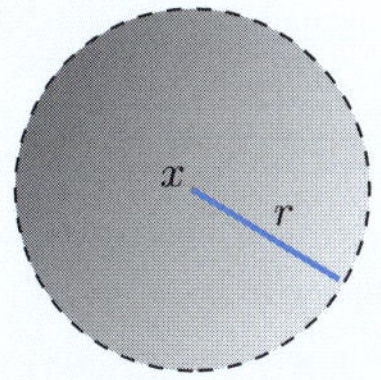

図 2.1 距離空間 (X,d) の開球 $B_X(x,r)$ (中心 x，半径 $r > 0$)

(b) (有界な集合：bounded set) 距離空間 X の部分集合 $S \subset X$ に対して，ある点 $x \in X$ と有限な $r > 0$ が存在し，$S \subset B(x,r)$ とできるとき，S は**有界** (bounded) であるという．距離空間 X の点列 $(x_n)_{n=1}^{\infty}$ は集合 $A := \{x \in X \mid x = x_n$ となる $n \in \boldsymbol{N}$ が存在する $\} \subset X$ が有界であるとき，有界な点列であるという．

(c) (点列：sequence/部分列：subsequence) 自然数 $n = 1, 2, \cdots$ の各々に X の元 $x_n \in X$ が 1 つずつ対応するとき，x_n $(n = 1, 2, \cdots)$ は X の**点列**であるといい，$(x_n)_{n=1}^{\infty} \subset X$ のように記す．X の点列 $(x_n)_{n=1}^{\infty}$ が与えられるとき，これを間引いて定義される「新しい点列」を $(x_n)_{n=1}^{\infty}$ の**部分列**という．容易に確かめられるように，$(x_n)_{n=1}^{\infty}$ の部分列は，正整数 $k \in \boldsymbol{N}$ から新しい正整数 $m(k) \in \boldsymbol{N}$ を対応づける適当な狭義単調増加な関数 $m : \boldsymbol{N} \to \boldsymbol{N}$ $(m(1) < m(2) < m(3) < \cdots$，このとき $\lim_{k\to\infty} m(k) = \infty$ となっている) を用いて $(x_{m(k)})_{k=1}^{\infty}$ のように表せる．

距離空間 X の点列 $(x_n)_{n=1}^{\infty}$ の収束の概念は，次のように定義される．

定義 2.3

(a) (点列の収束) 距離空間 (X,d) の点列 $(x_n)_{n=1}^{\infty}$ に対して，ある点 $x \in X$ が存在して，

$$\lim_{n\to\infty} d(x_n, x) = 0 \tag{2.5}$$

となるとき，点列 $(x_n)_{n=1}^{\infty}$ は，**極限** x に**収束**するといい，$\lim_{n\to\infty} x_n = x$ あるいは，$x_n \to x$ $(n \to \infty)$ と書く．

(b) (コーシー列) 距離空間 (X,d) の点列 $(x_n)_{n=1}^{\infty}$ が $d(x_n, x_m) \to 0$ $(n, m \to \infty)$ となるとき，$(x_n)_{n=1}^{\infty}$ は X の**コーシー列**であるという．

注意1 **(定義 2.3 に関する注意)** (a) 式 (2.5) は,「実数列 $(d(x_n, x))_{n=1}^{\infty}$ が実数 0 に収束すること」を意味している.「距離空間 X の点列 $(x_n)_{n=1}^{\infty}$ が $x \in X$ に収束する」という新概念が, 距離 $d : X \times X \to [0, \infty)$ を介して「実数列の収束の議論 (定義 1.1)」に翻訳されている.

(b) あたりまえのことだが, 一般に「距離空間 X の点列として $(x_n)_{n=1}^{\infty}$ が与えられるとき, これがある点 $x \in X$ に収束すること」を示すには, 点列 $(x_n)_{n=1}^{\infty}$ のほかに極限 x の情報が必要となる. 一方, 点列 $(x_n)_{n=1}^{\infty}$ がコーシー列であるか否かを示すには, 原理上, 極限の情報は必要なく (そもそも極限が存在しないかもしれない), 点列 $(x_n)_{n=1}^{\infty}$ の定義だけから決まることに注意されたい.

(c) 点列 $(x_n)_{n=1}^{\infty}$ が実数列であるとき, 性質 1.1(b) より,「$(x_n)_{n=1}^{\infty}$ がコーシー列になること」と「ある実数に $(x_n)_{n=1}^{\infty}$ が収束すること」は等価である (証明は定理 2.1(a) 参照). □

問 2.1 **例1** (b),(c) で $\boldsymbol{R}^n$ に定義された各種の距離 $d_p : \boldsymbol{R}^n \times \boldsymbol{R}^n \to [0, \infty)$ $(p = 1, 2, \cdots, \infty)$ において, $\boldsymbol{R}^n$ の点列 $\boldsymbol{x}_m := (x_1^{(m)}, x_2^{(m)}, \cdots, x_n^{(m)}) \in \boldsymbol{R}^n$ $(m = 1, 2, \cdots)$ が, 点 $\boldsymbol{x} = (x_1, x_2, \cdots, x_n) \in \boldsymbol{R}^n$ に収束するためには, 各 $k \in \{1, 2, \cdots, n\}$ に対し, $x_k^{(m)} \to x_k$ $(m \to \infty)$ となることが必要十分であることを示せ.

性質2.1 (距離空間の収束点列, コーシー列の基本性質)

(a) (収束先の一意性) 距離空間 (X, d) の点列 $(x_n)_{n=1}^{\infty}$ が収束するとすれば収束先は一意に決まる.

(b) 距離空間 X の点列 $(x_n)_{n=1}^{\infty}$ がある点 $x \in X$ に収束するならば, $(x_n)_{n=1}^{\infty}$ はコーシー列となる.

(c) 距離空間 X のコーシー列 $(x_n)_{n=1}^{\infty}$ は有界である.

【証明】 (a) 異なる 2 つの点 $x, y \in X$ について $\lim_{n\to\infty} x_n = x$, $\lim_{n\to\infty} x_n = y$ が同時に成立する状況を仮定し, 矛盾を導けばよい. $\dfrac{d(x,y)}{3} > 0$ と仮定から, ある正整数 N_1 と N_2 が存在し,

$$「N_1 < n \text{ ならば } d(x_n, x) < \frac{d(x,y)}{3}」$$

と

$$「N_2 < n \text{ ならば } d(x_n, y) < \frac{d(x,y)}{3}」$$

が成立する. したがって, $\max\{N_1, N_2\} < n$ ならば定義 2.1(D_2),(D_3) より,

$$d(x,y) \le d(x,x_n) + d(x_n,y) < \frac{2}{3}d(x,y)$$

となり矛盾が導かれた.

(b) 定義 2.1 より，任意の正整数 n, m に対して $0 \le d(x_n, x_m) \le d(x_n, x) + d(x, x_m) = d(x_n, x) + d(x_m, x)$ となる．$\lim_{n\to\infty} d(x_n, x) = 0$, $\lim_{m\to\infty} d(x_m, x) = 0$ より，$\lim_{n,m\to\infty} d(x_n, x_m) = 0$ が示される.

参考 参考までに，ε-N 論法による証明も示しておく．任意の正数 ε に対し，ある正整数 N が存在し，

$$N < n, m \text{ ならば } d(x_n, x_m) < \varepsilon$$

となることを示せばよい．実際に実数列 $(d(x_n, x))_{n=1}^{\infty}$ が $0 \in \boldsymbol{R}$ に収束するので，任意の正数 ε に対して，ある正整数 N が存在し，

$$N < n \text{ ならば } d(x_n, x) < \frac{\varepsilon}{2} \tag{2.6}$$

となる．もちろん n のかわりに m をもってきても，$m > N$ でありさえすれば，同様に，$d(x_m, x) < \varepsilon/2$ が成立している．結局

$$\begin{aligned} &N < n, m \text{ ならば} \\ &d(x_n, x_m) \le d(x_n, x) + d(x, x_m) \quad (\text{定義 2.1 参照}) \\ =&d(x_n, x) + d(x_m, x) < \frac{\varepsilon}{2} + \frac{\varepsilon}{2} = \varepsilon \end{aligned} \tag{2.7}$$

となり，$(x_n)_{n=1}^{\infty}$ はコーシー列であることがわかった [注：正数 $\varepsilon/2$ をもってきたのは，最後の段階〔式 (2.7)〕で ε にしたかったからである．実際に式 (2.6) で $\varepsilon/2$ のかわりに ε を使うと，式 (2.7) の最右辺が 2ε になってしまうので，最後がきれいに見えるように遡って修正しただけのことである．実際には，このような体裁にこだわる必要はない].

(c) $(x_n)_{n=1}^{\infty}$ はコーシー列であるから，有限な正整数 N が存在し，

$$N < n \text{ ならば } d(x_{N+1}, x_n) < 1$$

となる．したがって，勝手に選んだ $y \in X$ に対して，

$$N < n \text{ ならば } d(y, x_n) \le d(y, x_{N+1}) + d(x_{N+1}, x_n) < d(y, x_{N+1}) + 1$$

となる．さらに，$A := \max\{d(y, x_1), d(y, x_2), \cdots, d(y, x_N)\} < \infty$ も有限確定値となるので，結局

$$\text{任意の } n \in \boldsymbol{N} \text{ に対して } d(y, x_n) \le \max\{A, d(y, x_{N+1}) + 1\} < \infty$$

となり，$(x_n)_{n=1}^{\infty}$ は有界となる. ■

2.2 完備距離空間

定義 2.3 から，X の点列 $(x_n)_{n=1}^{\infty}$ が収束するという意味はわかった．ところが **注意 1** (b) で見たように，「X の点列 $(x_n)_{n=1}^{\infty}$ が与えられたとき，その極限が X の中に存在するのか？」という疑問に答えることは一般に難しい．極限の候補 (例えば $x \in X$) に当たりをつけ，式 (2.5) の条件を確認する必要があるからだ．実数列の場合のように点列 $(x_n)_{n=1}^{\infty}$ の情報だけで，極限の存在性が判定できれば大変便利である (**注意 1** (b),(c) 参照)．以下に定義する完備距離空間は，そのような性質が満たされた距離空間である．

定義 2.4 (コーシー列，完備距離空間)

距離空間 (X, d) の任意のコーシー列に対して，この点列の極限が「X に所属する点」として存在することが保証されるとき，X は**完備** (complete) であるという．完備な距離空間を**完備距離空間** (complete metric space) という．

例 3 (**完備でない距離空間**) 実数列 $x_n :=$「$\sqrt{2}$を小数点以下第 n 桁で打ち切った有理数」$\in \boldsymbol{Q}$ $(n = 1, 2, \cdots)$ は，距離空間 $(\boldsymbol{R}, d)$ (**例 1** (a)) では，$\sqrt{2} \in \boldsymbol{R} \backslash \boldsymbol{Q}$ に収束するので $\sqrt{2}$ 以外のどんな実数にも収束しない (性質 2.1(a) 参照)．もちろん，$\boldsymbol{Q}$ のいかなる点にも収束しない．性質 2.1(b) から，$(x_n)_{n=1}^{\infty} \subset \boldsymbol{Q}$ は距離空間 $(\boldsymbol{R}, d)$ のコーシー列，したがって $(\boldsymbol{Q}, d)$ (**例 1** (a)) のコーシー列でもある．これより，$(\boldsymbol{Q}, d)$ は完備な距離空間でないことがわかる．一方，定理 2.1(a) で見るように $(\boldsymbol{R}, d)$ は完備距離空間となり，点列の収束を議論するのに実に都合のよい舞台設定になっている． □

注意 2 (**完備化**) 一般に，必ずしも完備でない距離空間 (X, d) が与えられるとき，X に新しい点を追加し，新しい集合 $\widetilde{X} (\supset X)$ を構成し，さらに，$\widetilde{X}$ に

$$\widetilde{d}(x, y) = d(x, y) \quad (\forall x, y \in X)$$

を満たす新しい距離 $\widetilde{d}$ を導入することにより，完備な距離空間 $(\widetilde{X}, \widetilde{d})$ を構成することが可能である．距離空間 (X, d) から，完備距離空間 $(\widetilde{X}, \widetilde{d})$ を構成することを**完備化** (completion) という．本書では定理 6.4 で完備化の例を紹介する． □

定理 2.1 (距離空間 $\boldsymbol{R}^N$ (例 1) の完備性)

(a) 実数全体の集合 $\boldsymbol{R}$ は，距離 $d(x, y) = |x - y|$ $(x, y \in \boldsymbol{R})$ の下で完備距離空間となる．実際に，距離空間 $\boldsymbol{R}$ の任意のコーシー列 $(a_n)_{n=1}^{\infty}$ に対して，ある $\alpha \in \boldsymbol{R}$ が必ず存在し，

$$\alpha = \lim_{n\to\infty} a_n = \limsup_{n\to\infty} a_n = \liminf_{n\to\infty} a_n \in \boldsymbol{R}$$

となる．

(b)　**例 1** (b),(c) で $\boldsymbol{R}^N$ に定義された各種の距離 $d_p : \boldsymbol{R}^N \times \boldsymbol{R}^N \to [0,\infty)$ $(p = 1, 2, \cdots, \infty)$ の下で，距離空間 $\boldsymbol{R}^N$ は完備距離空間となる．

【証明】 (a)　実数列 $(a_n)_{n=1}^{\infty}$ がコーシー列であるとき，これが $\boldsymbol{R}$ のどこかに収束することを示せばよい．性質 2.1(c) より，$(a_n)_{n=1}^{\infty}$ は有界であるから，$\hat{a}_p := \sup\{a_n \mid n \geq p\}$ $(p = 1, 2, \cdots)$ も有界な単調減少数列となり，有限確定値に収束し (性質 1.1(a) 参照)，$\alpha := \lim_{p\to\infty} \hat{a}_p = \limsup_{n\to\infty} a_n \in \boldsymbol{R}$ となる．以下，$\lim_{n\to\infty} a_n = \alpha$ となることを示す．$(a_n)_{n=1}^{\infty}$ はコーシー列であるから任意の正数 ε に対して，ある正整数 N_1 が存在し，

$$N_1 < n, m \text{ ならば } a_m - \varepsilon < a_n < a_m + \varepsilon \tag{2.8}$$

となる．特に

$$N_1 < n, m \text{ ならば } a_m - \varepsilon < a_n \leq \hat{a}_n$$

で，$n \to \infty$ とすると，

$$N_1 < m \text{ ならば } a_m - \varepsilon \leq \lim_{n\to\infty} \hat{a}_n = \alpha \tag{2.9}$$

を得る (不等号が $<$ から $\leq$ になったことに注意，1 章の章末問題 5 参照)．一方，不等式 (2.8) は，$a_m + \varepsilon$ が「$\{a_k \mid k \geq n\}$ (ただし，$n > N_1$) の上界」の 1 つであることを示しており，上限の定義より，

$$\hat{a}_n = \sup\{a_k \mid k \geq n\} \leq a_m + \varepsilon \quad (n > N_1)$$

であるから，ふたたび，$n \to \infty$ とすると，

$$N_1 < m \text{ ならば } \lim_{n\to\infty} \hat{a}_n = \alpha \leq a_m + \varepsilon \tag{2.10}$$

を得る．式 (2.9), (2.10) より，結局

$$N_1 < m \text{ ならば } |a_m - \alpha| \leq \varepsilon \tag{2.11}$$

となること，すなわち $\lim_{m\to\infty} a_m = \alpha$ であることが示された．

さらに，$\check{a}_p := \inf\{a_n \mid n \geq p\}$ $(p = 1, 2, \cdots)$ が，単調増加数列となり，$(a_n)_{n=1}^{\infty}$ の下極限 $\beta := \lim_{p\to\infty} \check{a}_p = \liminf_{n\to\infty} a_n \in \boldsymbol{R}$ となることを利用すると，上の証明と同様にして，$\lim_{n\to\infty} a_n = \beta$ となることもわかる．最後に，性質 2.1(収束先の一意性) より，$\alpha = \beta$ も確かめられる．

(b) $(\boldsymbol{a}_m)_{m=1}^{\infty}$ (ただし，$\boldsymbol{a}_m := (a_1^{(m)}, a_2^{(m)}, \cdots, a_N^{(m)})$ $(m = 1, 2, \cdots)$) が $\boldsymbol{R}^N$ のコーシー列であれば，任意の正数 ε に対して，ある正整数 N_1 が存在し，

$$N_1 < m_1, m_2 \text{ ならば } d(\boldsymbol{a}_{m_1}, \boldsymbol{a}_{m_2}) < \varepsilon$$

となるので，簡単な計算から，すべての $k \in \{1, 2, \cdots, N\}$ について

$$N_1 < m_1, m_2 \text{ ならば } |a_k^{(m_1)} - a_k^{(m_2)}| \leq d(\boldsymbol{a}_{m_1}, \boldsymbol{a}_{m_2}) < \varepsilon$$

が成立することがわかる．このことは実数列 $(a_k^{(m)})_{m=1}^{\infty}$ がコーシー列であることを示しており，(a) の結果から，$(a_k^{(m)})_{m=1}^{\infty}$ はある $\alpha_k \in \boldsymbol{R}$ に収束する．さらに問 2.1 より，**例1** (b),(c) で定義されたいずれの距離空間においても $(\boldsymbol{a}_m)_{m=1}^{\infty}$ は，$\boldsymbol{\alpha} = (\alpha_1, \alpha_2, \cdots, \alpha_N) \in \boldsymbol{R}^N$ に収束することも示された． ■

■ **例題 2.3 (l^p の完備性)**

距離空間 (l^p, d_p) $(1 \leq p < \infty)$ (**例1** 参照) が完備であることを示せ[3]．

【解答】 $\boldsymbol{x}_n := (\xi_1^{(n)}, \xi_2^{(n)}, \cdots) \in l^p$ $(n = 1, 2, \cdots)$ からなる点列 $(\boldsymbol{x}_n)_{n=1}^{\infty}$ が l^p のコーシー列であるとき，これが l^p のある点に収束することを示せばよい．$(\boldsymbol{x}_n)_{n=1}^{\infty}$ はコーシー列であるから，任意の $\varepsilon > 0$ に対して，ある $N \in \boldsymbol{N}$ が存在し，$n, m > N$ ならば，

$$d_p(\boldsymbol{x}_m, \boldsymbol{x}_n) := \left(\sum_{j=1}^{\infty} \left| \xi_j^{(m)} - \xi_j^{(n)} \right|^p \right)^{1/p} < \varepsilon \tag{2.12}$$

となる．これより，すべての $j = 1, 2, \cdots$ に対して，$n, m > N$ ならば，

$$\left| \xi_j^{(m)} - \xi_j^{(n)} \right| \leq d_p(\boldsymbol{x}_m, \boldsymbol{x}_n) < \varepsilon \tag{2.13}$$

となるので，j を固定し，実数列 $(\xi_j^{(n)})_{n=1}^{\infty}$ を定義すると，これは $\boldsymbol{R}$ のコーシー列となっていることがわかる．$\boldsymbol{R}$ は完備であるから (定理 2.1(a) 参照)，$(\xi_j^{(n)})_{n=1}^{\infty}$ は収束し，$\xi_j := \lim_{n \to \infty} \xi_j^{(n)} \in \boldsymbol{R}$ $(j = 1, 2, \cdots)$ が定義される．

$\boldsymbol{x} := (\xi_1, \xi_2, \cdots)$ は，点列 $(\boldsymbol{x}_n)_{n=1}^{\infty}$ の収束先の有力な候補である．以下，実際に $\boldsymbol{x} \in l^p$ となり，$\lim_{n \to \infty} \boldsymbol{x}_n = \boldsymbol{x}$ となることを示す．式 (2.12) より，任意の $k \in \boldsymbol{N}$ に対して，$n, m > N$ ならば，

$$\sum_{j=1}^{k} \left| \xi_j^{(m)} - \xi_j^{(n)} \right|^p < \varepsilon^p$$

[3] (l^{∞}, d_{∞}) の完備性 (章末問題 1(c)) についても確認されたい．

となるので，$m > N$ ならば実関数 $|t|^p$ の $t = \xi_j$ での連続性より，

$$\sum_{j=1}^{k} \left| \xi_j^{(m)} - \xi_j \right|^p = \lim_{n\to\infty} \sum_{j=1}^{k} \left| \xi_j^{(m)} - \xi_j^{(n)} \right|^p \le \varepsilon^p$$

が成立することがわかる．このことから，$\left(\sum_{j=1}^{k} \left| \xi_j^{(m)} - \xi_j \right|^p \right)_{k=1}^{\infty}$ は k について上に有界な単調増加な実数列であり，$k \to \infty$ としたときの極限が定まることも確かめられる (性質 1.1(a) 参照)．したがって $m > N$ ならば，

$$\sum_{j=1}^{\infty} \left| \xi_j^{(m)} - \xi_j \right|^p = \lim_{k\to\infty} \sum_{j=1}^{k} \left| \xi_j^{(m)} - \xi_j \right|^p \le \varepsilon^p \qquad (2.14)$$

も得られ，$\left(\xi_j^{(m)} - \xi_j \right)_{j=1}^{\infty} \in l^p$ が保証された．さらに，式 (2.2)，(2.3) より，

$$\boldsymbol{x} = (\xi_j)_{j=1}^{\infty} = (\xi_j^{(m)})_{j=1}^{\infty} - \left(\xi_j^{(m)} - \xi_j \right)_{j=1}^{\infty} \in l^p$$

が保証される．ここで，式 (2.14) にもどると，$m > N$ ならば，

$$d_p(\boldsymbol{x}_m, \boldsymbol{x}) \le \varepsilon$$

が確かに成立しているので，$\lim_{n\to\infty} \boldsymbol{x}_n = \boldsymbol{x}$ も確認された．■

■ 例題 2.4 (連続関数が作る距離空間の例 (その 1))

有界閉区間 $[a,b] \subset \boldsymbol{R}$ (ただし，$a < b$) 上に定義された実数値連続関数全体の集合を $C[a,b]$ で表すとき，任意の $f, g \in C[a,b]$ に対して $d_p(f,g)$ $(p \ge 1)$ を式 (2.1) によって定義する．以下を示せ．

(a)　$(C[a,b], d_p)$ $(1 \le p < \infty)$ は距離空間となる．

(b)　距離空間 $(C[a,b], d_p)$ $(1 \le p < \infty)$ は完備でない[4)]．

【解答】 (a)　d_p が $C[a,b]$ 上で距離の条件 (定義 2.1 の (D_1)～(D_3)) を満足することを確認する．

[(D_1) の確認] 任意の $f \in C[a,b]$ に対して，

---

4) 後に紹介するように，$C[a,b]$ に別の距離を定義すれば，完備距離空間が構成できる (例題 2.9 参照)．例題 2.4 は，距離 d_p の意味で完備となるには，集合 $C[a,b]$ に含まれる点では不足していることを意味している．実際に，**注意 2** で述べたように，$C[a,b]$ に新たな点を追加してできる新しい集合全体に d_p の定義を拡張することによって，完備距離空間にすることができる．$(C[a,b], d_p)$ の完備化は，リーマン積分のかわりにルベーグ (Lebesgue, 1875～1941) 積分を用いて $(L^p[a,b], d_p)$ を構成するプロセスに対応している．

$$\int_a^b |f(x)|^p dx \geq 0 \tag{2.15}$$

$$\int_a^b |f(x)|^p dx = 0 \Leftrightarrow 「f(x) = 0 \quad (\forall x \in [a,b])」 \tag{2.16}$$

となることを示せば十分である[5]．不等式 (2.15) の成立は明らか．また，式 (2.16) については，まず，「$\Leftarrow$」の成立は明らか．一方，「$\Rightarrow$」を示すには，その対偶：「ある $x_0 \in [a,b]$ に対して $f(x_0) \neq 0$ となるとき，$\int_a^b |f(x)|^p dx > 0$ となること」を示せばよい．「ある $x_0 \in [a,b]$ に対して $f(x_0) \neq 0$」となるとき，関数 $\phi_p(x) := |f(x)|^p$ は x_0 で連続[6]なので，$\varepsilon := \phi_p(x_0) > 0$ に対してある $\delta > 0$ が存在し，

$$「|x - x_0| < \delta,\ x \in [a,b]」 \Rightarrow |\phi_p(x) - \phi_p(x_0)| < \frac{\varepsilon}{2} \Rightarrow \phi_p(x) > \frac{\varepsilon}{2}$$

とできる．また，

$$\varDelta := \min\{\delta, \max\{x_0 - a, b - x_0\}\} > 0$$

を用いると，

$$\int_a^b \phi_p(x)dx \geq \frac{\varepsilon}{2}\varDelta > 0$$

となることが確認され，式 (2.16) で「$\Rightarrow$」も確認できた．

[(D_2) の確認] 自明なので省略する．

[(D_3) の確認] $p = 1$ の場合には，式 (2.18) と (D_3) の成立は直ちに確認できるので，$p > 1$ の場合を考える．まず，2 つの実数 $p, q > 1$ が，$(p-1)(q-1) = 1$ すなわち $\dfrac{1}{p} + \dfrac{1}{q} = 1$ を満たすとき，任意の $f, g \in C[a,b]$ に対して，

$$\int_a^b |f(x)g(x)|\, dx \leq \left(\int_a^b |f(x)|^p dx\right)^{\frac{1}{p}} \left(\int_a^b |g(x)|^q dx\right)^{\frac{1}{q}} \tag{2.17}$$

が成立することを示す (不等式 (2.17) は「**ヘルダーの不等式** (積分形)」と呼ばれる)．$f, g \in C[a,b]$ に注意すると，(D_1) の議論と同様に「$\int_a^b |f(x)|^p dx = 0$ のとき，$f(x) = 0\ (\forall x \in [a,b])$」，「$\int_a^b |g(x)|^p dx = 0$ のとき，$g(x) = 0\ (\forall x \in [a,b])$」となり，いずれの場合も不等式 (2.17) の両辺はゼロとなる．以下，「$\int_a^b |f(x)|^p dx > 0$ かつ $\int_a^b |g(x)|^p dx > 0$」の場合を考える．1 章の章

[5] 実際に，式 (2.15), (2.16) で f のかわりに $f - g \in C[a,b]$ とすれば，(D_1) の成立が確認できる．

[6] 連続関数の定義にあいまいな読者は「距離空間の間の写像の連続性 (定義 2.8)」を参照されたい．

末問題 3(a-i) の結果より，任意の $x \in [a,b]$ に対して，

$$\frac{|f(x)g(x)|}{\left(\int_a^b |f(u)|^p du\right)^{\frac{1}{p}} \left(\int_a^b |g(u)|^q du\right)^{\frac{1}{q}}} \leq \frac{1}{p}\frac{|f(x)|^p}{\int_a^b |f(u)|^p du} + \frac{1}{q}\frac{|g(x)|^q}{\int_a^b |g(u)|^q du}$$

が成立するので，両辺を $[a,b]$ 上で積分すると，

$$\frac{\int_a^b |f(x)g(x)|dx}{\left(\int_a^b |f(u)|^p du\right)^{\frac{1}{p}} \left(\int_a^b |g(u)|^q du\right)^{\frac{1}{q}}}$$

$$\leq \frac{1}{p}\frac{\int_a^b |f(x)|^p dx}{\int_a^b |f(u)|^p du} + \frac{1}{q}\frac{\int_a^b |g(x)|^q dx}{\int_a^b |g(u)|^q du} = \frac{1}{p} + \frac{1}{q} = 1$$

となり，不等式 (2.17) の成立が確かめられる．次に，任意の $p \geq 1$，任意の $f, g \in C[a,b]$ に対して**ミンコフスキーの不等式**(積分形)

$$\left(\int_a^b |f(x)+g(x)|^p dx\right)^{\frac{1}{p}} \leq \left(\int_a^b |f(x)|^p dx\right)^{\frac{1}{p}} + \left(\int_a^b |g(x)|^p dx\right)^{\frac{1}{p}} \tag{2.18}$$

が成立することを示す[7]．「$h(x) := f(x) + g(x)$ $(\forall x \in [a,b])$」とすれば，$h^p(x) = h^{p-1}(x)f(x) + h^{p-1}(x)g(x)$ となるので，ヘルダーの不等式 (2.17) より，

$$\int_a^b |h(x)|^p dx \leq \int_a^b |h(x)|^{p-1}|f(x)|dx + \int_a^b |h(x)|^{p-1}|g(x)|dx$$

$$\leq \left(\int_a^b |h^{p-1}(x)|^q dx\right)^{\frac{1}{q}} \left[\left(\int_a^b |f(x)|^p dx\right)^{\frac{1}{p}} + \left(\int_a^b |g(x)|^p dx\right)^{\frac{1}{p}}\right]$$

を得る．また，$(p-1)q = p$ に注意すると，

$$\left(\int_a^b |h(x)|^{(p-1)q} dx\right)^{\frac{1}{q}} = \left(\int_a^b |h(x)|^p dx\right)^{\frac{1}{q}} = \left[\left(\int_a^b |h(x)|^p dx\right)^{\frac{1}{p}}\right]^{p-1}$$

となるので，これを上の不等式に代入し，

$$\left(\int_a^b |h(x)|^p dx\right)^{\frac{1}{p}} \leq \left(\int_a^b |f(x)|^p dx\right)^{\frac{1}{p}} + \left(\int_a^b |g(x)|^p dx\right)^{\frac{1}{p}}$$

---

[7] 実際に，式 (2.18) で f, g のかわりに $f-g$, $g-h$ を使えば $d_p(f,h) \leq d_p(f,g) + d_p(g,h)$ となり，(D_3) の成立が確かめられる．

の成立が確かめられる．

(b) 以下，簡単のため $a=-1, b=1$ とするが，一般の場合も同様である．コーシー列 $(f_n)_{n=1}^{\infty}\subset C[-1,1]$ で $C[-1,1]$ の点に収束しないものを構成すればよい．連続関数の列 $(f_n)_{n=1}^{\infty}$ を

$$f_n(x) := \begin{cases} 0 & (-1\leq x<0) \\ nx & (0\leq x<1/n) \\ 1 & (1/n\leq x\leq 1) \end{cases} \quad (n=1,2,3,\cdots)$$

によって定義する．このとき，$m\geq n$ ならば，

$$|f_m(x)-f_n(x)|^p = 0 \quad \left(\forall x\in[-1,0]\cup\left[\frac{1}{n},1\right]\right)$$

$$0\leq |f_m(x)-f_n(x)|^p \leq 1 \quad \left(\forall x\in\left[0,\frac{1}{n}\right]\right)$$

となるので，明らかに

$$(d_p(f_m,f_n))^p = \int_{-1}^{1}|f_m(x)-f_n(x)|^p\,dx \leq \int_0^{\frac{1}{n}} 1dx = \frac{1}{n} \quad (m\geq n)$$

となるので，「$d_p(f_m,f_n)\to 0\ (m\geq n\to\infty)$」が示され，$(f_n)_{n=1}^{\infty}$ が距離空間 $(C[-1,1],d_p)$ のコーシー列になっていることがわかる．$(C[-1,1],d_p)$ が完備でないことを示すには，$(f_n)_{n=1}^{\infty}$ に対し，「$d_p(f_n,g)\to 0\ (n\to\infty)$ となる $g\in C[-1,1]$ の存在」を仮定し矛盾を導けばよい．まず，仮定から，

$$\begin{aligned} &\int_{-1}^{1}|f_n(x)-g(x)|^p dx \\ &= \int_{-1}^{0}|g(x)|^p dx + \int_0^{\frac{1}{n}}|nx-g(x)|^p dx + \int_{\frac{1}{n}}^{1}|1-g(x)|^p dx \\ &\to 0 \quad (n\to\infty) \end{aligned}$$

でなければならず，第1項から「$g(x)=0\ (\forall x\in[-1,0])$」となる．一方，第3項は，$n$ について単調非減少であるから，$n=1,2,\cdots$ に対して，

$$\int_{\frac{1}{n}}^{1}|1-g(x)|^p dx = 0$$

すなわち，

$$g(x)=1 \quad \left(\forall x\in\left[\frac{1}{n},1\right]\right)$$

でなくてはならず，したがって「$g(x)=1\ (\forall x\in(0,1])$」を得る．以上の結果は，$g$ が $x=0$ で不連続になることを示しており，$g\in C[-1,1]$ に矛盾する． ■

2.3 開集合と閉集合

実数直線上の閉区間と開区間は，距離空間の閉集合，開集合の概念に一般化される．これらの概念は，現代数学の支柱となっており本書でもあらゆるところで顔を出す．自分で絵を描いてイメージをふくらませることが理解の早道である．

ここで，開集合の根本的な恩恵を少しだけ説明しておく．何かを議論するときに例外的な状況が生じると場合分けが必要となり，途端に複雑になってしまう．第1章にも記したように，点の位置を少しだけ動かす操作が解析学の第一歩である．開集合の1点を起点とする限り，360° どの方向に動いたとしても例外なく集合から飛びださないことが保証される．これによって動かす方向に例外を設ける必要はなくなり，議論は大幅にすっきりしたものになる．このように開集合の採用は多くの状況で計りしれない恩恵をもたらす．

定義 2.5 (開集合，閉集合)

距離空間 (X,d) の部分集合 $S \subset X$ について，

(a) 任意の $x \in S$ に対して，これを中心とする正の半径 $r > 0$ (どんなに小さくてもよい) をもつ開球 $B(x,r) := \{y \in X \mid d(x,y) < r\}$ がとれて $B(x,r) \subset S$ とできるとき，S は**開集合**であるという (図 2.2 参照)．なお全体集合 X と $\emptyset$ も開集合である．

(b) S の補集合 $X \setminus S$ が開集合となるとき，S は**閉集合**であるという．なお全体集合 X と $\emptyset$ は閉集合でもある．

(c) 集合 S を含む**最小の閉集合**を S の**閉包**といい，$\overline{S}$ と表す[8)][注：S を含むすべての閉集合の共通部分が $\overline{S}$ の正体である[9)]]．

図 2.2 開集合中のどの点を中心に選んでも集合にスッポリ含まれる開球が定義できる．

---

8) $A \supset B$ であるとき，「B は A より小さい」(または「A は B より大きい」) という．$\overline{S}$ の "最小性" は，「$\overline{S}$ が S を部分集合にもつ閉集合」であると同時に「S を部分集合にもつ任意の閉集合が $\overline{S}$ を部分集合にもつ」ことを要請している．

9) 任意個の閉集合の共通部分集合が閉集合になる事実 (性質 2.2(b) 参照) を使えば容易に確認できる．

例題 2.5 (開集合と閉集合の例)

(a) 距離空間 $(\boldsymbol{R}, d)$ (**例1** (a)) に対して開球 $B(x, r)$ の正体は開区間 $(x - r, x + r)$ となる．これより，任意の開区間 (a, b) やその任意個の合併や有限個の共通部分集合は $\boldsymbol{R}$ の開集合となることがわかる．一方，閉区間 $[a, b]$ や任意の 1 点 $x \in X$ からなる集合 $\{x\} \subset X$ やこれらの有限個の合併，任意個の共通部分集合は閉集合となることもわかる．

(b) $\boldsymbol{t} := (t_1, t_2, \cdots, t_N) \in \boldsymbol{R}^N$ を用いて定義される $\boldsymbol{R}^N$ の部分集合

$$S := \{\boldsymbol{x} = (x_1, x_2, \cdots, x_N) \mid x_i < t_i \quad (\forall i = 1, 2, \cdots, N)\}$$

は距離空間 $(\boldsymbol{R}^N, d_p)$ $(p = 1, 2, \cdots, \infty)$ (**例1** (b),(c)) の開集合となることを示せ．

(c) $\boldsymbol{t} := (t_1, t_2, \cdots) \in l^2$ を用いて定義される l^2 の部分集合

$$S_i := \left\{\boldsymbol{x} = (x_1, x_2, \cdots) \in l^2 \mid x_i < t_i\right\} \quad (i = 1, 2, \cdots)$$

は各々，距離空間 l^2 (**例1** (d)) の開集合であるが，

$$S := \bigcap_{i=1}^{\infty} S_i = \left\{\boldsymbol{x} = (x_1, x_2, \cdots) \in l^2 \mid x_i < t_i \quad (i = 1, 2, \cdots)\right\}$$

は l^2 の開集合でないことを示せ．

【解答】 (a) 定義から容易に確かめられる (確認されたい)．

(b) $\widetilde{\boldsymbol{x}} = (\widetilde{x}_1, \cdots, \widetilde{x}_N) \in S$ を任意に選ぶとき，

$$r := \min\{t_1 - \widetilde{x}_1, \cdots, t_N - \widetilde{x}_N\} > 0 \tag{2.19}$$

が保証されることに注意する (N が有限なので上の最小値の存在性が保証される)．また，任意の

$$\boldsymbol{y} = (y_1, y_2, \cdots, y_N) \in B(\widetilde{\boldsymbol{x}}, r) := \{\boldsymbol{z} \in \boldsymbol{R}^N \mid d_p(\boldsymbol{z}, \widetilde{\boldsymbol{x}}) < r\}$$

に対して，

$$|y_i - \widetilde{x}_i| \le d_p(\boldsymbol{y}, \widetilde{\boldsymbol{x}}) < r \le t_i - \widetilde{x}_i \quad (i = 1, 2, \cdots, N)$$

が成立するので，「$y_i < t_i$ $(i = 1, 2, \cdots, N)$」すなわち「$\boldsymbol{y} \in S$」となり，$B(\widetilde{\boldsymbol{x}}, r) \subset S$ が保証される．

(c) S_i $(i = 1, 2, \cdots)$ が l^2 の開集合となることを示す．任意に固定された $\widetilde{\boldsymbol{x}} := (\widetilde{x}_k)_{k=1}^{\infty} \in S_i$ に対して $r_i := t_i - \widetilde{x}_i > 0$ が保証されるので，すべての

$$\boldsymbol{y} := (y_k)_{k=1}^{\infty} \in B(\widetilde{\boldsymbol{x}}, r_i) := \{\boldsymbol{z} \in l^2 \mid d_2(\boldsymbol{z}, \widetilde{\boldsymbol{x}}) < r_i\}$$

に対して,

$$|y_i - \widetilde{x}_i| \leq d_2(\boldsymbol{y}, \widetilde{\boldsymbol{x}}) < r_i = t_i - \widetilde{x}_i$$

が成立し,「$y_i < t_i$」すなわち「$B(\widetilde{\boldsymbol{x}}, r_1) \subset S_i$」が保証される.

一方, S については, 一見, (b) と同じ議論で「S は開集合」という結論が得られそうだが, 式 (2.19) に対応する正数がとれない場合があることに注意を要する. 実際に, $\widetilde{\boldsymbol{x}} := (\widetilde{x}_i)_{i=1}^{\infty}$ を

$$\widetilde{x}_i := t_i - \frac{1}{2^i} \quad (i = 1, 2, \cdots)$$

のように定義するとミンコフスキーの不等式 (1章の章末問題3参照) から, 任意の正整数 n に対して,

$$\begin{aligned}
\sum_{i=1}^{n} |\widetilde{x}_i|^2 &\leq \sum_{i=1}^{n} \left(|t_i| + \frac{1}{2^i} \right)^2 \\
&\leq \left\{ \left(\sum_{i=1}^{n} |t_i|^2 \right)^{1/2} + \left(\sum_{i=1}^{n} \left| \frac{1}{2^i} \right|^2 \right)^{1/2} \right\}^2 \\
&\leq \left\{ \left(\sum_{i=1}^{\infty} |t_i|^2 \right)^{1/2} + \left(\sum_{i=1}^{\infty} \frac{1}{4^i} \right)^{1/2} \right\}^2 \\
&= \left\{ \left(\sum_{i=1}^{\infty} |t_i|^2 \right)^{1/2} + \sqrt{\frac{1}{3}} \right\}^2 < \infty
\end{aligned}$$

を満たすので $\sum_{i=1}^{\infty} |\widetilde{x}_i|^2 < \infty$, したがって, $\widetilde{\boldsymbol{x}} \in S \subset l^2$ が保証されるが, 正の半径をもつ開球

$$B(\widetilde{\boldsymbol{x}}, r) := \left\{ \boldsymbol{x} = (x_1, x_2, \cdots) \in l^2 \mid \left(\sum_{i=1}^{\infty} |x_i - \widetilde{x}_i|^2 \right)^{1/2} < r \right\}$$

を上手に選び, $B(\widetilde{\boldsymbol{x}}, r) \subset S$ とすることはできるだろうか. 答えは,「NO」, したがって S は開集合でない. なぜなら, どんなに小さく $r > 0$ を選んでも,

$$\frac{1}{2^i} < \frac{r}{3} \quad (\forall i \geq N)$$

となる十分大きな正整数 N が存在し,

$$z_i := \begin{cases} \widetilde{x}_i & (i = 1, 2, \cdots, N-1) \\ t_i + \dfrac{r}{3} & (i = N) \\ \widetilde{x}_i & (i = N+1, N+2, \cdots) \end{cases}$$

で定義された $\boldsymbol{z} := (z_i)_{i=1}^{\infty} \in l^2$ が,

$$d_2(\boldsymbol{z}, \widetilde{\boldsymbol{x}}) = |z_N - \widetilde{x}_N| = \frac{1}{2^N} + \frac{r}{3} \leq \frac{2r}{3} < r$$

かつ $\boldsymbol{z} \notin S$ を満たすからである. ■

性質2.2

(a) 有限個の開集合 U_i $(i = 1, 2, \cdots, n)$ に対して，共通部分集合 $\bigcap_{i=1}^{n} U_i$ は開集合となる.

一方，可算無限個の開集合 U_i $(i = 1, 2, \cdots)$ に対して $\bigcap_{i=1}^{\infty} U_i$ が開集合となる保証はない.

なお，任意個 (有限個であっても無限個であっても) の開集合の合併は開集合となる (このことは，合併内の開球を考えれば明らか).

(b) 有限個の閉集合 $S_i := X \setminus U_i$ (ただし，U_i は開集合) の合併は，閉集合となる.

一方，可算無限個の閉集合の合併 $\bigcup_{i=1}^{\infty} S_i$ は閉集合となる保証はない (可算無限個の開集合で共通部分が開集合にならない例に対して，ド・モルガンの法則を適用すれば確認できる).

なお，任意個 (有限個であっても無限個であっても) の閉集合の共通部分は，閉集合となる (ド・モルガンの法則を適用して確認せよ).

【証明】 (a) 共通部分集合が空集合となる場合には「空集合は開集合」という事実から自明. 一方，共通部分が空でなければ任意の $x \in \bigcap_{i=1}^{n} U_i$ $(i = 1, 2, \cdots, n)$ について $B(x, r_i) \subset U_i$ $(i = 1, 2, \cdots, n)$ となる開球の存在性が保証されるので，$r_{\min} := \min\{r_i\}_{i=1}^{n} > 0$ を半径とする開球 $B(x, r_{\min})$ が $B(x, r_{\min}) \subset \bigcap_{i=1}^{n} U_i$ を満足し，この場合も共通部分集合は開集合になるのである.

一方，$x \in \bigcap_{i=1}^{\infty} U_i$ を中心とし，$r_i > 0$ を半径とする開球が $B(x, r_i) \subset U_i$ $(i = 1, 2, \cdots)$ を満足していたとしても $\inf\{r_i\}_{i=1}^{\infty} = 0$ となる可能性があるから，x を中心として正の半径をもつ開球を $\bigcap_{i=1}^{\infty} U_i$ 内にとれる保証はない[10].

(b) ド・モルガンの法則を適用し，

$$\bigcup_{i=1}^{n} S_i = \left[\left(\bigcup_{i=1}^{n} S_i\right)^C\right]^C = \left[\left(\bigcap_{i=1}^{n} U_i\right)\right]^C$$

[10] 実際に例題 2.5(c) の S はそのような例になっている.

と表せ，$\bigcap_{i=1}^{n} U_i$ が開集合なので $\bigcup_{i=1}^{n} S_i$ は閉集合となる．■

距離空間の閉集合と開集合は，点列の極限の概念を用いて完全に特徴づけられる．

定義 2.6 (内点と集積点)

(a)　距離空間 X の部分集合 S と点 $x \in S$ に対して，正の半径 $r > 0$ (どんなに小さくてもよい) をもつ開球 $B(x,r) = \{y \in X \mid d(x,y) < r\}$ がとれて，$B(x,r) \subset S$ とできるとき，x は S の**内点** (interior point) であるという．
S の内点をすべて集めてできる集合を S の**内部** (interior) といい，S° で表す．

(b)　距離空間 X の部分集合 S と点 $x \in X$ (x は S に属していてもいなくてもよい) が与えられ，x に収束する点列 $x_n \in S \setminus \{x\}$ ($n \in \boldsymbol{N}$) が定義できるとき，x は S の**集積点** (accumulation point) であるという．S の集積点をすべて集めてできる集合を S の**導集合** (derived set) といい，S^d で表す．

性質2.3 (点列による閉集合の特徴づけ)

距離空間 X の部分集合 S について，

(a)　$\overline{S} = S \cup S^d$ ただし，$\overline{S}$ は S を含む最小の閉集合である (定義 2.5 参照).

(b)　「S は閉集合」$\Leftrightarrow$「$S^d \subset S$」

(c)　「S は閉集合」$\Leftrightarrow$「$x \in X$ に収束する点列 $x_n \in S$ ($n = 1, 2, 3, \cdots$) が存在するなら，$x \in S$ となる」

が成立する．

【証明】　(a)　(i)　$\overline{S} \subset (S \cup S^d)$ の証明：$\overline{S}$ の定義より，$S \cup S^d$ が閉集合，すなわち $(S \cup S^d)^C$ が開集合となることを示せば十分である．任意の $x \in (S \cup S^d)^C$ は，S の集積点でないので，$x_n \in B\left(x, \dfrac{1}{n}\right) \cap S$ ($n = 1, 2, \cdots$) となる点列 $(x_n)_{n=1}^{\infty}$ は存在しない (もしこのような点列 $(x_n)_{n=1}^{\infty}$ が存在すると $\lim_{n\to\infty} x_n = x$ となり，$x \in S^d$ となってしまう)．したがって，ある有限な正整数 N が存在し，任意の $\varepsilon \in \left(0, \dfrac{1}{N}\right)$ に対して，

$$B(x, \varepsilon) \cap S = \emptyset$$

となるはずである．また，すべての集積点 $y \in S^d$ に対して $\lim_{n\to\infty} y_n = y$ となる点列 $y_n \in S$ ($n \in \boldsymbol{N}$) が存在し，三角不等式から任意の $n \in \boldsymbol{N}$ に

対して，

$$d(x,y) \geq d(x,y_n) - d(y,y_n) \geq \varepsilon - d(y,y_n)$$

が成立するので，$d(x,y) \geq \varepsilon - \lim_{n\to\infty} d(y,y_n) = \varepsilon$ となり，結局，

$$B\left(x, \frac{\varepsilon}{2}\right) \cap (S \cup S^d) = \emptyset$$

すなわち，$B\left(x, \frac{\varepsilon}{2}\right) \subset (S \cup S^d)^C$ となり，$(S \cup S^d)^C$ が開集合であることが示された．

(ii)　($\overline{S} \supset (S \cup S^d)$ の証明) $\overline{S}$ の定義より，$\overline{S} \supset S$ は明らかなので $S^d \subset \overline{S}$ を示せば十分である．以下, $x \in S^d \setminus \overline{S}$ となる x が存在すると仮定し矛盾を導こう．$x \in (\overline{S})^C$ で，$(\overline{S})^C$ は開集合なので，ある正数 ε が存在し，$B(x,\varepsilon) \subset (\overline{S})^C$ となる．これより，$(B(x,\varepsilon) \cap S) \subset \left(B(x,\varepsilon) \cap \overline{S}\right) = \emptyset$ を得るが，明らかに $x \in S^d$ に矛盾する．したがって，$S^d \subset \overline{S}$ が示された．

(b)　(「⇒」の証明) S が閉集合なら, S 自身が「S を含む最小の閉集合」となるので $S = \overline{S}$ となる．また，(a) より，$\overline{S} = S \cup S^d$ となるので，$S \supset S^d$ がいえる．

(「⇐」の証明) $S \supset S^d$ であるとき，(a) より，$S \supset (S \cup S^d) = \overline{S} \supset S$ となるので，$S = \overline{S}$ となる．

(c)　(「⇒」の証明) S が閉集合なので，(b) より「$S^d \subset S$」が保証されることに注意する．点列 $x_n \in S$ $(n = 1,2,3,\cdots)$ が $\lim_{n\to\infty} x_n = x \in X$ かつ $x \notin S$ であれば，x は S の集積点となり，矛盾する．

(「⇐」の証明) 「$S^d \subset S$」を確かめればよい．仮に，$x \in S^d \setminus S$ が存在すれば，集積点の定義より，x に収束する点列 $x_n \in S$ $(n = 1,2,3,\cdots)$ が存在し，条件に矛盾する．■

例題 2.6

実数 $p \geq 1$ と $q > p$ ($q = \infty$ の場合も含む) に対して距離空間 (l^q, d_q) の部分集合 l^p を考える (**例 1** 参照)．このとき，l^p は距離空間 (l^q, d_q) の閉集合でないことを示せ．

【解答】　1 章の章末問題 9(c) の結果を参照すると，**例 2** の点列 $\boldsymbol{x}_n \in l^p$ $(n = 1,2,3,\cdots)$ は，$\boldsymbol{x}_\infty \in l^q \setminus l^p$ に収束することがわかる．したがって，性質 2.3(c) から，l^p は (l^q, d_q) の閉集合にならないことがわかる．■

2.4　写像の連続性

関数の連続性や微分可能性を考えるとき，変数がある値に限りなく近づく状況を想定し，対応する関数値の振る舞いを調べることになる．変数には点列のように順番を表す離散的なインデックスがないので，「変数がある値に限りなく近づく」ことを明確に定義しておく必要がある．

定義 2.7 (写像の値の極限)

X, Y は各々距離 d_X, d_Y が定義された距離空間であるとし，$D \subset X$ を定義域とする写像 $f : D \to Y$ を考える．$x \in D$ が集合 D のある集積点 $\xi \in X$ (ξ は必ずしも D に属していなくてよい) に限りなく近づくときに，対応する写像の値 $f(x) \in Y$ が限りなく $\alpha \in Y$ に近づくことを以下のように定義する．

任意の正数 $\varepsilon > 0$ に対して，ある正数 $\delta > 0$ が存在し[11)]，

$$x \in D, \quad d_X(x, \xi) < \delta \text{ ならば } d_Y(f(x), \alpha) < \varepsilon \tag{2.20}$$

となるとき，α を「$x \to \xi$ のときの，$f(x)$ の**極限**」と呼び，

$$\lim_{x \to \xi} f(x) = \alpha$$

または，

$$x \to \xi \quad \text{のとき} \quad f(x) \to \alpha$$

と表す．式 (2.20) の条件は，距離空間 X, Y の開球 $B_X(\xi, \delta)$ と $B_Y(\alpha, \varepsilon)$ を用いて，

$$f(D \cap B_X(\xi, \delta)) := \{f(x) \in Y \mid x \in D \cap B_X(\xi, \delta)\} \subset B_Y(\alpha, \varepsilon) \tag{2.21}$$

と表せる．

例 4　(a)　通常，実数全体の集合 $\boldsymbol{R}$ は，「距離 $d(\alpha, \beta) := |\alpha - \beta|$ ($\forall \alpha, \beta \in \boldsymbol{R}$) が定義された距離空間」と解釈され，距離空間 X の部分集合 $D \subset X$ を定義域とする実数値関数 $f : D \to \boldsymbol{R}$ は，2 つの距離空間の間の写像の例である．

(b)　複素数全体の集合 $\boldsymbol{C} := \{\alpha_1 + i\alpha_2 \mid \alpha_1, \alpha_2 \in \boldsymbol{R}\}$ ($i^2 = -1$) も距離

$$d(\alpha_1 + i\alpha_2, \beta_1 + i\beta_2) := \sqrt{(\alpha_1 - \beta_1)^2 + (\alpha_2 - \beta_2)^2}$$

$$(\forall \alpha_1 + i\alpha_2, \beta_1 + i\beta_2 \in \boldsymbol{C})$$

が定義された距離空間と解釈してよい．距離空間 X の部分集合 $D \subset X$ を定

---

11) δ は ε に依存してよい．この依存関係をはっきりさせたいときは，δ のかわりに $\delta(\varepsilon)$ と表現すればよい．

義域とする複素数値関数 $f: D \to \boldsymbol{C}$ は，2つの距離空間の間の写像の例である． □

性質2.4

X, Y を各々距離 d_X, d_Y が定義された距離空間とし，$D \subset X$ を定義域とする写像 $f: D \to Y$ を考える．このとき，D の集積点 $\xi \in X$ で

(a) (点列による極限の特徴づけ)

$$「\lim_{x\to\xi} f(x) = \alpha」 \Leftrightarrow 「\lim_{n\to\infty} x_n = \xi \text{となるすべての点列} (x_n)_{n=1}^{\infty} \subset D \text{に対して} \lim_{n\to\infty} f(x_n) = \alpha」$$

が成立する．つまり，「$\lim_{x\to\xi} f(x) = \alpha$」は，「$\xi$ に収束するいかなる点列 $(x_n)_{n=1}^{\infty} \subset D$ を使った場合にも，点列 $(f(x_n))_{n=1}^{\infty} \subset Y$ が，共通の $\alpha \in Y$ に収束する」ことを要請しているのである

(b) (極限の一意性)「$x \to \xi$ のときの，$f(x)$ の極限：$\lim_{x\to\xi} f(x)$」は存在すれば一意に決まる

が成立する．

【証明】 (a) (「⇒」の証明)「$\lim_{x\to\xi} f(x) = \alpha$」であるとする．点列 $(x_n)_{n=1}^{\infty} \subset D$ が $\lim_{n\to\infty} x_n = \xi$ となるとき，$\lim_{n\to\infty} f(x_n) = \alpha$ (距離空間 Y の点列 $(f(x_n))_{n=1}^{\infty}$ の収束) を示せばよい．仮定より，任意の正数 $\varepsilon > 0$ に対して，ある $\delta > 0$ が存在し，

$$x \in D, \quad d_X(x, \xi) < \delta \text{ ならば } d_Y(f(x), \alpha) < \varepsilon \tag{2.22}$$

となる．また，$\lim_{n\to\infty} x_n = \xi$ より，上の δ に対して，ある正整数 N が存在し，

$$n > N \text{ ならば } d_X(x_n, \xi) < \delta \tag{2.23}$$

となる．式 (2.22), (2.23), $(x_n)_{n=1}^{\infty} \subset D$ より，任意の $\varepsilon > 0$ に対して，ある正整数 N が存在し，

$$n > N \text{ ならば } d_Y(f(x_n), \alpha) < \varepsilon$$

となることがわかり，

$$\lim_{n\to\infty} f(x_n) = \alpha$$

が示された．

(「⇐」の証明) 背理法で示す．「$\lim_{n\to\infty} x_n = \xi$ となるすべての点列 $(x_n)_{n=1}^{\infty} \subset D$ に対して $\lim_{n\to\infty} f(x_n) = \alpha$ となる」にもかかわらず，「$\lim_{x\to\xi} f(x) = \alpha$ でない」と仮定し矛盾を導こう．仮定より，「ある $\varepsilon > 0$ に対しては，どんなに小さ

な $\delta > 0$ に対してもある $z(\delta) \in B(\xi, \delta) \cap D$ が存在し，$d_Y(f(z(\delta)), \alpha) \geq \varepsilon$」が成立する．特に，$\delta = 1/n$ $(n \in \boldsymbol{N})$ に選ぶと，

$$d_X\left(z\left(\frac{1}{n}\right), \xi\right) < \frac{1}{n} \tag{2.24}$$

$$d_Y\left(f\left(z\left(\frac{1}{n}\right)\right), \alpha\right) \geq \varepsilon \tag{2.25}$$

を満たす点列 $\left(z\left(\frac{1}{n}\right)\right)_{n=1}^{\infty} \subset D$ をとることができるが，式 (2.24) より，$\lim_{n\to\infty} z\left(\frac{1}{n}\right) = \xi$ を満たし，また，式 (2.25) より，$\lim_{n\to\infty} f\left(z\left(\frac{1}{n}\right)\right) \neq \alpha$ を満たすので，はじめの仮定に矛盾する．

(b) (a) の結果と性質 2.1 より明らか． ■

定義 2.8 (写像の連続性)

X, Y を各々距離 d_X, d_Y が定義された距離空間とし，$D \subset X$ を定義域とする写像 $f : D \to Y$ を考える．f が点 $\xi \in D$ で**連続**であるとは，任意の正数 $\varepsilon > 0$ に対して，ある正数 $\delta > 0$ が存在し[12)]，

$$x \in D, \quad d_X(x, \xi) < \delta \text{ ならば } d_Y(f(x), f(\xi)) < \varepsilon \tag{2.26}$$

となること，すなわち「$x \to \xi$ のとき $f(x)$ の極限が $f(\xi)$ になること」をいう．式 (2.26) の条件は，X の開球 $B_X(\xi, \delta)$ と $B_Y(f(\xi), \varepsilon)$ を用いて，

$$f(D \cap B_X(\xi, \delta)) := \{f(x) \in Y \mid x \in D \cap B_X(\xi, \delta)\} \subset B_Y(f(\xi), \varepsilon) \tag{2.27}$$

と表せる．f が ξ で連続であるとき，

$$x \to \xi \text{ ならば } f(x) \to f(\xi)$$

と表記する．なお，f が部分集合 $S \subset D$ のすべての点 $x \in S$ で連続となるとき，「f は S で連続である」といったり「$f : S \to Y$ は**連続写像**である」という．

例題 2.7

距離空間 (X, d_X) の部分集合 $D \subset X$ 上に定義された 2 つの関数 $f : D \to \boldsymbol{R}$, $g : D \to \boldsymbol{R}$ (**例 4** の意味で $\boldsymbol{R}$ を距離空間とみる) がともに $\xi \in D$ で連続であるとき，以下を示せ．

---

12) δ は，ε と ξ に依存してよい．この依存関係をはっきりさせたいときには，δ のかわりに $\delta(\varepsilon, \xi)$ という表記を用いればよい．

(a) $f+g : D \ni x \mapsto f(x)+g(x) \in \boldsymbol{R}$ と $f-g : D \ni x \mapsto f(x)-g(x) \in \boldsymbol{R}$, $|f| : D \ni x \mapsto |f(x)| \in [0,\infty)$ も ξ で連続となる．

(b) $fg : D \ni x \mapsto f(x)g(x) \in \boldsymbol{R}$ も ξ で連続となる．特に，$g(x) \neq 0$ $(\forall x \in D)$ なら，$f/g : D \ni x \mapsto f(x)/g(x) \in \boldsymbol{R}$ も ξ で連続となる．

(c) $h_{\max} : D \ni x \mapsto \max\{f(x), g(x)\} \in \boldsymbol{R}$ と $h_{\min} : D \ni x \mapsto \min\{f(x), g(x)\} \in \boldsymbol{R}$ も ξ で連続となる．

(証明は，微分積分学のテキストで学んだ関数の連続性の議論を距離 d_X の言葉で書き直してみればよいだけなので省略するが，復習を兼ね確認されることをおすすめする) ■

性質 2.4 より，「写像の連続性」は「点列の極限」を用いて表現することも可能である．

系 2.1 (性質 2.4 の系)

X, Y は各々距離 d_X, d_Y が定義された距離空間であるとし，$D \subset X$ を定義域とする写像 $f : D \to Y$ を考える．このとき，

「f は $x_0 \in D$ で連続」$\Leftrightarrow$

「$\lim_{n\to\infty} x_n = x_0$ となるすべての点列 $(x_n)_{n=1}^{\infty} \subset D$ に対して Y の点列 $(f(x_n))_{n=1}^{\infty}$ が $\lim_{n\to\infty} f(x_n) = f(x_0)$ を満たす」

が成立する．

【証明】 定義 2.8 と性質 2.4 より明らか． ■

なお，連続写像は以下のように距離空間の開集合を用いて特徴づけることもできる．

定理 2.2 (開集合の逆像と写像の連続性)

X, Y は各々距離 d_X, d_Y が定義された距離空間であるとし，f を X から Y への写像とする (X を定義域とする)．このとき，

「f が X で連続」$\Leftrightarrow$「U が Y の開集合ならば，

$f^{-1}(U) := \{x \in X \mid f(x) \in U\}$ は, X の開集合」

が成立する．

【証明】 (「$\Rightarrow$」の証明) 「f が X で連続」と仮定し，Y の開集合 U について

$f^{-1}(U)$ が X の開集合となることを示す．まず，$f^{-1}(U)=\emptyset$ であるとき，空集合は X の開集合であるので $f^{-1}(U)$ は開集合となる．$f^{-1}(U)\neq\emptyset$ のとき，これが開集合であることを示すには，任意の $\xi\in f^{-1}(U)$ について「これを中心とする開球で，$f^{-1}(U)$ にスッポリ含まれるもの」の存在を示せばよい．まず，$f^{-1}(U)$ の定義から $f(\xi)\in U$ となり，U は Y の開集合なので十分小さな $\varepsilon>0$ をとると $B_Y(f(\xi),\varepsilon)\subset U$ とできる．f は $\xi\in X$ で連続なので，式 (2.27) の条件から，ある正数 $\delta>0$ が存在し，

$$f\left(B_X(\xi,\delta)\right):=\{f(x)\in Y\mid x\in B_X(\xi,\delta)\}\subset B_Y(f(\xi),\varepsilon)\subset U$$

となる．このことは，$B_X(\xi,\delta)\subset f^{-1}(U)$ を示している．以上の議論は，$\xi\in f^{-1}(U)$ の選び方によらず成立するので，$f^{-1}(U)$ は X の開集合となる．

（「$\Leftarrow$」の証明）「U が Y の開集合ならば，$f^{-1}(U):=\{x\in X\mid f(x)\in U\}$ は，X の開集合」を仮定し，任意の $\xi\in X$ で f が連続となることを示す．任意の $\xi\in X$ と任意の $\varepsilon>0$ に対して，開球 $B_Y(f(\xi),\varepsilon)$ を定義すると $f^{-1}\left(B_Y(f(\xi),\varepsilon)\right)$ は X の開集合となり，$\xi\in f^{-1}\left(B_Y(f(\xi),\varepsilon)\right)$ となっている．したがって，ξ を中心とする十分小さな半径 $\delta>0$ の開球 $B_X(\xi,\delta)\subset f^{-1}\left(B_Y(f(\xi),\varepsilon)\right)$ が存在し，

$$f\left(B_X(\xi,\delta)\right)\subset f\left(f^{-1}\left(B_Y(f(\xi),\varepsilon)\right)\right)\subset B_Y(f(\xi),\varepsilon)$$

が成立する．この事実は f が ξ で連続であることを示している．以上の議論は，$\xi\in X$ の選び方によらず成立するので，f は，X で連続となる．■

2.5 コンパクト性と最大値・最小値の定理

コンパクト性は距離空間 X の部分集合 S に関する性質である．

定義 2.9 (開被覆，コンパクト，点列コンパクト)

(a) (開被覆) 距離空間 X の部分集合 S に対し，開集合の族 $\mathfrak{U} = \{O_\mu \mid \mu \in M\}$ (M は可算集合でも非可算集合でもよい) があって，

$$S \subset \bigcup_{\mu \in M} O_\mu$$

となるとき，$\mathfrak{U}$ は，S の 1 つの**開被覆** (open covering) であるという．

(b) (コンパクト) 距離空間 X の部分集合 S の任意の開被覆 $\mathfrak{U} = \{O_\mu \mid \mu \in M\}$ に対して，そこから適当な有限個の開集合 $O_{\mu_1}, O_{\mu_2}, \cdots, O_{\mu_m}$ を選ぶことにより，

$$S \subset O_{\mu_1} \cup O_{\mu_2} \cup \cdots \cup O_{\mu_m}$$

となることが保証されるとき，S は**コンパクト** (compact) あるいはコンパクト集合であるという．特に，X 自身が (X の特別な部分集合として) コンパクト集合となるとき，X をコンパクト空間という．

(c) (点列コンパクト) 距離空間 X の部分集合 S に対して，S の点から構成されるどんな点列 $(x_n)_{n=1}^{\infty}$ に対しても，S 中のいずれかの点に収束する部分列 $(x_{m(k)})_{k=1}^{\infty}$ の存在が保証されるとき，S は**点列コンパクト** (sequentially compact) であるという．

例題 2.8

(a) $\boldsymbol{R}$ において $S_1 := \{0\} \cup \{1\} \cup \left\{\frac{1}{2}\right\} \cup \cdots \cup \left\{\frac{1}{n}\right\} \cup \cdots$ がコンパクトとなることを証明せよ．

(b) $\boldsymbol{R}$ において $S_2 := \{1\} \cup \left\{\frac{1}{2}\right\} \cup \cdots \cup \left\{\frac{1}{n}\right\} \cup \cdots$ がコンパクトでないことを証明せよ．

【解答】 (a) S_1 の開被覆 $\mathfrak{U} = \{O_\mu \mid \mu \in M\}$ が与えられるとき，S_1 を覆う有限個の開集合を $\mathfrak{U}$ から選べることを示せばよい．まず，$0 \in O_{\mu_0}$, $\frac{1}{n} \in O_{\mu_n}$ となる $\mu_0 \in M$ と $\mu_n \in M$ ($n \in \boldsymbol{N}$) が存在する．O_{μ_0} は開集合なので十分小さな正数 ε が存在し，$B(0, \varepsilon) \subset O_{\mu_0}$ とできる．このことは，

$$n > N := \left\lceil \frac{1}{\varepsilon} \right\rceil \quad ならば \quad \frac{1}{n} \in O_{\mu_0}$$

となることを保証するので，

$$S_1 \subset O_{\mu_0} \cup O_{\mu_1} \cup O_{\mu_2} \cup \cdots \cup O_{\mu_N}$$

となり，S_1 はコンパクトであることが示された．

(b)　S_2 の特別な開被覆を指定し，そこから有限個の開集合をどのように選んでも S_2 を覆えないことを示せばよい．開区間 $I_n = \left(\dfrac{1}{n+1}, 2\right)$ は，$\dfrac{1}{n} \in I_n$ となるので，開区間の族 $\mathfrak{U}_1 := \{I_n \mid n \in \boldsymbol{N}\}$ は，S_2 の開被覆になっている．いま，$\mathfrak{U}_1$ から勝手に有限個の $I_{n_1}, I_{n_2}, \cdots, I_{n_k}$ を選び，$N := \max\{n_1, n_2, \cdots, n_k\}$ とすれば，

$$m > N \quad \Rightarrow \quad I_{n_1} \cup I_{n_2} \cup \cdots \cup I_{n_k} = I_N \not\ni \frac{1}{m}$$

であるから，

$$S_2 \not\subset I_{n_1} \cup I_{n_2} \cup \cdots \cup I_{n_k}$$

となってしまう．したがって，S_2 はコンパクトでない．■

定義 2.9 の諸概念に関する重要な結果を証明なしで紹介しておく[13]．

定理 2.3 (距離空間のコンパクト性と点列コンパクト性)

(a)　距離空間 X の部分集合 S について

「S はコンパクト」$\Leftrightarrow$「S は点列コンパクト」$\Rightarrow$「S は有界閉集合」

が成立する．なお，「$\Rightarrow$」の逆は一般には成立しない (4 章の **例 3** 参照).

(b)　**(ハイネ** (Heine, 1821~1881) **・ボレル** (Borel, 1871~1956) **の被覆定理)** 距離空間 $l^2(N) := (\boldsymbol{R}^N, d_2)$ においては，以下の 3 つの命題は等価である．

(i)　集合 $S \subset \boldsymbol{R}^N$ はコンパクト．

(ii)　集合 $S \subset \boldsymbol{R}^N$ は点列コンパクト．

(iii)　集合 $S \subset \boldsymbol{R}^N$ は有界閉集合．

定理 2.4 (連続写像によるコンパクト集合の像)

X, Y は各々距離 d_X, d_Y が定義された距離空間であるとし，f を X から Y への連続写像とする．S を X のコンパクト集合とするとき，f による S の像 $f(S) := \{f(x) \in Y \mid x \in S\}$ は，Y のコンパクト集合となる．

【証明】　$\mathfrak{U} := \{O_\mu \mid \mu \in M\}$ を $f(S)$ の開被覆，すなわち

[13] 証明に興味ある読者は，参考文献 [1], [2] などを参照されたい．

$$f(S) \subset \bigcup_{\mu \in M} O_\mu$$

とする．$\mathfrak{U}$ から適当な有限個の開集合を選ぶことにより，$f(S)$ が被覆できることを示せばよい．まず，定理 2.2 より，$f^{-1}(O_\mu)$ は X の開集合となり，

$$S \subset f^{-1}(f(S)) \subset f^{-1}\left(\bigcup_{\mu \in M} O_\mu\right) = \bigcup_{\mu \in M} f^{-1}(O_\mu)$$

より，$\{f^{-1}(O_\mu) \mid \mu \in M\}$ は，S の開被覆となっている．S は X のコンパクト集合なので，この開被覆からうまく選んだ有限個の開集合

$$\left\{f^{-1}(O_{\mu_1}), f^{-1}(O_{\mu_2}), \cdots, f^{-1}(O_{\mu_n})\right\}$$

によって

$$S \subset \bigcup_{k=1}^{n} f^{-1}(O_{\mu_k})$$

とできる．したがって，

$$\begin{aligned} f(S) &\subset f\left(\bigcup_{k=1}^{n} f^{-1}(O_{\mu_k})\right) \\ &= \bigcup_{k=1}^{n} f\left(f^{-1}(O_{\mu_k})\right) \\ &\subset \bigcup_{k=1}^{n} O_{\mu_k} \end{aligned}$$

となり，$f(S)$ がコンパクトであることが示された．■

次の定理は，連続関数の最大値・最小値の存在性を示すのに最もよく利用される．

定理 2.5 (最大値・最小値の定理)

距離空間 X のコンパクトな部分集合 S 上で定義された実数値連続関数 $f : S \to \boldsymbol{R}$ は，S 上で最大値および最小値をとる．

【証明】 定理 2.4 より，$f(S)$ は，$\boldsymbol{R} = \boldsymbol{R}^1$ のコンパクト集合となるから，定理 2.3(a) より，$\boldsymbol{R}$ の有界集合となり，ワイエルシュトラスの公理 1.1 より，$f(S)$ に上限 $\alpha := \sup f(S)$ が存在する．上限の定義から，

$$\alpha \geq f(x) \quad (\forall x \in S)$$

であり，

$$a_n \in \left(\alpha - \frac{1}{n}, \alpha\right] \cap f(S) \quad (n = 1, 2, 3, \cdots)$$

となる実数列 $(a_n)_{n=1}^{\infty}$ をとることができる．$(a_n)_{n=1}^{\infty}$ は $\lim_{n\to\infty} a_n = \alpha$ を満たす．さらに，定理 2.3(a) は，$f(S)$ が閉集合であることを保証しているので $\alpha \in f(S)$，すなわち，$\alpha = \sup f(S) = f(x_0) = \max f(S)$ となる $x_0 \in S$ が存在することが示された．最小値の存在性も同様に示される．■

■ 例題 2.9 (連続関数が作る距離空間の例 (その 2))

距離空間 X の空でないコンパクトな部分集合 S 上で定義された実数値連続関数のすべてからなる集合 $C(S) := \{f : S \to \boldsymbol{R} \mid f$ は S で連続 $\}$ について，

$$(\forall f, g \in C(S)) \quad d_{\max}(f, g) := \sup_{x\in S} |f(x) - g(x)| = \max_{x\in S} |f(x) - g(x)| \tag{2.28}$$

となり，$(C(S), d_{\max})$ が完備距離空間となることを以下の手順で示せ．

(a)　任意の $f, g \in C(S)$ について，「$(f-g)(x) := f(x)-g(x)$ $(\forall x \in S)$」によって関数 $f-g : S \to \boldsymbol{R}$ を定義し，また，「$(|f-g|)(x) := |f(x)-g(x)|$ $(\forall x \in S)$」によって関数 $|f-g| : S \to \boldsymbol{R}$ を定義すると $f-g, |f-g| \in C(S)$ となる．

(b)　$(C(S), d_{\max})$ は距離空間となる．

(c)　距離空間 $(C(S), d_{\max})$ は完備となる．

【解答】 (a)　例題 2.7(a) より，任意の $x_0 \in S$ で，$f-g$，$|f-g|$ は連続となり，$f-g \in C(S)$ と $|f-g| \in C(S)$ が成立する．

(b)　定理 2.5 より，任意の $f, g \in C(S)$ に対して，

$$\sup_{x\in S}|f(x) - g(x)| = \max_{x\in S}|f(x) - g(x)| \quad (\text{有限確定値})$$

となり，関数 $d_{\max} : C(S) \times C(S) \to [0, \infty)$ を定義することができる．以下，$d_{\max}$ が距離の 3 公理 (定義 2.1(D_1)～(D_3)) を満足することを確認する．

[(D_1) の確認] 任意の $f, g \in C(S)$ に対して，$d_{\max}(f, g) \geq 0$ は明らか．また，$d_{\max}(f, g) = 0$ が成立すれば，「$f(x) - g(x) = 0$ $(\forall x \in S)$」となり，$f = g$ を得る．

[(D_2) の確認] 任意の $f, g \in C(S)$ に対して，

$$d_{\max}(f, g) = \max_{x\in S} |f(x) - g(x)| = \max_{x\in S} |g(x) - f(x)| = d_{\max}(g, f)$$

が成立する．

[(D_3) の確認] 任意の $f, g, h \in C(S)$ に対して,

$$(\forall x \in S) \quad |f(x) - h(x)| \leq |f(x) - g(x)| + |g(x) - h(x)| \\ \leq d_{\max}(f, g) + d_{\max}(g, h)$$

となるので, 左辺の値は, いかなる $x \in S$ に対しても右辺の「x に無関係な定数 $d_{\max}(f, g) + d_{\max}(g, h)$」を越えることはない. したがって,

$$d_{\max}(f, g) = \max_{x \in S} |f(x) - h(x)| \leq d_{\max}(f, g) + d_{\max}(g, h)$$

が成立し, (D_1)〜(D_3) が確認された.

(c)　$f_n \in C(S)$ $(n = 1, 2, 3, \cdots)$ が距離空間 $(C(S), d_{\max})$ のコーシー列であるとき, $\lim_{n \to \infty} d_{\max}(f_n, f) = 0$ となる $f \in C(S)$ が存在することを示せばよい.

(i)　「$d_{\max}(f_m, f_n) \to 0$ $(m, n \to \infty)$」より, 任意の $\varepsilon > 0$ に対して, 十分大きな正整数 $N(\varepsilon)$ が存在し,「$d_{\max}(f_n, f_m) < \varepsilon$ $(\forall m, n \geq N(\varepsilon))$」となっている. このとき, $d_{\max}$ の定義より,

$$|f_n(x) - f_m(x)| \leq d_{\max}(f_n, f_m) < \varepsilon \quad (\forall m, n \geq N(\varepsilon), \forall x \in S) \tag{2.29}$$

が成立しているから, $x \in S$ を任意に固定して定義される実数列 $(f_n(x))_{n=1}^{\infty}$ もコーシー列となり,「実数の完備性 (定理 2.1(a))」は, $(f_n(x))_{n=1}^{\infty}$ の極限値 $\alpha_x := \lim_{n \to \infty} f_n(x) \in \boldsymbol{R}$ の存在を保証する.

(ii)　関数 $f : S \ni x \mapsto \alpha_x \in \boldsymbol{R}$ を定義すると,

$$\big| |f_n(x) - f(x)| - |f_n(x) - f_m(x)| \big| \leq |f_m(x) - f(x)| \to 0 \quad (m \to \infty)$$

となるので, 式 (2.29) の両辺で $m \to \infty$ とすると,

$$|f_n(x) - f(x)| \leq \varepsilon \quad (\forall n \geq N(\varepsilon), \forall x \in S) \tag{2.30}$$

が成立することがわかる (「$m \to \infty$」の結果, 等号つき不等号になったことに注意されたい). 式 (2.30) から,「各点 $x \in S$ で $f_n(x) \to f(x)$ $(n \to \infty)$ となること (この性質が成立するとき, 関数列 $(f_n)_{n=1}^{\infty}$ は f に**各点収束**するという)」がわかるが,「誤差 $|f_n(x) - f(x)|$ が ε 以内になることを保証する $N(\varepsilon)$ がどの $x \in S$ に対しても共通に利用できること (この性質が成立するとき, 関数列 $(f_n)_{n=1}^{\infty}$ は S 上で f に**一様収束**するという)」もわかる.

(iii)　以下, 式 (2.30) を用いて,「(ii) で定義した関数 f が $f \in C(S)$ となること」すなわち,

「S 上の連続関数の列 $(f_n)_{n=1}^{\infty}$ の一様収束極限 f は S 上で連続になる」

を示す．式 (2.30) を満たす $N(\varepsilon)$ に対して，$f_{N(\varepsilon)}: S \to \boldsymbol{R}$ は任意の $x_0 \in S$ で連続であるから，ある $\delta(x_0, \varepsilon) > 0$ が存在して，

$$「d_X(x, x_0) < \delta(x_0, \varepsilon), x \in S」\Rightarrow「\left|f_{N(\varepsilon)}(x) - f_{N(\varepsilon)}(x_0)\right| < \varepsilon」$$

が成立する．したがって，

$$\begin{aligned}
&d_X(x, x_0) < \delta(x_0, \varepsilon), x \in S \Rightarrow \\
&|f(x) - f(x_0)| \leq \left|f(x) - f_{N(\varepsilon)}(x)\right| + \left|f_{N(\varepsilon)}(x) - f_{N(\varepsilon)}(x_0)\right| \\
&\qquad\qquad\qquad + \left|f_{N(\varepsilon)}(x_0) - f(x_0)\right| \\
&\qquad\qquad\qquad < \varepsilon + \varepsilon + \varepsilon = 3\varepsilon
\end{aligned} \tag{2.31}$$

が成立し，$f \in C(S)$ が証明された．

(iv)　(iii) の結果から，式 (2.30) の左辺の最大値の存在性も保証されるので，

$$d_{\max}(f_n, f) = \max_{x \in S} |f_n(x) - f(x)| \leq \varepsilon \quad (\forall n \geq N(\varepsilon))$$

を得る．以上の議論から，距離空間 $(C(S), d_{\max})$ のコーシー列は，$C(S)$ に極限をもつことがわかったので $(C(S), d_{\max})$ の完備性が証明された．■

2.6 縮小写像の不動点定理

集合 X で定義された写像 $T: X \to X$ に対して，$\boldsymbol{z} \in X$ が存在し $T(\boldsymbol{z}) = \boldsymbol{z}$ を満足するとき $\boldsymbol{z}$ は T の**不動点** (fixed point) であるという．本書では，T の不動点全体からなる集合を $\mathrm{Fix}(T) := \{\boldsymbol{z} \in X \mid T(\boldsymbol{z}) = \boldsymbol{z}\}$ と表す．

ここでは，**バナッハ** (Banach, 1892～1945)・**ピカール** (Picard, 1856～1941) による最も基本的な**不動点定理** (**縮小写像の不動点定理**) を学ぶ．

定義 2.10 (**リプシッツ** (Lipschitz, 1832～1903) **連続性，縮小写像**)

距離空間 (X, d) 上に定義された写像 $T: X \to X$ に対して，

(a) ある $\kappa \geq 0$ が存在し，

$$d\,(T(\boldsymbol{x}_1), T(\boldsymbol{x}_2)) \leq \kappa d(\boldsymbol{x}_1, \boldsymbol{x}_2) \quad (\forall \boldsymbol{x}_1, \boldsymbol{x}_2 \in X) \tag{2.32}$$

とできるとき，「T は，X 上で**リプシッツ連続** (Lipschitz continuous) である」という．また，

$$\mathcal{K}(T) := \{\kappa \geq 0 \mid \kappa \text{は (2.32) を満たす}\} \neq \emptyset$$

に所属する最小の κ を T の**リプシッツ定数**と呼び，$\kappa(T)$ と表記する (下記の**注意 3** (a) 参照).

(b) X 上でリプシッツ連続な写像 T のリプシッツ定数が，$\kappa(T) < 1$ となるとき，T は**縮小写像** (contractive mapping) であるという[14]．

注意 3 (a) T がリプシッツ連続であるとき，$\inf \mathcal{K}(T) \geq 0$ に収束する数列 $\kappa_n \in \mathcal{K}(T)$ $(n = 1, 2, 3, \cdots)$ をとると，任意の $\boldsymbol{x}_1, \boldsymbol{x}_2 \in X$ に対して，$d\,(T(\boldsymbol{x}_1), T(\boldsymbol{x}_2)) \leq \lim_{n\to\infty} \kappa_n d(\boldsymbol{x}_1, \boldsymbol{x}_2) = \inf \mathcal{K}(T) d(\boldsymbol{x}_1, \boldsymbol{x}_2)$ となり，$\inf \mathcal{K}(T) = \min \mathcal{K}(T) = \kappa(T)$．したがって，リプシッツ定数 $\kappa(T)$ は矛盾なく定義されている．なお，$\kappa(T)$ だけでなく，すべての $\kappa \in \mathcal{K}(T)$ を「T のリプシッツ定数」と総称する場合も多いので注意されたい．

(b) 縮小写像 $T: X \to X$ は，

$$\left.\begin{array}{l} \boldsymbol{x}_1 \neq \boldsymbol{x}_2 \Rightarrow d\,(T(\boldsymbol{x}_1), T(\boldsymbol{x}_2)) < d(\boldsymbol{x}_1, \boldsymbol{x}_2) \\ \boldsymbol{x}_1 = \boldsymbol{x}_2 \Rightarrow d\,(T(\boldsymbol{x}_1), T(\boldsymbol{x}_2)) = d(\boldsymbol{x}_1, \boldsymbol{x}_2) = 0 \end{array}\right\} \tag{2.33}$$

を満たすが，条件 (2.33) は，T が縮小写像であることを保証しないことに注意されたい．実際に条件 (2.33) を満足するだけでは，不動点の存在性は一般に保証されない (章末問題 5 参照)[15]．

---

[14] $\kappa(T) = 1$ の場合を含めないことを明示するために strictly contractive と呼ぶこともある．

[15] 定理 2.6 の結果と比べてみよ．

(c)　2 つの写像 $T: X \to X$, $S: X \to X$ がリプシッツ連続であるとき，これらの合成写像 $TS: X \to X$ もリプシッツ連続となり，次が成立する．

$$\kappa(TS) \leq \kappa(T)\kappa(S)$$

□

定理 2.6 (縮小写像の不動点定理：バナッハ・ピカールの不動点定理)

完備距離空間 (X, d) で定義された縮小写像 $T: X \to X$ が与えられるとき，T は唯一の不動点 $\boldsymbol{z} \in X$ をもち，任意の $\boldsymbol{x}_0 \in X$ に対して，

$$\lim_{n\to\infty} T^n \boldsymbol{x}_0 = \boldsymbol{z} \tag{2.34}$$

が成立する．さらに，任意の $\kappa \in \mathcal{K}(T) \cap [0, 1) \neq \emptyset$ に対して，

$$d\left(T^n(\boldsymbol{x}_0), \boldsymbol{z}\right) \leq \frac{\kappa^n}{1-\kappa} d\left(\boldsymbol{x}_0, T(\boldsymbol{x}_0)\right) \quad (n = 0, 1, 2, 3, \cdots) \tag{2.35}$$

が成立する[16)]．

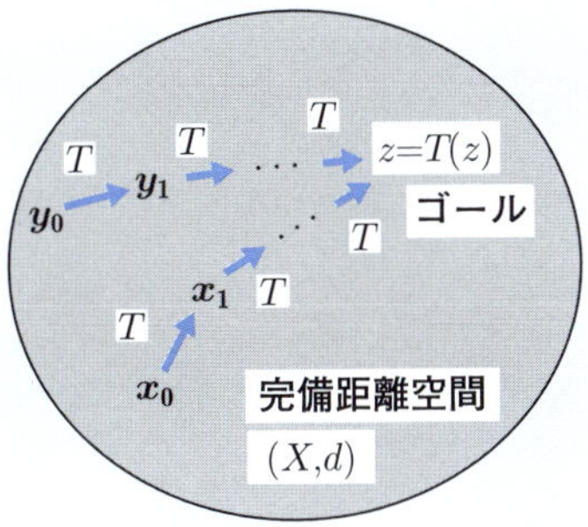

図 2.3　縮小写像の不動点定理と逐次近似アルゴリズム (どこからスタートしても T の唯一の不動点に収束する)

【証明】

step1　(X, d) の完備性から点列 $T^n(\boldsymbol{x}_0) \in X$ $(n = 0, 1, 2, \cdots)$ がある点 $\boldsymbol{z} \in X$ に収束することを示すには，この点列がコーシー列になっていることを示せば十分である．三角不等式と合成写像のリプシッツ定数に関する上の注意から，任意の非負整数 n, p に対して，次が成立する．

$$\begin{aligned} & d\left(T^n(\boldsymbol{x}_0), T^{n+p}(\boldsymbol{x}_0)\right) \\ \leq & d\left(T^n(\boldsymbol{x}_0), T^{n+1}(\boldsymbol{x}_0)\right) + d\left(T^{n+1}(\boldsymbol{x}_0), T^{n+2}(\boldsymbol{x}_0)\right) \\ & \quad + \cdots + d\left(T^{n+p-1}(\boldsymbol{x}_0), T^{n+p}(\boldsymbol{x}_0)\right) \end{aligned}$$

---

16) 式 (2.34) は，$\boldsymbol{x}_{n+1} := T(\boldsymbol{x}_n)$ が T の不動点を逐次近似するアルゴリズムになっていることを示している．また，式 (2.35) は「$T^n(\boldsymbol{x}_0)$ がどの程度，不動点 $\boldsymbol{z}$ に近づいたのか」を評価する指標として利用できる．

$$\leq \left(\sum_{i=0}^{p-1} \kappa(T^{n+i})\right) d\left(\boldsymbol{x}_0, T(\boldsymbol{x}_0)\right) \leq \left(\sum_{i=0}^{p-1} \kappa^{n+i}\right) d\left(\boldsymbol{x}_0, T(\boldsymbol{x}_0)\right)$$

$$= \frac{\kappa^n(1-\kappa^p)}{1-\kappa} d\left(\boldsymbol{x}_0, T(\boldsymbol{x}_0)\right) \leq \frac{\kappa^n}{1-\kappa} d\left(\boldsymbol{x}_0, T(\boldsymbol{x}_0)\right) \tag{2.36}$$

$\left(\lim_{n\to\infty} \frac{\kappa^n}{1-\kappa}\right) d\left(\boldsymbol{x}_0, T(\boldsymbol{x}_0)\right) = 0$ となるので，点列 $T^n(\boldsymbol{x}_0)$ $(n = 0, 1, 2, \cdots)$ はコーシー列となり，ある点 $\boldsymbol{z} \in X$ に収束することがわかった．

step2 $\lim_{n\to\infty} T^n(\boldsymbol{x}_0) = \boldsymbol{z}$ とするとき，$\boldsymbol{z}$ が T の不動点であることを示そう．

$$\begin{aligned} 0 &\leq d\left(\boldsymbol{z}, T(\boldsymbol{z})\right) \\ &\leq d\left(\boldsymbol{z}, T^n(\boldsymbol{x}_0)\right) + d\left(T^n(\boldsymbol{x}_0), T(\boldsymbol{z})\right) \\ &\leq d\left(\boldsymbol{z}, T^n(\boldsymbol{x}_0)\right) + \kappa d\left(T^{n-1}(\boldsymbol{x}_0), \boldsymbol{z}\right) \to 0 \quad (n \to \infty) \end{aligned}$$

これより，$d\left(\boldsymbol{z}, T(\boldsymbol{z})\right) = 0$ $(\Leftrightarrow \boldsymbol{z} = T(\boldsymbol{z}))$ となる．

step3 T の不動点の一意存在性を示そう．2つの不動点 $\boldsymbol{z}_1, \boldsymbol{z}_2 \in X$ があったとすれば，$\kappa < 1$ に対して，次が成立する必要がある．

$$d\left(\boldsymbol{z}_1, \boldsymbol{z}_2\right) = d\left(T(\boldsymbol{z}_1), T(\boldsymbol{z}_2)\right) \leq \kappa d\left(\boldsymbol{z}_1, \boldsymbol{z}_2\right)$$

したがって，$\boldsymbol{z}_1 = \boldsymbol{z}_2$ $(\Leftrightarrow d\left(\boldsymbol{z}_1, \boldsymbol{z}_2\right) = 0)$ でなければならない．

step4 不等式 (2.35) の成立は，$\lim_{p\to\infty} T^{n+p}(\boldsymbol{x}_0) = \boldsymbol{z}$ に注意して，不等式 (2.36) の両辺の極限 $(p \to \infty)$ を評価して確かめられる．より正確には，三角不等式を用い，

$$\begin{aligned} 0 &\leq \left| d\left(T^n(\boldsymbol{x}_0), \boldsymbol{z}\right) - d\left(T^n(\boldsymbol{x}_0), T^{n+p}(\boldsymbol{x}_0)\right) \right| \\ &\leq d\left(\boldsymbol{z}, T^{n+p}(\boldsymbol{x}_0)\right) \to 0 \quad (p \to \infty) \end{aligned}$$

から，$\lim_{p\to\infty} d\left(T^n(\boldsymbol{x}_0), T^{n+p}(\boldsymbol{x}_0)\right) = d\left(T^n(\boldsymbol{x}_0), \boldsymbol{z}\right)$ がいえ，これを (2.36) に適用し，(2.35) の成立が確かめられる． ■

実は，定理 2.6 の有用性は，縮小写像の場合に限定されない．$T : X \to X$ が必ずしも縮小写像でないリプシッツ連続写像であっても「T の冪が縮小写像になる場合」には，定理 2.6 の結果が適用可能である．

系 2.2 (縮小写像の不動点定理の系)

完備距離空間 (X, d) で定義されるリプシッツ連続な写像 $T : X \to X$ が，必ずしも 1 未満でない $\kappa(T) = A$ をもち，ある正整数 k に対して，

$$\alpha := \kappa(T^k) < 1 \tag{2.37}$$

を満たすとき，T^k は唯一の不動点 $\boldsymbol{z} \in X$ をもち，任意の $\boldsymbol{x}_0 \in X$ より生成される $\left((T^k)^n(\boldsymbol{x}_0)\right)_{n\geq 1}$ は

$$\lim_{n\to\infty} d\left((T^k)^n(\boldsymbol{x}_0), \boldsymbol{z}\right) = 0 \tag{2.38}$$

を満たす．実は，$\boldsymbol{z} \in X$ は，T の唯一の不動点でもあり，次が成立する．

$$\lim_{n\to\infty} d\left(T^n(\boldsymbol{x}_0), \boldsymbol{z}\right) = 0 \tag{2.39}$$

【証明】 定理 2.6 より，縮小写像 T^k の不動点が X 内に一意に存在し ($\boldsymbol{z} \in X$ と書く)，任意の $\boldsymbol{x}_0 \in X$ に対して (2.38) が成立する．さらに，任意の $p \in \{0, 1, \cdots, k-1\}$ に対して，$T^p(\boldsymbol{x}_0) \in X$ を初期値に選ぶと，やはり

$$\lim_{n\to\infty} d\left((T^k)^n T^p(\boldsymbol{x}_0), \boldsymbol{z}\right) = 0 \tag{2.40}$$

が成立し，$\lim_{n\to\infty} d\left(T^n(\boldsymbol{x}_0), \boldsymbol{z}\right) = 0$ を得る．特に，式 (2.40) で $p = 0, 1$ を選ぶと

$$\begin{aligned} d\left(T(\boldsymbol{z}), \boldsymbol{z}\right) &\leq d\left(T(\boldsymbol{z}), T(T^k)^n(\boldsymbol{x}_0)\right) + d\left(T(T^k)^n(\boldsymbol{x}_0), \boldsymbol{z}\right) \\ &\leq Ad\left(\boldsymbol{z}, (T^k)^n(\boldsymbol{x}_0)\right) + d\left((T^k)^n T(\boldsymbol{x}_0), \boldsymbol{z}\right) \to 0 \quad (n \to \infty) \end{aligned}$$

を得る (最右辺の 2 項はともに $n \to \infty$ で 0 に収束することに注意されたい [式 (2.40) 参照])．この事実は，$\boldsymbol{z}$ が T の不動点であることを示している．T の不動点は，T^k の不動点でもあり，T^k の不動点は，$\boldsymbol{z}$ のみであるから，T の不動点も $\boldsymbol{z} \in X$ のみである． ■

「縮小写像の不動点定理」は，方程式 (微分方程式や積分方程式も含む) の解の一意存在性 (章末問題 6,7 参照) を示すのに利用されるだけでなく，解の正体を求めるためにも利用される．例をあげておく．

例題 2.10

次の積分方程式を満足する連続関数 $x(t)$ が一意に存在することを証明するとともにこの解の正体を求めよ．

$$x(t) = 1 + \int_0^t \left(\int_0^s x(\tau)d\tau\right) ds \tag{2.41}$$

【解答】 任意の正数 R に対して $C[-R, R]$ 内に (2.41) を満たす x が一意に存在することを示す．写像 $T : C[-R, R] \to C[-R, R]$ を

$$(Tx)(t) := 1 + \int_0^t \left(\int_0^s x(\tau)d\tau\right) ds$$

によって定義するとき，積分方程式 (2.41) の解は，T の不動点にほかならない．$T^k : C[-R,R] \to C[-R,R]$ のリプシッツ定数を評価しよう．任意の $x, y \in C[-R,R]$ に対して，$d(x,y) := \max_{\tau \in [-R,R]} |x(\tau) - y(\tau)|$ を用い，まず，不等式

$$|(Tx - Ty)(t)| \le \left| \int_0^t d(x,y) s ds \right| = \frac{t^2}{2} d(x,y)$$

を得る．同様に T^2 について

$$\left| \left(T^2 x - T^2 y \right)(t) \right| \le \int_0^t \int_0^s |Tx(\tau) - Ty(\tau)| \, d\tau ds$$

$$\le \left| \int_0^t \int_0^s \frac{\tau^2}{2} d(x,y) d\tau ds \right| = \left| \int_0^t \frac{s^3}{3 \times 2} d(x,y) ds \right| = \frac{t^4}{4 \times 3 \times 2} d(x,y)$$

を得る．この議論を繰り返すと (数学的帰納法により)，任意の $t \in [-R,R]$ について，

$$\left| \left(T^k x - T^k y \right)(t) \right| \le \frac{|t|^{2k}}{(2k)!} d(x,y) \le \frac{R^{2k}}{(2k)!} d(x,y) \qquad (2.42)$$

が成立することがわかる．さらに (2.42) の最右辺は，$t \in [-R,R]$ の選び方によらないので，

$$d\left(T^k x, T^k y \right) = \max_{t \in [-R,R]} \left| \left(T^k x - T^k y \right)(t) \right| \le \frac{R^{2k}}{(2k)!} d(x,y) \qquad (2.43)$$

が成立する．式 (2.43) は，十分大きな k に対して，$\kappa(T^k) \le \dfrac{R^{2k}}{(2k)!} < 1$ となることを示している．系 2.2 によれば，T は唯一の不動点 ($z \in C[-R,R]$ と書く) をもち，任意の $x_0 \in C[-R,R]$ に対し，

$$\lim_{n \to \infty} d\left(T^n x_0, z \right) = \lim_{n \to \infty} \left(\max_{t \in [-R,R]} |T^n x_0(t) - z(t)| \right) = 0$$

が成立する．$x_n(t) := T^n x_0(t)$ の様子から $z(t)$ の正体を求めてみよう．簡単のため，$x_0(t) \equiv 0$ として，順に計算すると $x_1(t) \equiv 1$，$x_2(t) = 1 + \dfrac{t^2}{2!}$，$x_3(t) = 1 + \dfrac{t^2}{2!} + \dfrac{t^4}{4!}$ を得る．さらに (厳密には数学的帰納法より)，一般項が $x_n(t) = 1 + \dfrac{t^2}{2!} + \cdots + \dfrac{t^{2(n-1)}}{(2(n-1))!}$ となることが確認できるので，

$$z(t) = \lim_{n \to \infty} x_n(t) = \frac{e^t + e^{-t}}{2} = \cosh t$$

であることがわかった． ■

2.7　ベールの定理†

関数解析の線形理論には **corner stones** と呼ばれる **4 大定理** (一様有界性の定理 (4.2 節)，開写像定理 (4.2 節)，閉グラフ定理 (4.2 節)，ハーン (Hahn, 1879∼1934)・バナッハの定理 (6.3 節)) があり，現代数学の重要な基盤となっている (例えば，多項式空間の非完備性，フーリエ級数の収束性：4 章の章末問題 6,7)．ハーン・バナッハの定理以外の 3 定理はいずれも完備性が鍵となっており，次のベールの定理から導かれる．

定理 2.7 (ベール (Baire, 1874∼1932) **の定理)**

完備距離空間 (X,d) について，X が可算個の閉集合 $S_n \subset X$ $(n = 1,2,3,\cdots)$ を用いて

$$X = \bigcup_{n=1}^{\infty} S_n \tag{2.44}$$

と表せるならば，少なくとも 1 つの S_n は内点をもつ．

【証明】　背理法を用いて証明する．

$$『S_n(n = 1,2,\cdots) \text{ は，いずれも内点をもたない}』 \tag{2.45}$$

と仮定しよう．

(i)　X 自身は開集合 (かつ閉集合) であるから，仮定 (2.45) から $S_1(\subset X)$ が X に一致することはありえず，$S_1^C(= X - S_1)$ は空でない開集合となる．したがって，ある $x_1 \in S_1^C$ を中心とする十分小さな半径 $\varepsilon_1 \in (0,1/2)$ をもつ開球 $B(x_1,\varepsilon_1) \subset S_1^C$ が存在する．

　また，仮定 (2.45) より，$B(x_1,\varepsilon_1/2) \not\subset S_2$ であるから，開集合 $B(x_1,\varepsilon_1/2) \cap S_2^C$ も空でなく，ある $x_2 \in B(x_1,\varepsilon_1/2) \cap S_2^C$ を中心とする十分小さな半径 $\varepsilon_2 \in (0,1/2^2)$ をもつ開球

$$B(x_2,\varepsilon_2) \subset B(x_1,\varepsilon_1/2) \cap S_2^C$$

が存在する．

　さらに仮定 (2.45) より，$B(x_2,\varepsilon_2/2) \not\subset S_3$ であるから，開集合 $B(x_2,\varepsilon_2/2) \cap S_3^C$ も空でなく，ある $x_3 \in B(x_1,\varepsilon_2/2) \cap S_3^C$ を中心とする十分小さな半径 $\varepsilon_3 \in (0,1/2^3)$ をもつ開球

$$B(x_3,\varepsilon_3) \subset B(x_2,\varepsilon_2/2) \cap S_3^C$$

が存在することに注意しよう．

(ii)　(i) の議論を繰り返すと，

$$0 < \varepsilon_n < \frac{1}{2^n}, B(x_{n+1}, \varepsilon_{n+1}) \subset B\left(x_n, \frac{\varepsilon_n}{2}\right), B(x_n, \varepsilon_n) \subset S_n^C \quad (2.46)$$

を満足する開球の列 $B(x_n, \varepsilon_n)$ $(n = 1, 2, \cdots)$ が定義できる．

(iii)　(ii) の結果から，$n > m$ に対して，

$$\begin{aligned} d(x_m, x_n) &\leq d(x_m, x_{m+1}) + d(x_{m+1}, x_{m+2}) + \cdots + d(x_{n-1}, x_n) \\ &\leq \frac{\varepsilon_m}{2} + \frac{\varepsilon_{m+1}}{2} + \cdots + \frac{\varepsilon_{n-1}}{2} \\ &\leq \frac{1}{2^{m+1}} + \frac{1}{2^{m+2}} + \cdots + \frac{1}{2^n} < \frac{1}{2^m} \to 0 \quad (m \to \infty) \end{aligned}$$

となるから，$(x_n)_{n=1}^{\infty}$ は完備距離空間 X のコーシー列であり，ある $x^* \in X$ に収束することも保証される．

(iv)　さらに，(ii) と (iii) の議論より，任意に固定された $p \geq 1$ と任意の $n > p$ に対して，

$$d(x^*, x_p) \leq d(x^*, x_n) + d(x_n, x_p) \leq d(x^*, x_n) + \frac{\varepsilon_p}{2} \to \frac{\varepsilon_p}{2} \quad (n \to \infty)$$

となるので「$d(x^*, x_p) \leq \varepsilon_p/2 < \varepsilon_p$」がいえ，次式が成立することも確かめられる．

$$x^* \in B(x_p, \varepsilon_p) \subset S_p^C \quad (p = 1, 2, 3, \cdots)$$

しかるに，この結果とド・モルガンの法則 (1 章の章末問題 1 参照) からは

$$x^* \in \bigcap_{p=1}^{\infty} S_p^C = \left(\bigcup_{p=1}^{\infty} S_p\right)^C = X^C = \emptyset$$

という結論が導かれ，$x^* \in X$ に矛盾する．

(v)　(iv) の矛盾の原因は，(2.45) を仮定したことにあるので，少なくとも 1 つの S_n は内点をもつことがわかる．■

位相空間

一般に (距離空間に限らず) 集合 X の部分集合族 $\mathcal{O}$ が

(a)　$\emptyset \in \mathcal{O}$, $X \in \mathcal{O}$

(b)　$U_1, U_2 \in \mathcal{O} \Rightarrow U_1 \cap U_2 \in \mathcal{O}$

(c)　(有限，無限であってもよい任意の) 集合 $\mathcal{M}$ $(\neq \emptyset)$ が与えられ，$\mathcal{M}$ の各元 $\alpha \in \mathcal{M}$ に部分集合 $U_\alpha \in \mathcal{O}$ が対応づけられ，$\bigcup_{\alpha \in \mathcal{M}} U_\alpha \in \mathcal{O}$

の条件を満たすとき，$\mathcal{O}$ を X の**位相**といい，X を**位相空間**という．X が距離空間であるとき，その開集合をすべて集めてできる集合族を $\mathcal{O}$ とすれば，定義 2.5，性質 2.2 より，X は $\mathcal{O}$ を位相とする位相空間となっている [注：一般の位相空間の位相 $\mathcal{O}$ に属す集合も開集合と呼ばれ，これをもとに点列の (一般化された) 収束性，写像の連続性などが定義される]．

2.8 可 分 性†

どんな実数も有限桁の小数でいくらでも精度よく近似できる．このことは，非可算無限集合 $\boldsymbol{R}$ が表現法「稠密な可算部分集合 $\boldsymbol{Q}$ の点列の極限」をもつことにほかならない．同様に距離空間が稠密な可算部分集合をもてば，本質的に類似の表現法をもつことが想像できる．本章で学ぶ可分性は実際に距離空間の表現法を論じる際の鍵となっている (例えば 4.3 節参照).

定義 2.11 (稠密な集合，可分な距離空間)

(a) 距離空間 X の部分集合 $S \subset X$ について，閉包 $\overline{S}$ が $\overline{S} = X$ となるとき，S は X で**稠密** (ちゅうみつ：dense) であるという．

(b) 距離空間 X の稠密な部分集合として可算集合が存在するとき，X は**可分** (separable) であるという[17)].

有理数全体の集合 $\boldsymbol{Q}$ は可算集合であり，**例 1** (a) の距離空間 $(\boldsymbol{R}, d)$ (実数全体の集合) で稠密であるから，$\boldsymbol{R}$ は可分である．他の重要な例として以下の事実を確認しておこう．

例 5 (**可分な距離空間/非可分な距離空間**) (a) **例 1** (b),(c) の距離空間 $l^p(N)$ $(1 \le p < \infty$ または $p = \infty)$ は可分である．

(b) l^p $(1 \le p < \infty)$ は可分である．

(c) l^∞ は可分でない． □

【証明】 (a) $K := \{\boldsymbol{r} := (r_1, r_2, \cdots, r_N) \mid r_i \in \boldsymbol{Q} \ \ (i = 1, 2, \cdots, N)\} \subset \boldsymbol{R}^N$ は，$\overbrace{\boldsymbol{N} \times \boldsymbol{N} \times \cdots \times \boldsymbol{N}}^{N\text{ 個の直積}}$ と対等であるから，結局 $\boldsymbol{N}$ と対等であることに注意する (付録：例題 A.1 参照)．まず，$1 \le p < \infty$ のとき，$\boldsymbol{Q}$ が $\boldsymbol{R}$ で稠密であることに注意すれば，任意の $\boldsymbol{x} \in \boldsymbol{R}^N$ と任意の $\varepsilon > 0$ に対して，

$$d_p(\boldsymbol{x}, \boldsymbol{r}) = \left(\sum_{k=1}^{N} |x_k - r_k|^p \right)^{1/p} < \varepsilon$$

を満たす $\boldsymbol{r} := (r_1, r_2, \cdots, r_N) \in K$ が存在し，可算集合 K が $l^p(N)$ $(p \in [1, \infty))$ で稠密であることがわかる．同様に，$p = \infty$ のときにも，任意の $\boldsymbol{x} \in \boldsymbol{R}^N$ と任意の $\varepsilon > 0$ に対して，

$$d_\infty(\boldsymbol{x}, \boldsymbol{r}) = \max_{k \in \{1, 2, \cdots, N\}} |x_k - r_k| < \varepsilon$$

---

17) 可算集合については付録 1 節を参照されたい．

となる $\boldsymbol{r} := (r_1, r_2, \cdots, r_N) \in K$ が存在し，可算集合 K が $l^\infty(N)$ で稠密であることがわかる．

(b) $K_n := \{\boldsymbol{x} := (r_1, r_2, \cdots, r_n, 0, 0, \cdots) \mid r_i \in \boldsymbol{Q} \quad (i = 1, 2, \cdots, n)\}$ とすると，各 $n \in \boldsymbol{N}$ に対して，K_n は $\overbrace{\boldsymbol{N} \times \boldsymbol{N} \times \cdots \times \boldsymbol{N}}^{n\text{ 個の直積}}$ と対等であるから，結局 $\boldsymbol{N}$ と対等となり，さらに，$S := \bigcup_{n=1}^{\infty} K_n$ も高々可算となることに注意しよう (付録の例題 A.1 参照)．以下，S が l^p で稠密となることを示す．任意の $\boldsymbol{x} := (x_1, x_2, \cdots) \in l^p$ を選ぶと $\lim_{n\to\infty} \left\{\sum_{k=1}^{n} |x_k|^p\right\} < \infty$ となるので，任意の $\varepsilon > 0$ に対して，ある有限な正整数 $N_0 \in \boldsymbol{N}$ が存在し，

$$\sum_{k=N_0+1}^{\infty} |x_k|^p < \frac{\varepsilon^p}{2}$$

とできる．さらに，(a) より，$\sum_{k=1}^{N_0} |x_i - r_i|^p < \varepsilon^p/2$ となる $r_k \in \boldsymbol{Q}$ $(k = 1, 2, \cdots, N_0)$ を用意することができ，$\boldsymbol{r} := (r_1, r_2, \cdots, r_{N_0}, 0, 0, \cdots) \in K_{N_0} \subset S$ は

$$d_p(\boldsymbol{x}, \boldsymbol{r}) = \left(\sum_{k=1}^{N_0} |x_k - r_k|^p + \sum_{k=N_0+1}^{\infty} |x_k|^p\right)^{1/p} < \varepsilon$$

が成立する．このことは，S が l^p で稠密であることを保証している．

(c) 部分集合 M が l^∞ で稠密であるとき，M が非可算無限集合となることを示せば十分である．各 $x \in (0, 1] \subset \boldsymbol{R}$ には，$\xi_k \in \{0, 1\}$ $(k \in \boldsymbol{N})$ を用いて，

$$x = \frac{\xi_1}{2} + \frac{\xi_2}{2^2} + \frac{\xi_3}{2^3} + \cdots = \lim_{n\to\infty} \sum_{k=1}^{n} \frac{\xi_k}{2^k}$$

のように唯一の (無限に続く)2 進数展開が対応するので (例えば，$1/2 = \sum_{k=2}^{\infty} 1/2^k$ となることを確認せよ)，「(無限に続く)2 進数展開」は，非可算集合 $(0, 1]$ から，

$$S := \{\boldsymbol{x} := (\xi_1, \xi_2, \cdots) \mid \xi_k \in \{0, 1\}\} \subset l^\infty$$

への単射となり，$\mathrm{card}((0, 1]) \leq \mathrm{card}(S)$ であることがわかる (card[濃度] → 付録 1 を参照)．これより，S は非可算無限集合であることがわかる．さらに，相異なる 2 点 $\boldsymbol{x}_1, \boldsymbol{x}_2 \in S$ に対して $d_\infty(\boldsymbol{x}_1, \boldsymbol{x}_2) = 1$ となることから，非可算個の球 $B(\boldsymbol{x}, 1/3) := \{\boldsymbol{y} \in l^\infty \mid d_\infty(\boldsymbol{x}, \boldsymbol{y}) < 1/3\}$ $(\boldsymbol{x} \in S)$ は

$$「\boldsymbol{x}_1 \neq \boldsymbol{x}_2」 \Rightarrow 「B(\boldsymbol{x}_1, 1/3) \cap B(\boldsymbol{x}_2, 1/3) = \emptyset」 \tag{2.47}$$

のようにお互いに重なりをもたないことがわかる．ところで，$M \subset l^\infty$ が，l^∞ の稠密な部分集合であれば，

$$B\left(\boldsymbol{x}, \frac{1}{3}\right) \cap M \neq \emptyset \quad (\forall \boldsymbol{x} \in S)$$

さらに，式 (2.47) から，

$$「\boldsymbol{x}_1 \neq \boldsymbol{x}_2」 \Rightarrow 「(B(\boldsymbol{x}_1, 1/3) \cap M) \cap (B(\boldsymbol{x}_2, 1/3) \cap M) = \emptyset」$$

となるので，$\mathrm{card}(M) \geq \mathrm{card}(S)$ であることがわかり，M は非可算無限集合であることが確かめられた． ■

2章の問題

□**1** (**距離空間**)

(a) 距離空間 (X,d) が与えられるとき，任意の点 $x,y\in X$ に

$$\widetilde{d}(x,y):=\frac{d(x,y)}{1+d(x,y)}$$

を定義すると，$(X,\widetilde{d})$ は新しい距離空間となり，X は新しい距離 $\widetilde{d}$ の下で有界となることを示せ.

(b) 実数全体の集合 $\boldsymbol{R}$ に

$$d(x,y):=|\arctan x-\arctan y|$$

(ただし，$\tan(\arctan x)=x$, $-\pi/2<\arctan x<\pi/2$, $(\forall x\in\boldsymbol{R})$) を定義すると，$(\boldsymbol{R},d)$ は距離空間となるが，完備ではないことを示せ.

(c) 距離空間 l^∞ が完備となることを証明せよ.

□**2** 有理数の集合 $\boldsymbol{Q}$ の任意の 2 点 $x,y\in\boldsymbol{Q}$ の距離を $d(x,y):=|x-y|(\in\boldsymbol{R})$ と定義すると，$\boldsymbol{Q}$ は距離空間となることを確かめよ．このとき，集合 $S:=\{r\in\boldsymbol{Q}\mid -2\le r\le 2\}$ は距離空間 $\boldsymbol{Q}$ の閉集合となることを証明せよ.

□**3** (**閉集合の逆像と写像の連続性：定理 2.2 の系**) X, Y は各々距離 d_X, d_Y が定義された距離空間であるとし，f を X から Y への写像とする (X を定義域とする)．このとき，

「f が X で連続」$\Leftrightarrow$「V が Y の閉集合ならば,

$f^{-1}(V):=\{x\in X\mid f(x)\in V\}$ は, X の閉集合」

が成立することを「定理 2.2 の結果」を使って示せ.

□**4** (**コンパクト集合上の連続写像の一様連続性：ハイネの定理**) X, Y は各々距離 d_X, d_Y が定義された距離空間であるとし，f を X から Y への連続写像とする．S を X のコンパクト集合とするとき，任意の $\varepsilon>0$ に対して，ある $\delta(\varepsilon)>0$ が存在し

$$「x,\xi\in S, d_X(x,\xi)<\delta(\varepsilon)」\Rightarrow「d_Y(f(x),f(\xi))<\varepsilon」\tag{2.48}$$

が成立することを示せ [注：条件 (2.48) で,「$\delta(\varepsilon)$ が $\xi\in S$ のロケーションによらず，決まっている」ことに注意されたい．条件 (2.48) を満足するとき，f は集合 S 上で**一様連続** (uniformly continuous) であるという．一様連続性は，個々の点の位置 $\xi\in S$ に依存しない「写像の大域的な特徴をとらえた性質」であることがわかる．実際に,「実数値関数の一様連続性」はリーマン積分可能性のような大域的性質を論じる際に重要な根拠となっている (参考文献 [1], [2] を参照されたい)].

□**5** $C[0,1]$ の部分集合 $K:=\{x\in C[0,1]\mid 0=x(0)\le x(t)\le x(1)=1\}$ 上に

$$T[x](t) := tx(t) \tag{2.49}$$

で定義される写像 $T : K \to K$ について考えよう．

(a) $d_{\max}(x, y) := \max_{0 \le t \le 1} |x(t) - y(t)|, \forall x, y \in K$ によって $(K, d_{\max})$ は完備な距離空間となることを示せ．

(b) $x \neq y$ となる任意の $x, y \in K$ に対して $T : K \to K$ は次を満たすことを示せ．

$$d_{\max}(T(x), T(y)) < d_{\max}(x, y)$$

(c) T は，K の中に不動点をもたないことを示せ．

□**6** **(1 階の常微分方程式の解の一意存在性)** $\boldsymbol{R}^2$ のコンパクト部分集合

$$Q := \{(t, x) \in \boldsymbol{R}^2 \mid |t - \tau_0| \le a, |x - \xi_0| \le b\} \ (a > 0, b > 0, \ (\tau_0, \xi_0) \in Q)$$

上で連続な関数 $f : Q \to \boldsymbol{R}, (t, x) \mapsto f(t, x)$ が与えられるとき，初期条件

$$x(\tau_0) = \xi_0 \tag{2.50}$$

のもとで次の常微分方程式を考える．

$$\frac{dx}{dt} = f(t, x) \tag{2.51}$$

(a) τ_0 を含む開区間 $\mathcal{I} (\subset [\tau_0 - a, \tau_0 + a])$ について，以下の (i),(ii) が等価となることを示せ．

 (i) 関数 $x : \mathcal{I} \to [\xi_0 - b, \xi_0 + b]$ が (2.50) の下で (2.51) の解となる．

 (ii) 関数 $x : \mathcal{I} \to [\xi_0 - b, \xi_0 + b]$ が次の積分方程式の解となる．

$$x(t) = \int_{\tau_0}^{t} f(s, x(s)) ds + \xi_0 \tag{2.52}$$

(b) 関数 $f : Q \to \boldsymbol{R}$ が Q 上で恒等的に 0 でなく (定理 2.5 より，$\mu := \max_{(t,x) \in Q} |f(t, x)| > 0$ となる)，また，ある定数 $L > 0$ に対して，

$$|f(t, x_1) - f(t, x_2)| \le L|x_1 - x_2| \quad (\forall (t, x_1), (t, x_2) \in Q)$$

を満たしていると仮定する．このとき，$\delta > 0$ を $\delta \in \left(0, \min\left\{a, \frac{1}{L}, \frac{b}{\mu}\right\}\right)$ が保証されるだけ十分に小さく選べば，「初期条件 (2.50) を満足する微分方程式 (2.51) の解 $x = x(t)$」が区間 $(\tau_0 - \delta, \tau_0 + \delta)$ において唯一存在することを示せ [注：f の定義域より，解 x には条件 $|x(t) - \xi_0| \le b \ \ (\forall t \in (\tau_0 - \delta, \tau_0 + \delta))$ が課せられる]．

□**7** **(ヴォルテラ(Volterra, 1860∼1940) の積分方程式の解の一意存在性)** $\boldsymbol{R}^2$ のコンパクト集合

$$\varDelta := \{(t, s) \in \boldsymbol{R}^2 \mid a \le s \le t \le b\}$$

上で連続な関数

$$K : \varDelta \to \boldsymbol{R}, \quad (t, s) \mapsto K(t, s)$$

と閉区間 $[a,b]$ 上で連続な関数

$$\phi : [a,b] \to \boldsymbol{R}$$

が与えられるとき，任意の $\lambda \in \boldsymbol{R}$ に対して次の積分方程式を満足する連続関数

$$f : [a,b] \to \boldsymbol{R}$$

が唯一存在することを示せ [注：積分方程式 (2.53) をヴォルテラの積分方程式といい，f をその解という].

$$f(t) = \lambda \int_a^t K(t,s)f(s)ds + \phi(t) \quad (\forall t \in [a,b]) \tag{2.53}$$

第3章

ノルム空間と内積空間

ベクトル空間のすべてのベクトルに長さ (ノルム) が定義されているとき，ノルム空間であるという．ノルム空間の 2 つのベクトル間の距離は「2 つのベクトルの差を表すベクトル」のノルムとして定義され，この距離によって，ノルム空間は距離空間になる．ノルム空間が距離空間として完備であるとき，バナッハ空間であるといい，特に，バナッハ空間のノルムが内積から誘導されているとき，ヒルベルト空間であるという (次章参照)．ヒルベルト空間は，ユークリッド空間の自然な一般化であり，直交性など幾何学的な議論が容易に展開できるため，広く応用されている．本章では，ノルム空間と内積空間の基本的な性質を線形代数の議論と関連づけながら説明する．

3.1 ノルム空間

微分積分学では，2つの実数 $\alpha, \beta \in \boldsymbol{R}$ の間の距離は $d(\alpha, \beta) := |\alpha - \beta|$ のように絶対値 $|\cdot|$ を用いて定義されていた．ベクトル空間 X の点 (ベクトル) の「ノルム」は絶対値の一般化であり，ベクトル空間の "2点間の距離" は2点の差を表すベクトルのノルムとして定義される．

定義 3.1 (ノルムの公理, ノルム空間)

ベクトル空間 X に定義された関数 $\|\cdot\| : X \to [0, \infty)$ がノルムの公理と呼ばれる3条件

(a) (非負値性) 任意の $\boldsymbol{x} \in X$ に対して，

$$\|\boldsymbol{x}\| \geq 0 \quad \text{かつ} \quad \|\boldsymbol{x}\| = 0 \Leftrightarrow \boldsymbol{x} = \boldsymbol{0}$$

(b) (三角不等式) 任意の $\boldsymbol{x}, \boldsymbol{y} \in X$ に対して，

$$\|\boldsymbol{x} + \boldsymbol{y}\| \leq \|\boldsymbol{x}\| + \|\boldsymbol{y}\|$$

(c) (同次性) 任意の $\alpha \in \boldsymbol{R}$ と任意の $\boldsymbol{x} \in X$ に対して，

$$\|\alpha \boldsymbol{x}\| = |\alpha| \|\boldsymbol{x}\|$$

を満たすとき，$\|\cdot\|$ は X 上の**ノルム** (norm) であるといい，ノルムが定義されたベクトル空間を**ノルム空間** (normed space) という．X と $\|\cdot\|$ の対応を明確に表現するにはノルム空間を $(X, \|\cdot\|)$ のようにペアで表せばよい．ノルム空間 $(X, \|\cdot\|)$ が与えられるとき，$d(\boldsymbol{x}, \boldsymbol{y}) := \|\boldsymbol{x} - \boldsymbol{y}\|$ は X の距離となり，(X, d) は距離空間になる．

問 3.1 ノルム空間 X は，$d(\boldsymbol{x}, \boldsymbol{y}) := \|\boldsymbol{x} - \boldsymbol{y}\|$ を距離にもつ距離空間 (X, d) となることを確かめよ．

性質3.1 (よく使われる三角不等式の変形)

ノルム空間 $(X, \|\cdot\|)$ において，任意の $\boldsymbol{x}, \boldsymbol{y} \in X$ に対して，

$$\big| \|\boldsymbol{x}\| - \|\boldsymbol{y}\| \big| \leq \|\boldsymbol{x} - \boldsymbol{y}\|$$

が成立する．

【証明】 定義 3.1 より，任意の $\boldsymbol{x}, \boldsymbol{y} \in X$ に対して，$\|\boldsymbol{x}\| = \|(\boldsymbol{x} - \boldsymbol{y}) + \boldsymbol{y}\| \leq \|\boldsymbol{x} - \boldsymbol{y}\| + \|\boldsymbol{y}\|$ と $\|\boldsymbol{y}\| = \|(\boldsymbol{y} - \boldsymbol{x}) + \boldsymbol{x}\| \leq \|\boldsymbol{y} - \boldsymbol{x}\| + \|\boldsymbol{x}\| = \|\boldsymbol{x} - \boldsymbol{y}\| + \|\boldsymbol{x}\|$ が成立するので，各々 $\|\boldsymbol{x}\| - \|\boldsymbol{y}\| \leq \|\boldsymbol{x} - \boldsymbol{y}\|$ と $\|\boldsymbol{y}\| - \|\boldsymbol{x}\| \leq \|\boldsymbol{x} - \boldsymbol{y}\|$ を得る．■

ノルムから距離が定義されたので (定義 3.1, 問 3.1)，ノルム空間の点列の収束が議論できる．

定義 3.2 (強収束あるいはノルム収束)

ノルム空間 X の点列 $(\boldsymbol{x}_n)_{n=1}^{\infty}$ に対して，ある点 $\boldsymbol{x} \in X$ が存在し，$\lim_{n\to\infty} \|\boldsymbol{x}_n - \boldsymbol{x}\| = 0$ となるとき，点列 $(\boldsymbol{x}_n)_{n=1}^{\infty}$ は，$\boldsymbol{x}$ に**収束** (あるいは**ノルム収束**，**強収束**) するといい，次のように表す．

$$「\lim_{n\to\infty} \boldsymbol{x}_n = \boldsymbol{x}」 \text{または} 「\boldsymbol{x}_n \to \boldsymbol{x} \quad (n \to \infty)」$$

定義 3.3 (写像の連続性)

ノルム空間 X (ノルムを $\|\cdot\|_X$ とする) から Y (ノルムを $\|\cdot\|_Y$ とする) への写像 $T : X \to Y$ と点 $\boldsymbol{x}^* \in X$ について，

$$\lim_{n\to\infty} \|\boldsymbol{x}_n - \boldsymbol{x}^*\|_X = 0$$

となるすべての点列

$$(\boldsymbol{x}_n)_{n=1}^{\infty} \subset X$$

に対して，

$$\lim_{n\to\infty} \|T(\boldsymbol{x}_n) - T(\boldsymbol{x}^*)\|_Y = 0$$

が保証されるとき (すなわち，任意の $\varepsilon > 0$ に対して，ある $\delta > 0$ が存在し，

$$\|\boldsymbol{x} - \boldsymbol{x}^*\|_X < \delta \quad \Rightarrow \quad \|T(\boldsymbol{x}) - T(\boldsymbol{x}^*)\|_Y < \varepsilon$$

が保証されるとき)，写像 T は，点 $\boldsymbol{x}^* \in X$ で**連続**であるという (「距離空間の写像の連続性 (定義 2.8)」と系 2.1 参照)．$T : X \to Y$ が $S \subset X$ のすべての点 $x \in S$ で連続であるとき，「T は S 上で連続である」または「T は S 上の**連続写像**である」という．

注意 1 (**ノルムの連続性**) ノルム空間 $(X, \|\cdot\|)$ の点列 $(\boldsymbol{x}_n)_{n=1}^{\infty}$ が $\boldsymbol{x} \in X$ に収束するとき，性質 3.1 より，$0 \leq |\|\boldsymbol{x}_n\| - \|\boldsymbol{x}\|| \leq \|\boldsymbol{x}_n - \boldsymbol{x}\| \to 0$ が保証されるので，ノルム $\|\cdot\| : X \to \boldsymbol{R}$ は X 上の連続関数である． □

定義 3.4 (ノルムの等価性)

ベクトル空間 X に定義された 2 種類のノルム $\|\cdot\|_a$ と $\|\cdot\|_b$ に対して，ある $\mathcal{M}_2 \geq \mathcal{M}_1 > 0$ が存在し，

$$\forall \boldsymbol{x} \in X, \quad \mathcal{M}_1 \|\boldsymbol{x}\|_a \leq \|\boldsymbol{x}\|_b \leq \mathcal{M}_2 \|\boldsymbol{x}\|_a \tag{3.1}$$

を満足するとき，$\|\cdot\|_a$ と $\|\cdot\|_b$ は**等価** (equivalent) **なノルム**であるという．

注意 2 (**ノルムの等価性に関するいくつかの注意**) ベクトル空間 X に定義されたノルムについて，以下が成立する．

(a)　**(対称性)**　ノルム $\|\cdot\|_a$ と $\|\cdot\|_b$ が式 (3.1) を満足するとき，

$$\forall \boldsymbol{x} \in X, \quad \frac{1}{\mathcal{M}_2}\|\boldsymbol{x}\|_b \leq \|\boldsymbol{x}\|_a \leq \frac{1}{\mathcal{M}_1}\|\boldsymbol{x}\|_b \tag{3.2}$$

も成立する．

(b)　**(推移性)**　ノルム $\|\cdot\|_a$ とノルム $\|\cdot\|_b$ が等価 (式 (3.1)) であると同時に，ノルム $\|\cdot\|_b$ とノルム $\|\cdot\|_c$ も等価，すなわち，

$$\forall \boldsymbol{x} \in X, \quad \mathcal{M}_1'\|\boldsymbol{x}\|_b \leq \|\boldsymbol{x}\|_c \leq \mathcal{M}_2'\|\boldsymbol{x}\|_b$$

を満たす正数 $\mathcal{M}_1', \mathcal{M}_2'$ が存在するとき，

$$\forall \boldsymbol{x} \in X, \quad \mathcal{M}_1\mathcal{M}_1'\|\boldsymbol{x}\|_a \leq \|\boldsymbol{x}\|_c \leq \mathcal{M}_2\mathcal{M}_2'\|\boldsymbol{x}\|_a$$

となるので，ノルム $\|\cdot\|_a$ とノルム $\|\cdot\|_c$ も等価である．

(c)　**(収束の不変性)**　点列 $\boldsymbol{x}_n \in X$ $(n = 0, 1, 2, \cdots)$ がノルム $\|\cdot\|_a$ の意味で，ある点 $\boldsymbol{x}^* \in X$ に収束するとき，すなわち，

$$\lim_{n\to\infty} \|\boldsymbol{x}_n - \boldsymbol{x}^*\|_a = 0$$

となるとき，式 (3.1) は

$$0 \leq \|\boldsymbol{x}_n - \boldsymbol{x}^*\|_b \leq \mathcal{M}_2\|\boldsymbol{x}_n - \boldsymbol{x}^*\|_a \quad (n = 0, 1, 2, \cdots)$$

を保証するので，

$$\lim_{n\to\infty} \|\boldsymbol{x}_n - \boldsymbol{x}^*\|_b = 0$$

も成立する．したがって等価なノルムを用いる限り，「点列がある点に収束するか否かの結論」は不変である．　□

定理 3.1 (有限次元空間のノルムの等価性)

ベクトル空間 X の次元が有限 $(\dim(X) = N < \infty)$ であるとき，X に定義可能なノルムはすべて等価である．

【証明】　(a)　X の基底 $\{\boldsymbol{u}_1, \boldsymbol{u}_2, \cdots, \boldsymbol{u}_N\}$ [確認：$\boldsymbol{u}_1, \boldsymbol{u}_2, \cdots, \boldsymbol{u}_N$ は1次独立で，これらの線形結合全体は X に一致する] を1つ固定すると，任意の $\boldsymbol{x} \in X$ に対して $\boldsymbol{x} = \sum_{i=1}^N x_i \boldsymbol{u}_i$ となる $(x_1, \cdots, x_N) \in \boldsymbol{R}^N$ が一意に決まり，

$$\|\boldsymbol{x}\|_2 := \sqrt{\sum_{i=1}^N x_i^2}$$

がノルムの公理 (定義 3.1) を満たすことは容易に確認できる．

(b)　X に定義可能なノルムを任意に選び，これを関数 $J : X \to [0, \infty)$ で表しておく ($J(\cdot)$ はノルムらしく見えないがノルムの性質を満たすと仮定する)．定理 3.1 の主張を確認するには，2つの正数 $\mathcal{M}_1, \mathcal{M}_2$ が存在して，

$$\forall \boldsymbol{x} \in X, \quad \mathcal{M}_1\|\boldsymbol{x}\|_2 \leq J(\boldsymbol{x}) \leq \mathcal{M}_2\|\boldsymbol{x}\|_2 \tag{3.3}$$

となることを示せば十分である (J が任意に指定されたノルムであることと **注意 2** の対称性と推移性から X のノルムとして任意に選ばれた 2 種類のノルムが等価になることがわかる).

(i) $\boldsymbol{x} = \sum_{i=1}^{N} x_i \boldsymbol{u}_i$ に対して,

$$J(\boldsymbol{x}) = J\left(\sum_{i=1}^{N} x_i \boldsymbol{u}_i\right) \leq \sum_{i=1}^{N} J(x_i \boldsymbol{u}_i) \leq \sum_{i=1}^{N} |x_i| J(\boldsymbol{u}_i) \tag{3.4}$$

$$\leq \sqrt{\sum_{i=1}^{N} |x_i|^2} \sqrt{\sum_{i=1}^{N} J(\boldsymbol{u}_i)^2} = \sqrt{\sum_{i=1}^{N} J(\boldsymbol{u}_i)^2} \|\boldsymbol{x}\|_2 \tag{3.5}$$

を得る ($J(\cdot)$ がノルムの公理を満たすことから式 (3.4) の不等式が成立する. また, 式 (3.5) の不等式は $\boldsymbol{R}^N$ のよく知られたコーシー・シュワルツの不等式 (1 章の章末問題 3(b) 参照) による). したがって, $\mathcal{M}_2 := \sqrt{\sum_{i=1}^{N} J(\boldsymbol{u}_i)^2}$ としてよいことがわかる.

(ii) $J(\cdot)$ はベクトル空間 X に定義可能なノルムの 1 つなので, 性質 3.1 に対応する不等式を満たし, また, 式 (3.5) に注意すると, 任意の $\boldsymbol{x} = \sum_{i=1}^{N} x_i \boldsymbol{u}_i$ と $\boldsymbol{y} = \sum_{i=1}^{N} y_i \boldsymbol{u}_i \in X$ に対して,

$$|J(\boldsymbol{x}) - J(\boldsymbol{y})| \leq J(\boldsymbol{x} - \boldsymbol{y})$$

$$\leq \mathcal{M}_2 \|\boldsymbol{x} - \boldsymbol{y}\|_2 = \mathcal{M}_2 \sqrt{\sum_{i=1}^{N} (x_i - y_i)^2}$$

となる. したがって, 関数

$$\widetilde{\boldsymbol{J}} : \boldsymbol{R}^N \to \boldsymbol{R} : (x_1, \cdots, x_N) \ \mapsto \ J\left(\sum_{i=1}^{N} x_i \boldsymbol{u}_i\right)$$

は, ユークリッド空間 $\boldsymbol{R}^N$ 上で定義された連続関数となり, さらに, 「$\widetilde{J}(x_1, \cdots, x_N) = 0 \Leftrightarrow \sum_{i=1}^{N} x_i \boldsymbol{u}_i = \boldsymbol{0} \Leftrightarrow (x_1, \cdots, x_N) = (0, \cdots, 0)$」も成立する.

(iii) ところで,

$$S := \left\{ \boldsymbol{x} = \sum_{i=1}^{N} x_i \boldsymbol{u}_i \in X \mid \|\boldsymbol{x}\|_2 = \sqrt{\sum_{i=1}^{N} x_i^2} = 1 \right\},$$

$$\widetilde{S} := \left\{ (x_1, \cdots, x_N) \in \boldsymbol{R}^N \mid \sum_{i=1}^{N} x_i^2 = 1 \right\}$$

を定義すると, $\widetilde{S}$ は, $\boldsymbol{R}^N$ の有界閉集合であるから, 定理 2.3(b) (ハイネ・

ボレル [Heine-Borel] の被覆定理) よりコンパクトとなり，さらに定理 2.5 (最大値・最小値の定理) から関数 $\widetilde{J}$ はある $(x_1^*, \cdots, x_N^*) \in \widetilde{S}$ で $\widetilde{S}$ 上の最小値をもつことが保証されるので，

$$
\begin{aligned}
\mathcal{M}_1 &:= \inf_{\boldsymbol{x} \in S} J(\boldsymbol{x}) = \inf_{(x_1, \cdots, x_N) \in \widetilde{S}} \widetilde{J}(x_1, \cdots, x_N) \\
&= \min_{(x_1, \cdots, x_N) \in \widetilde{S}} \widetilde{J}(x_1, \cdots, x_N) = \widetilde{J}(x_1^*, \cdots, x_N^*) > 0
\end{aligned} \tag{3.6}
$$

が成立する．式 (3.6) の最後の不等号は $\widetilde{S} \ni (x_1^*, \cdots, x_N^*) \neq \boldsymbol{0}$ による．式 (3.6) を自明な関係

$$
J(\boldsymbol{x}) = \begin{cases} J\left(\dfrac{\boldsymbol{x}}{\|\boldsymbol{x}\|_2}\right)\|\boldsymbol{x}\|_2 & (\boldsymbol{x} \neq \boldsymbol{0} \text{ のとき}) \\ J(\boldsymbol{e})\|\boldsymbol{x}\|_2 = 0 & (\boldsymbol{x} = \boldsymbol{0} \text{ のとき}) \end{cases} \tag{3.7}
$$

(ただし，$\boldsymbol{e} \in X$ は，$\|\boldsymbol{e}\|_2 = 1$ を満足する任意のベクトルを表す)

に適用すると，

$$
\forall \boldsymbol{x} \in X, \quad \mathcal{M}_1 \|\boldsymbol{x}\|_2 \leq J(\boldsymbol{x}) \tag{3.8}
$$

を得る．この関係と式 (3.5) から確かに式 (3.3) が成立することがわかった． ■

ノルム空間は，ベクトル空間であるから部分空間や凸集合が自然に定義できる．さらに距離空間としての性質も備えているので開集合と閉集合も自然に定義できる．ノルム空間の閉凸集合，特に，閉部分空間や線形多様体は応用上も極めて重要な集合である．

定義 3.5 (閉部分空間・線形多様体・閉凸集合)

ノルム空間 X の部分集合のうちで，特に重要なものをあげておく．

(a) (閉部分空間) 部分空間 $M \subset X$ が閉集合 (すなわち $M = \overline{M}$) であるとき，M は**閉部分空間**であるという．一般に部分空間 M が与えられるとき，集合 M の閉包 $\overline{M}(\subset X)$ は X の閉部分空間となる (性質 3.2 参照)．例えば，任意の部分集合 $S \subset X$ に対して，$\mathrm{span}(S)$ (S によって張られる部分空間：定義 1.5 参照) の閉包 $\overline{\mathrm{span}}(S)$ も閉部分空間となる．

(b) (線形多様体) 固定された $\boldsymbol{v} \in X$ による閉部分空間 M のシフト：$V := \boldsymbol{v} + M := \{\boldsymbol{x} = \boldsymbol{v} + \boldsymbol{m} \in X \mid \boldsymbol{m} \in M\}$ を**線形多様体**という．容易に確かめられるように，$\boldsymbol{v}_1, \boldsymbol{v}_2 \in V$ について $V = \boldsymbol{v}_1 + M = \boldsymbol{v}_2 + M$ となり，V はシフトに用いるベクトル $\boldsymbol{v} \in V$ の選び方に依存せず決まる (性質 3.2 参照)．V が X の閉集合になることは明らか．

(c)　(凸集合) C を X の部分集合とする．$\boldsymbol{x}_1, \boldsymbol{x}_2 \in C$ であり，すべての $\lambda \in [0,1]$ に対して，$\lambda \boldsymbol{x}_1 + (1-\lambda)\boldsymbol{x}_2 \in C$ となるとき，C は**凸集合**であるという．凸集合は凹みのない集合と考えてよい (図 3.1)．凸集合 C が閉集合であるとき，**閉凸集合**であるという．閉凸集合は応用上も極めて重要である (5 章， 7 章参照).

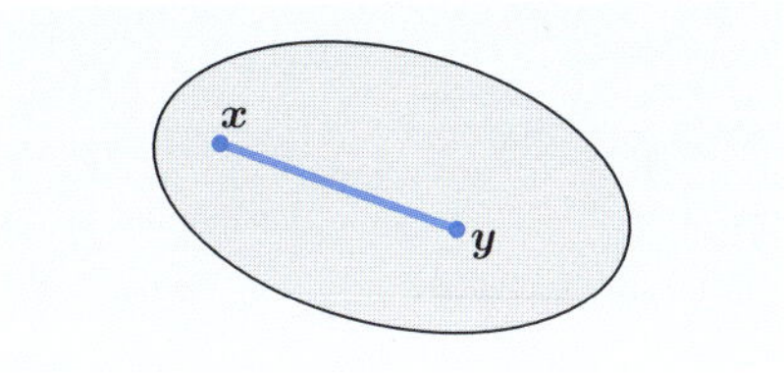

図 3.1　凸集合

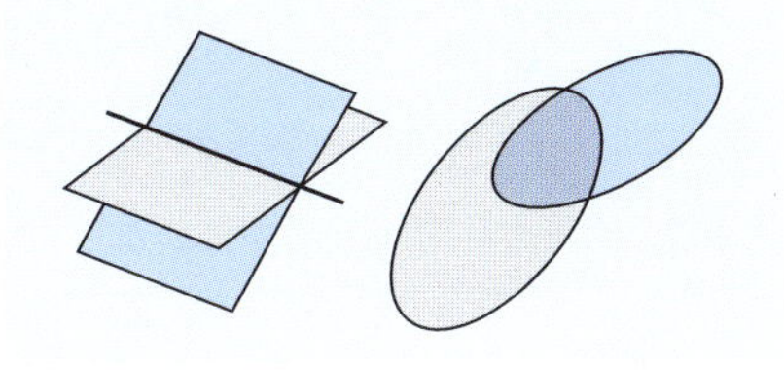

図 3.2　複数の閉凸集合の共通部分集合は閉凸集合

性質3.2

(a)　ノルム空間 X の線形多様体 V が，固定された $\boldsymbol{v}_0 \in X$ と閉部分空間 M を用いて $V = \boldsymbol{v}_0 + M$ と表されるとき，任意の $\boldsymbol{v} \in V$ について $V = \boldsymbol{v} + M$ となる．線形多様体は閉凸集合になっている．

(b)　ノルム空間 X の任意個の部分空間 M_α $(\alpha \in \mathcal{M})$ の共通部分集合は $M := \bigcap_{\alpha \in \mathcal{M}} M_\alpha \ni 0$ となり，M も部分空間になる．また，ノルム空間 X の任意個の凸集合 $C_\alpha \subset X$ $(\alpha \in \mathcal{M})$ が空でない共通部分集合 $C := \bigcap_{\alpha \in \mathcal{M}} C_\alpha \neq \emptyset$ をもつとき，C も凸集合になる．

(c)　ノルム空間 X の任意個の線形多様体 $V_\alpha \subset X$ $(\alpha \in \mathcal{M})$ が空でない共通部分集合 $V := \bigcap_{\alpha \in \mathcal{M}} V_\alpha \neq \emptyset$ をもつとき，V も線形多様体になる．また，X の任意個の閉凸集合 $C_\alpha \subset X$ $(\alpha \in \mathcal{M})$ が空でない共通部分集合 $C := \bigcap_{\alpha \in \mathcal{M}} C_\alpha \neq \emptyset$ をもつとき，C も閉凸集合になる (図 3.2 参照).

(d)　ノルム空間 X の部分空間 M の閉包 $\overline{M}$ は部分空間になる．また，凸集合 $C(\subset X)$ の閉包 $\overline{C}$ も凸集合になる．

【証明】 (a)　任意の $\boldsymbol{v} \in V$ に対して，$\boldsymbol{u}_0 \in M$ が存在し，$\boldsymbol{v} = \boldsymbol{v}_0 + \boldsymbol{u}_0$ と表せ，明らかに $\{\boldsymbol{u}_0 + \boldsymbol{u} \mid \boldsymbol{u} \in M\} = M$ となるから，

$$\boldsymbol{v}_0 + M = \{\boldsymbol{v}_0 + \boldsymbol{u}_0 + \boldsymbol{u} \mid \boldsymbol{u} \in M\} = \boldsymbol{v} + M$$

となる．一方，任意の $\boldsymbol{x}_i \in V$ $(i = 1, 2)$ と任意の $\lambda \in [0,1]$ に対して，$\boldsymbol{u}_i \in M$ が存在し，$\boldsymbol{x}_i = \boldsymbol{v} + \boldsymbol{u}_i$ と表せるから，

$$\lambda \boldsymbol{x}_1 + (1-\lambda)\boldsymbol{x}_2 = \boldsymbol{v} + \{\lambda \boldsymbol{u}_1 + (1-\lambda)\boldsymbol{u}_2\} \in V$$

が成立し，V が凸集合になることがわかる．V が閉集合になることは，定義から明らか．

(b) 任意の $\boldsymbol{x}_1, \boldsymbol{x}_2 \in M$ と $\lambda_1, \lambda_2 \in \boldsymbol{R}$ に対して，$\lambda_1\boldsymbol{x}_1+\lambda_2\boldsymbol{x}_2 \in M_\alpha$ $(\forall\alpha \in \mathcal{M})$ となるので，$\lambda_1\boldsymbol{x}_1+\lambda_2\boldsymbol{x}_2 \in M$ も成立し，M が部分空間になることがわかる．同様に，任意の $\boldsymbol{x}_1, \boldsymbol{x}_2 \in C$ と $\lambda \in [0,1]$ に対して，$\lambda\boldsymbol{x}_1 + (1-\lambda)\boldsymbol{x}_2 \in C_\alpha$ $(\forall\alpha \in \mathcal{M})$ となるので，$\lambda\boldsymbol{x}_1 + (1-\lambda)\boldsymbol{x}_2 \in C$ も成立し，C が凸集合になることがわかる．

(c) $\boldsymbol{v} \in V$ を任意に選び固定すると，X の閉部分空間 $M_\alpha(\subset X)$ を用いて「$V_\alpha = \boldsymbol{v} + M_\alpha$ $(\alpha \in \mathcal{M})$」と表せるから，

$$V = \left\{\boldsymbol{v} + \boldsymbol{x} \mid \boldsymbol{x} \in \bigcap_{\alpha\in\mathcal{M}} M_\alpha\right\} = \boldsymbol{v} + \bigcap_{\alpha\in\mathcal{M}} M_\alpha$$

となっている．(b) より，$M := \bigcap_{\alpha\in\mathcal{M}} M_\alpha$ は部分空間であり，M が閉集合となることも性質 2.2 から確かめられるので，V は線形多様体になる．一方，C が凸集合になることは (b) からわかる．また，C が閉集合となることも性質 2.2 から確かめられるので，C は閉凸集合になる．

(d) 性質 2.3 より，任意の $\boldsymbol{x}, \boldsymbol{y} \in \overline{M} \subset X$ に対し，「$\boldsymbol{x}_n \to \boldsymbol{x}$, $\boldsymbol{y}_n \to \boldsymbol{y}$ $(n \to \infty)$」となる点列 $(\boldsymbol{x}_n)_{n\in\boldsymbol{N}}, (\boldsymbol{y}_n)_{n\in\boldsymbol{N}} \subset M$ が存在する．M は部分空間であるから任意の $\lambda_1, \lambda_2 \in \boldsymbol{R}$ に対して $(\lambda_1\boldsymbol{x}_n + \lambda_2\boldsymbol{y}_n)_{n\in\boldsymbol{N}} \subset M$ となり，また，$\lambda_1\boldsymbol{x} + \lambda_2\boldsymbol{y} \in X$ に対して，

$$\begin{aligned} 0 &\leq \|(\lambda_1\boldsymbol{x}_n + \lambda_2\boldsymbol{y}_n) - (\lambda_1\boldsymbol{x} + \lambda_2\boldsymbol{y})\| \\ &\leq |\lambda_1|\|\boldsymbol{x}_n - \boldsymbol{x}\| + |\lambda_2|\|\boldsymbol{y}_n - \boldsymbol{y}\| \to 0 \quad (n \to \infty) \end{aligned}$$

が成立するので，$\lambda_1\boldsymbol{x} + \lambda_2\boldsymbol{y} \in \overline{M}$ が保証される．$\boldsymbol{x}, \boldsymbol{y} \in \overline{M}$，$\lambda_1, \lambda_2 \in \boldsymbol{R}$ の選び方は任意であったから $\overline{M}$ も部分空間であることがわかる．一方，任意の $\lambda \in [0,1]$ に対して $\lambda_1 := \lambda$, $\lambda_2 := 1-\lambda$ のように限定して，上の議論と同様に $\overline{C}$ が凸集合になることも確かめられる． ■

定理 3.2 (有限次元部分空間は閉部分空間になる)

ノルム空間 $(X, \|\cdot\|)$ とその有限次元部分空間 M $(\dim(M) = N < \infty)$ が与えられるとき，M は X の閉部分集合，すなわち，閉部分空間になる．

【証明】 「点列による閉集合の特徴づけ (性質 2.3(c) 参照)」より，

$$「点列\ \boldsymbol{x}_n \in M\ (n=1,2,\cdots)\ が\ \boldsymbol{x}^* \in X\ に収束する」\Rightarrow「\boldsymbol{x}^* \in M」 \tag{3.9}$$

を示せばよい．$\boldsymbol{x}_n \in M\ (n=1,2,\cdots)$ が $\boldsymbol{x}^* \in X$ に収束するなら，コーシー列となり，

$$(\forall \varepsilon > 0, \exists n_0 \in \boldsymbol{N}) \quad n, m \geq n_0 \Rightarrow \|\boldsymbol{x}_n - \boldsymbol{x}_m\| < \varepsilon \tag{3.10}$$

ところで，ノルム $\|\cdot\|$ は，ベクトル空間 M のノルムでもあるので $(M, \|\cdot\|)$ は有限次元のノルム空間となる．特に，M の基底 $\{\boldsymbol{u}_1, \boldsymbol{u}_2, \cdots, \boldsymbol{u}_N\}$ を 1 つ選び，固定し，任意の $\boldsymbol{x} = \sum_{i=1}^N x_i \boldsymbol{u}_i$ に対して，

$$\|\boldsymbol{x}\|_2 := \sqrt{\sum_{i=1}^N x_i^2}$$

とすると，$\|\cdot\|_2$ は M のノルムとして $\|\cdot\|$ と等価である (定理 3.1 参照)．したがって，ある正数 $\mathcal{M}_1$ が存在し，

$$(\forall \varepsilon > 0, \exists n_0 \in \boldsymbol{N}) \quad n, m \geq n_0 \Rightarrow \mathcal{M}_1 \|\boldsymbol{x}_n - \boldsymbol{x}_m\|_2 < \varepsilon \tag{3.11}$$

となり，$\boldsymbol{x}_n \in M\ (n=1,2,\cdots)$ は，ノルム $\|\cdot\|_2$ の意味でもコーシー列である．$\boldsymbol{x}_n = \sum_{i=1}^N x_i^{(n)} \boldsymbol{u}_i\ (n=1,2,\cdots)$ を用いて式 (3.11) を表現しなおすと，$(x_1^{(n)}, x_2^{(n)}, \cdots, x_N^{(n)}) \in \boldsymbol{R}^N\ (n=1,2,\cdots)$ が満たす次の関係が得られる．

$$(\forall \varepsilon > 0, \exists n_0 \in \boldsymbol{N}) \quad n, m \geq n_0 \Rightarrow \mathcal{M}_1 \sqrt{\sum_{i=1}^N (x_i^{(n)} - x_i^{(m)})^2} < \varepsilon \tag{3.12}$$

$\boldsymbol{R}^N$ は完備距離空間なので，ある $(\alpha_1^*, \alpha_2^*, \cdots, \alpha_N^*) \in \boldsymbol{R}^N$ が存在し，

$$\lim_{n\to\infty} \sqrt{\sum_{i=1}^N (x_i^{(n)} - \alpha_i^*)^2} = 0$$

したがって，$\widehat{\boldsymbol{x}} = \sum_{i=1}^N \alpha_i^* \boldsymbol{u}_i \in M$ が存在し，

$$\lim_{n\to\infty} \|\boldsymbol{x}_n - \widehat{\boldsymbol{x}}\|_2 = 0$$

となる．$\|\cdot\|_2$ は M のノルムとして，$\|\cdot\|$ と等価であるから，**注意 2** より，

$$\lim_{n\to\infty} \|\boldsymbol{x}_n - \widehat{\boldsymbol{x}}\| = 0 \tag{3.13}$$

となる．ところが $\lim_{n\to\infty} \boldsymbol{x}_n = \boldsymbol{x}^* \in X$ であったから，

$$\boldsymbol{x}^* = \widehat{\boldsymbol{x}} = \sum_{i=1}^N \alpha_i^* \boldsymbol{u}_i \in M$$

が示された． ■

3.2 内積空間

次に，実数体 $\boldsymbol{R}$ 上のベクトル空間 X に内積を定義する．内積を用いると，ベクトル空間の点 (ベクトル) の間に "直交性など幾何学的な関係" を論じることができる．

定義 3.6 (内積，内積空間，直交性)

実数体 $\boldsymbol{R}$ 上のベクトル空間 X の任意の元 $\boldsymbol{x}, \boldsymbol{y}, \boldsymbol{z} \in X$ と任意の $\alpha, \beta \in \boldsymbol{R}$ に対して，以下の 3 条件を満足する $\langle \boldsymbol{x}, \boldsymbol{y} \rangle \in \boldsymbol{R}$ が定まるとき，$\langle \boldsymbol{x}, \boldsymbol{y} \rangle$ は $\boldsymbol{x}$ と $\boldsymbol{y}$ の**内積** (inner product) であるという．内積が定義されたベクトル空間 X を**内積空間** (inner product space) という．

(a) $\langle \boldsymbol{x}, \boldsymbol{y} \rangle = \langle \boldsymbol{y}, \boldsymbol{x} \rangle$

(b) $\langle \boldsymbol{x}, \boldsymbol{x} \rangle \geq 0$ であり，$\langle \boldsymbol{x}, \boldsymbol{x} \rangle = 0 \Leftrightarrow \boldsymbol{x} = \boldsymbol{0}$

(c) $\langle \alpha\boldsymbol{x} + \beta\boldsymbol{y}, \boldsymbol{z} \rangle = \alpha\langle \boldsymbol{x}, \boldsymbol{z} \rangle + \beta\langle \boldsymbol{y}, \boldsymbol{z} \rangle$

言い換えると直積集合 $X \times X$ から $\boldsymbol{R}$ への写像：$\langle \cdot, \cdot \rangle : X \times X \to \boldsymbol{R}$ が上の (a)~(c) を満たしさえすれば，$\langle \cdot, \cdot \rangle$ には「X の内積」と名乗る資格が与えられるのである．(a)~(c) を満たす $X \times X$ から $\boldsymbol{R}$ への写像は一般に無数に定義できるので，特に，X と内積との対応を明示したいときには，内積空間を $(X, \langle \cdot, \cdot \rangle)$ と表記する．

なお，2 つのベクトル $\boldsymbol{x}, \boldsymbol{y} \in X$ が $\langle \boldsymbol{x}, \boldsymbol{y} \rangle = 0$ を満たすとき，$\boldsymbol{x}$ と $\boldsymbol{y}$ は**直交する**といい，「$\boldsymbol{x} \perp \boldsymbol{y}$」と表記する．$\boldsymbol{x} \in X$ が部分集合 $S (\subset X)$ に属すすべてのベクトルと直交するとき，「$\boldsymbol{x}$ は集合 S と直交する」といい，$\boldsymbol{x} \perp S$ と書く．また，S と直交する X のベクトル全体を $S^{\perp} := \{\boldsymbol{x} \in X \mid \boldsymbol{x} \perp S\} = \{\boldsymbol{x} \in X \mid \langle \boldsymbol{x}, \boldsymbol{y} \rangle = 0, \forall \boldsymbol{y} \in S\}$ で表す ($S^{\perp}$ は X の部分空間になる)．

性質3.3

内積空間 X の任意の元 $\boldsymbol{x} \in X$ に対して，$\|\boldsymbol{x}\| := \sqrt{\langle \boldsymbol{x}, \boldsymbol{x} \rangle}$ を定義するとき，$\boldsymbol{x} \mapsto \|\boldsymbol{x}\|$ は，ノルムの公理 (定義 3.1) を満たす (非負値性，同次性の成立は，ほとんど明らかである．三角不等式の成立も以下の (c) の議論で確かめられる)．このノルムは**内積から誘導されたノルム**と呼ばれ，任意の $\boldsymbol{x}, \boldsymbol{y} \in X$ に対して，以下が成立する．

(a) **(コーシー・シュワルツの不等式)** $|\langle \boldsymbol{x}, \boldsymbol{y} \rangle| \leq \|\boldsymbol{x}\| \|\boldsymbol{y}\|$

ただし，「等号成立」$\Leftrightarrow$「$\boldsymbol{x}, \boldsymbol{y} \in X$ が 1 次従属」

(b) (コーシー・シュワルツの不等式の系) $\sup_{\|\boldsymbol{u}\|=1} |\langle \boldsymbol{x}, \boldsymbol{u} \rangle| = \max_{\|\boldsymbol{u}\|=1} |\langle \boldsymbol{x}, \boldsymbol{u} \rangle|$

$= \|\boldsymbol{x}\|$

(c) (**三角不等式**) $\|\boldsymbol{x}+\boldsymbol{y}\| \leq \|\boldsymbol{x}\|+\|\boldsymbol{y}\|$

ただし，「等号成立」$\Leftrightarrow$「$\boldsymbol{x}$ または $\boldsymbol{y}$ が他方の非負定数倍」

$\Leftrightarrow$「$\|\boldsymbol{y}\|\boldsymbol{x} = \|\boldsymbol{x}\|\boldsymbol{y}$」[1)]

(d) (**中線定理**) $\|\boldsymbol{x}+\boldsymbol{y}\|^2 + \|\boldsymbol{x}-\boldsymbol{y}\|^2 = 2\|\boldsymbol{x}\|^2 + 2\|\boldsymbol{y}\|^2$

(中線定理は平行四辺形の辺の 2 乗和は対角線の 2 乗和に等しいことを保証している)

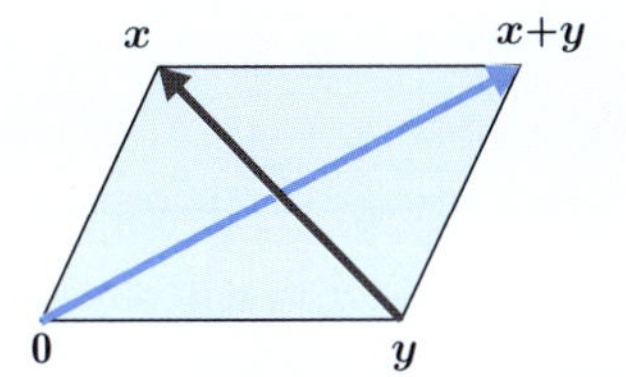

図 3.3 中線定理
(平行四辺形の対角線の 2 乗和 =4 辺の 2 乗和)

(e) (**中線定理の一般化**) 任意の $\lambda \in \boldsymbol{R}$ に対して，

$$\|\lambda\boldsymbol{x}+(1-\lambda)\boldsymbol{y}\|^2 = \lambda\|\boldsymbol{x}\|^2 + (1-\lambda)\|\boldsymbol{y}\|^2 - \lambda(1-\lambda)\|\boldsymbol{x}-\boldsymbol{y}\|^2 \tag{3.14}$$

[注：$\lambda = 1/2$ とすれば，中線定理に一致する]

【証明】 (a) $\boldsymbol{x},\boldsymbol{y} \in X$ が 1 次従属のとき，ある $\alpha \in \boldsymbol{R}$ が存在し，$\boldsymbol{x} = \alpha\boldsymbol{y}$ (または，$\boldsymbol{y} = \alpha\boldsymbol{x}$) と表せるので，コーシー・シュワルツの不等式の両辺とも $|\alpha|\|\boldsymbol{y}\|^2$ (または，$|\alpha|\|\boldsymbol{x}\|^2$) となり，等号が成立していることがわかる．一方，$\boldsymbol{x}, \boldsymbol{y} \in X$ が 1 次独立のとき，すべての $t \in \boldsymbol{R}$ に対して，$\boldsymbol{x}+t\boldsymbol{y} \neq \boldsymbol{0}$ となるので，

$$0 < \langle \boldsymbol{x}+t\boldsymbol{y}, \boldsymbol{x}+t\boldsymbol{y}\rangle = \langle \boldsymbol{y},\boldsymbol{y}\rangle t^2 + 2\langle \boldsymbol{x},\boldsymbol{y}\rangle t + \langle \boldsymbol{x},\boldsymbol{x}\rangle \tag{3.15}$$

が成立しなければならない．右辺は，t に関する 2 次式であり，2 次の係数 $\langle \boldsymbol{y},\boldsymbol{y}\rangle$ は正であるから，

$$\text{判別式 } D = \langle \boldsymbol{x},\boldsymbol{y}\rangle^2 - \langle \boldsymbol{x},\boldsymbol{x}\rangle\langle \boldsymbol{y},\boldsymbol{y}\rangle < 0$$

でなければならない．これは，コーシー・シュワルツの不等式 (この場合，等号は不成立) そのものである．

(b) $\boldsymbol{x} = \boldsymbol{0}$ のときに成立することは自明なので，以下，$\boldsymbol{x} \neq \boldsymbol{0}$ とする．コーシー・シュワルツの不等式より，$\|\boldsymbol{u}\| = 1$ となる任意の $\boldsymbol{u} \in X$ に対して，

1)「ノルムの三角不等式の等号成立条件」がこの条件になるとき，ノルム空間は**狭義凸** (strictly convex) であるという (3 章の章末問題 1,2 参照)．狭義凸なノルム空間のノルムは必ずしも内積から誘導されたノルムにならないことに注意されたい．

$|\langle \boldsymbol{x}, \boldsymbol{u}\rangle| \le \|\boldsymbol{x}\|$ となるので，

$$\sup_{\|\boldsymbol{u}\|=1} |\langle \boldsymbol{x}, \boldsymbol{u}\rangle| \le \|\boldsymbol{x}\|$$

を得る．一方 $\langle \boldsymbol{x}, \boldsymbol{x}\rangle = \|\boldsymbol{x}\|^2$ の両辺を $\|\boldsymbol{x}\|$ で割ると，$\boldsymbol{u}_* := \boldsymbol{x}/\|\boldsymbol{x}\|$ (当然ながら $\|\boldsymbol{u}_*\| = 1$) に対して $\langle \boldsymbol{x}, \boldsymbol{u}_*\rangle = \|\boldsymbol{x}\|$ が成立することがわかり，

$$\max_{\|\boldsymbol{u}\|=1} |\langle \boldsymbol{x}, \boldsymbol{u}\rangle| = |\langle \boldsymbol{x}, \boldsymbol{u}_*\rangle| = \|\boldsymbol{x}\|$$

が確かめられる．

(c)　コーシー・シュワルツの不等式より，

$$\|\boldsymbol{x}+\boldsymbol{y}\|^2 = \|\boldsymbol{x}\|^2 + 2\langle \boldsymbol{x}, \boldsymbol{y}\rangle + \|\boldsymbol{y}\|^2 \le \|\boldsymbol{x}\|^2 + 2|\langle \boldsymbol{x}, \boldsymbol{y}\rangle| + \|\boldsymbol{y}\|^2$$
$$\le \|\boldsymbol{x}\|^2 + 2\|\boldsymbol{x}\|\|\boldsymbol{y}\| + \|\boldsymbol{y}\|^2 = (\|\boldsymbol{x}\| + \|\boldsymbol{y}\|)^2$$

を得る．等号は，$\langle \boldsymbol{x}, \boldsymbol{y}\rangle = |\langle \boldsymbol{x}, \boldsymbol{y}\rangle| = \|\boldsymbol{x}\|\|\boldsymbol{y}\|$ のときに限って成立するので，コーシー・シュワルツの不等式の等号成立条件から，(c) の等号成立条件が直ちに確認できる．

(d)　(e) の特別な場合なので省略する．

(e)　単純な展開

$$\|\lambda \boldsymbol{x} + (1-\lambda)\boldsymbol{y}\|^2 = \lambda^2\|\boldsymbol{x}\|^2 + (1-\lambda)^2\|\boldsymbol{y}\|^2 + 2\lambda(1-\lambda)\langle \boldsymbol{x}, \boldsymbol{y}\rangle$$

に現れる $2\langle \boldsymbol{x}, \boldsymbol{y}\rangle$ を $2\langle \boldsymbol{x}, \boldsymbol{y}\rangle = \|\boldsymbol{x}\|^2 + \|\boldsymbol{y}\|^2 - \|\boldsymbol{x}-\boldsymbol{y}\|^2$ の右辺で置き換えればよい．■

補題 3.1

(a)　(**内積の連続性**)　内積空間 $(X, \langle\cdot,\cdot\rangle)$ の 2 つの点列 $(\boldsymbol{x}_n)_{n=1}^{\infty} \subset X$, $(\boldsymbol{y}_n)_{n=1}^{\infty} \subset X$ が $\boldsymbol{x}_n \to \boldsymbol{x} \in X$, $\boldsymbol{y}_n \to \boldsymbol{y} \in X$ $(n \to \infty)$ となるとき，次が成立する．

$$\lim_{n\to\infty} \langle \boldsymbol{x}_n, \boldsymbol{y}_n\rangle = \langle \boldsymbol{x}, \boldsymbol{y}\rangle$$

(b)　内積空間 $(X, \langle\cdot,\cdot\rangle)$ の空でない部分集合 $S \subset X$ に対して，$S^{\perp}$ は X の閉部分空間になる．

【証明】　(a)　コーシー・シュワルツの不等式から得られる

$$|\langle \boldsymbol{x}, \boldsymbol{y}\rangle - \langle \boldsymbol{x}_n, \boldsymbol{y}_n\rangle| = |\langle \boldsymbol{x}-\boldsymbol{x}_n, \boldsymbol{y}\rangle + \langle \boldsymbol{x}, \boldsymbol{y}-\boldsymbol{y}_n\rangle - \langle \boldsymbol{x}-\boldsymbol{x}_n, \boldsymbol{y}-\boldsymbol{y}_n\rangle|$$
$$\le \|\boldsymbol{x}-\boldsymbol{x}_n\|\|\boldsymbol{y}\| + \|\boldsymbol{x}\|\|\boldsymbol{y}-\boldsymbol{y}_n\| + \|\boldsymbol{x}-\boldsymbol{x}_n\|\|\boldsymbol{y}-\boldsymbol{y}_n\|$$

の両辺で $n \to \infty$ の極限を評価すれば明らか．

(b)　$S^{\perp}$ が部分空間になることは明らかなので，閉集合になることを示す．$(\boldsymbol{x}_n)_{n=1}^{\infty} \subset S^{\perp}$ が $\boldsymbol{x} \in X$ に収束するとき，任意に固定された $\boldsymbol{y} \in S$ に対して，

$$
\begin{aligned}
|\langle \boldsymbol{x}, \boldsymbol{y}\rangle| &= \lim_{n\to\infty} |\langle \boldsymbol{x}-\boldsymbol{x}_n, \boldsymbol{y}\rangle + \langle \boldsymbol{x}_n, \boldsymbol{y}\rangle| \\
&= \lim_{n\to\infty} |\langle \boldsymbol{x}-\boldsymbol{x}_n, \boldsymbol{y}\rangle| \\
&\le \lim_{n\to\infty} \|\boldsymbol{x}-\boldsymbol{x}_n\| \ \|\boldsymbol{y}\| = 0
\end{aligned}
$$

となり，$\boldsymbol{x} \in S^{\perp}$ も保証され $S^{\perp}$ は閉集合になる． ■

定義 3.7 (内積空間の正規直交系)

(a) 内積空間 X の部分集合 $\mathcal{U}$ が零ベクトルを含まず，かつ $\mathcal{U}$ に所属する相異なる 2 つのベクトルが常に直交するとき，$\mathcal{U}$ は，**直交系**であるという．特に，直交系 $\mathcal{U}$ に属するどのベクトルのノルムも 1 に等しいとき，$\mathcal{U}$ は**正規直交系** (orthonormal system) であるという．

(b) 内積空間 X の直交系 $\mathcal{U} := \{\boldsymbol{x}_\lambda\}_{\lambda\in\Lambda} (\subset X)$ について，$\mathcal{U}$ を真部分集合とする直交系が存在しないとき，すなわち，どんな $\boldsymbol{v} \in X \backslash \mathcal{U}$ に対しても $\mathcal{U} \cup \{\boldsymbol{v}\}$ が直交系にならないとき，$\mathcal{U}$ を**極大な直交系**という．極大な直交系 $\mathcal{U}$ が正規直交系であるとき，$\mathcal{U}$ を X の**極大な正規直交系**と呼ぶ[2)]．

性質3.4

(a) 内積空間 X のベクトル系 $\mathcal{V}$ が直交系であるとき，$\mathcal{V}$ は線形独立である (ベクトル系の線形独立の意味については定義 1.4 を参照されたい)．

(b) (**グラム・シュミットの直交化法**) 内積空間 X のベクトル系 $\mathcal{V} := \{\boldsymbol{v}_1, \boldsymbol{v}_2, \cdots\}$ が線形独立であるとき，

step1 $\boldsymbol{u}_1 := \dfrac{\boldsymbol{v}_1}{\|\boldsymbol{v}_1\|}$

step2 $m = 1, 2, 3, \cdots$ に対して，

$$\boldsymbol{u}'_{m+1} := \boldsymbol{v}_{m+1} - \sum_{j=1}^{m} \langle \boldsymbol{v}_{m+1}, \boldsymbol{u}_j\rangle \boldsymbol{u}_j, \quad \boldsymbol{u}_{m+1} := \frac{\boldsymbol{u}'_{m+1}}{\|\boldsymbol{u}'_{m+1}\|}$$

によって生成されるベクトル系 $\mathcal{U} := \{\boldsymbol{u}_1, \boldsymbol{u}_2, \cdots\}$ は，

$$\mathrm{span}\{\boldsymbol{u}_1, \boldsymbol{u}_2, \cdots, \boldsymbol{u}_k\} = \mathrm{span}\{\boldsymbol{v}_1, \boldsymbol{v}_2, \cdots, \boldsymbol{v}_k\} \quad (k = 1, 2, \cdots)$$

を満たす正規直交系となる[3)]．

---

2) X が無限次元の場合，一般に「極大な正規直交系」は，定義 1.5(c) の意味で「X の基底 (線形独立なベクトルの極大系)」にならないので注意されたい．両者が無限のベクトルからなっていても「極大な正規直交系」の濃度は「基底 (線形独立なベクトルの極大系)」の濃度に比べて小さくなるのが普通である (性質 3.4(a) と定理 4.6 の脚注参照)．

3) $\sum_{j=1}^{m} \langle \boldsymbol{v}_{m+1}, \boldsymbol{u}_j\rangle \boldsymbol{u}_j$ は，$\boldsymbol{v}_{m+1}$ の「閉部分空間 $\mathrm{span}\{\boldsymbol{v}_1, \cdots, \boldsymbol{v}_m\}$ $(= \mathrm{span}\{\boldsymbol{u}_1, \cdots, \boldsymbol{u}_m\})$ 上への直交射影」になっている (定理 3.2 と 5.2 節参照)．

(c) (**ベッセル** (Bessel, 1784～1846) **の不等式**) 内積空間 X の中の正規直交系 $\{\boldsymbol{u}_j\}_{j=1}^{\infty}$ が与えられるとき，任意の $\boldsymbol{x} \in X$ に対して，

$$\sum_{j=1}^{\infty} |\langle \boldsymbol{x}, \boldsymbol{u}_j \rangle|^2 \leq \|\boldsymbol{x}\|^2 \tag{3.16}$$

が成立する．不等式 (3.16) をベッセルの不等式という．

【証明】 (a) $\mathcal{V} =: \{\boldsymbol{v}_\lambda\}_{\lambda \in \Lambda}$ から選んだ相異なるどんな有限個の $\lambda_1, \lambda_2, \cdots, \lambda_n \in \Lambda$ に対しても，$\{\boldsymbol{v}_{\lambda_i}\}_{i=1}^{n}$ が線形独立になることを示せばよい．「$\boldsymbol{v}_{\lambda_i} \perp \boldsymbol{v}_{\lambda_j} = 0$ $(i \neq j)$ と $\|\boldsymbol{v}_{\lambda_i}\| > 0$ $(i = 1, 2, \cdots, n)$」に注意し，関係

$$\alpha_1 \boldsymbol{v}_{\lambda_1} + \alpha_2 \boldsymbol{v}_{\lambda_2} + \cdots + \alpha_n \boldsymbol{v}_{\lambda_n} = \boldsymbol{0}$$

の両辺と $\boldsymbol{v}_{\lambda_i}$ $(i = 1, 2, \cdots, n)$ の内積をとると，

$$\alpha_i \langle \boldsymbol{v}_{\lambda_i}, \boldsymbol{v}_{\lambda_i} \rangle = \alpha_i \|\boldsymbol{v}_{\lambda_i}\|^2 = 0 \quad (i = 1, 2, \cdots, n)$$

を得るので，「$\alpha_i = 0$ $(i = 1, 2, \cdots, n)$」となることが確かめられる．

(b) 数学的帰納法を用いて容易に示されるので省略する (線形代数で学んだ証明と同じ).

(c) 任意に固定された $\boldsymbol{x} \in X$ と任意の $m \in \boldsymbol{N}$ に対して，

$$0 \leq \left\| \boldsymbol{x} - \sum_{j=1}^{m} \langle \boldsymbol{x}, \boldsymbol{u}_j \rangle \boldsymbol{u}_j \right\|^2 = \left\langle \boldsymbol{x} - \sum_{j=1}^{m} \langle \boldsymbol{x}, \boldsymbol{u}_j \rangle \boldsymbol{u}_j, \boldsymbol{x} - \sum_{j=1}^{m} \langle \boldsymbol{x}, \boldsymbol{u}_j \rangle \boldsymbol{u}_j \right\rangle$$

$$= \|\boldsymbol{x}\|^2 - \sum_{j=1}^{m} |\langle \boldsymbol{x}, \boldsymbol{u}_j \rangle|^2$$

となるので，$\sum_{j=1}^{m} |\langle \boldsymbol{x}, \boldsymbol{u}_j \rangle|^2 \leq \|\boldsymbol{x}\|^2$ の左辺は，上に有界で，m に関して単調非減少となり，$m \to \infty$ としたとき，有限確定値に収束し，不等式 (3.16) が得られる． ■

性質 3.3 で見たように，内積空間 $(X, \langle \cdot, \cdot \rangle)$ が与えられるとき，この内積から誘導された「$\|\boldsymbol{x}\| := \sqrt{\langle \boldsymbol{x}, \boldsymbol{x} \rangle}$ $(\boldsymbol{x} \in X)$」は確かに**ノルムの公理** (定義 3.1) を満たし，しかもこのノルムは中線定理を満たしていた．実は，以下で明らかになるように，ノルム空間 $(X, \|\cdot\|)$ で「中線定理：$\|\boldsymbol{x}+\boldsymbol{y}\|^2 + \|\boldsymbol{x}-\boldsymbol{y}\|^2 = 2\|\boldsymbol{x}\|^2 + 2\|\boldsymbol{y}\|^2$ $(\forall \boldsymbol{x}, \boldsymbol{y} \in X)$」が成立するとき，このノルムを誘導する内積が存在し，その内積はノルムを用いて表現できる．この議論の出発点となる重要な補題を紹介する．

補題 3.2 (1 次関数の特徴づけ)

連続関数 $f : \boldsymbol{R} \to \boldsymbol{R}$ が

$$f(s+t) = f(s) + f(t) \quad (\forall s, t \in \boldsymbol{R}) \tag{3.17}$$

を満たすとき，ある定数 $c \in \boldsymbol{R}$ が存在し，

$$f(x) = cx \quad (\forall x \in \boldsymbol{R})$$

となる．

【証明】 式 (3.17) より，まず，$f(0) = f(0+0) = f(0) + f(0)$ となり，$f(0) = 0$ であることがわかる．また，$s = -t$ とおけば，$0 = f(0) = f(t + (-t)) = f(t) + f(-t)$ となるので，$f(-t) = -f(t)$ が成立している．簡単な帰納法の議論から式 (3.17) は，任意の非負整数 m と実数 $s \geq 0$ に対して $f(ms) = mf(s)$ を保証するので，特に，任意の非負整数 m，任意の正整数 n と実数 $t \geq 0$ に対して，

$$nf\left(\frac{m}{n}t\right) = f\left(n \cdot \frac{m}{n}t\right) = f(mt) = mf(t)$$

すなわち，

$$f\left(\frac{m}{n}t\right) = \frac{m}{n}f(t)$$

という関係が成立することがわかる．この事実と「$f(-t) = -f(t)$」と $c := f(1)$ を用いて，

$$f(q) = cq, \quad \forall q \in \boldsymbol{Q} \tag{3.18}$$

が成立していることがわかる．$\boldsymbol{Q}$ は有理数全体からなる集合であり，$\boldsymbol{R}$ の稠密な部分集合であることから，任意の $x \in \boldsymbol{R}$ に対して，$\lim_{n\to\infty} q_n = x$ となる有理数列 $q_n \in \boldsymbol{Q}$ $(n = 1, 2, 3, \cdots)$ をとることができる (例えば，x を小数点以下第 n 桁で打ち切った値を q_n とすればよい)．f は，x で連続であるから，系 2.1 より，

$$f(x) = f\left(\lim_{n\to\infty} q_n\right) = \lim_{n\to\infty} f(q_n) = \lim_{n\to\infty} c \cdot q_n = cx$$

となることがわかる． ■

定理 3.3

ノルム空間 $(X, \|\cdot\|)$ のノルム $\|\cdot\|$ が中線定理を満足するとき，任意の $\boldsymbol{x}, \boldsymbol{y} \in X$ に

$$\begin{aligned}\langle \boldsymbol{x}, \boldsymbol{y} \rangle :&= \frac{1}{4}\left(\|\boldsymbol{x}+\boldsymbol{y}\|^2 - \|\boldsymbol{x}-\boldsymbol{y}\|^2\right) \\ &= \frac{1}{2}\left(\|\boldsymbol{x}\|^2 + \|\boldsymbol{y}\|^2 - \|\boldsymbol{x}-\boldsymbol{y}\|^2\right) \\ &= \frac{1}{2}\left(\|\boldsymbol{x}+\boldsymbol{y}\|^2 - \|\boldsymbol{x}\|^2 - \|\boldsymbol{y}\|^2\right)\end{aligned}$$

を定義する (右辺の 3 表現が等しいことは中線定理から明らか)．このとき，

$\langle\cdot,\cdot\rangle$ は内積の公理を満たし，$\|\boldsymbol{x}\| = \sqrt{\langle \boldsymbol{x}, \boldsymbol{x}\rangle}$ となる．

【証明】 $\|\cdot\|$ がノルムの公理を満たすことに注意すると，任意の $\boldsymbol{x}, \boldsymbol{y} \in X$ に対して，

$$\langle \boldsymbol{x}, \boldsymbol{y}\rangle = \frac{1}{4}\left(\|\boldsymbol{x}+\boldsymbol{y}\|^2 - \|\boldsymbol{x}-\boldsymbol{y}\|^2\right) = \frac{1}{4}\left(\|\boldsymbol{y}+\boldsymbol{x}\|^2 - \|\boldsymbol{y}-\boldsymbol{x}\|^2\right) = \langle \boldsymbol{y}, \boldsymbol{x}\rangle$$

となるので，上の $\langle\cdot,\cdot\rangle$ が内積の公理の条件 (a)(定義 3.6) を満たしていることがわかる．また，

$$\langle \boldsymbol{x}, \boldsymbol{x}\rangle = \frac{\|2\boldsymbol{x}\|^2 - \|\boldsymbol{0}\|^2}{4} = \frac{(|2|\|\boldsymbol{x}\|)^2}{4} = \|\boldsymbol{x}\|^2$$

となるので，内積の公理の条件 (b)(定義 3.6) も成立する．($\|\boldsymbol{x}\| = \sqrt{\langle \boldsymbol{x}, \boldsymbol{x}\rangle}$ の成立も同時に確かめられる)．

以下，内積の公理の条件 (c)(定義 3.6) の成立を確認しよう．

はじめに，任意の $\boldsymbol{x}, \boldsymbol{y}, \boldsymbol{z} \in X$ に対して，

$$\langle \boldsymbol{x}, \boldsymbol{z}\rangle + \langle \boldsymbol{y}, \boldsymbol{z}\rangle = \langle \boldsymbol{x}+\boldsymbol{y}, \boldsymbol{z}\rangle \tag{3.19}$$

となることを示す．

$$\begin{aligned}
&\langle \boldsymbol{x}, \boldsymbol{z}\rangle + \langle \boldsymbol{y}, \boldsymbol{z}\rangle \\
&= \frac{\|\boldsymbol{x}+\boldsymbol{z}\|^2 - \|\boldsymbol{x}-\boldsymbol{z}\|^2}{4} + \frac{\|\boldsymbol{y}+\boldsymbol{z}\|^2 - \|\boldsymbol{y}-\boldsymbol{z}\|^2}{4} \\
&= \frac{\|\boldsymbol{x}+\boldsymbol{z}\|^2 + \|\boldsymbol{y}+\boldsymbol{z}\|^2}{4} - \frac{\|\boldsymbol{x}-\boldsymbol{z}\|^2 + \|\boldsymbol{y}-\boldsymbol{z}\|^2}{4}
\end{aligned} \tag{3.20}$$

ここで，$\boldsymbol{x} \pm \boldsymbol{z}$ と $\boldsymbol{y} \pm \boldsymbol{z}$ の組に中線定理を適用すると，

$$2\left(\|\boldsymbol{x}\pm\boldsymbol{z}\|^2 + \|\boldsymbol{y}\pm\boldsymbol{z}\|^2\right) = \|\boldsymbol{x}+\boldsymbol{y}\pm 2\boldsymbol{z}\|^2 + \|\boldsymbol{x}-\boldsymbol{y}\|^2$$

となるので，

$$\begin{aligned}
\text{式 (3.20)} &= \frac{\|\boldsymbol{x}+\boldsymbol{y}+2\boldsymbol{z}\|^2 + \|\boldsymbol{x}-\boldsymbol{y}\|^2}{8} - \frac{\|\boldsymbol{x}+\boldsymbol{y}-2\boldsymbol{z}\|^2 + \|\boldsymbol{x}-\boldsymbol{y}\|^2}{8} \\
&= \frac{\|\boldsymbol{x}+\boldsymbol{y}+2\boldsymbol{z}\|^2 - \|\boldsymbol{x}+\boldsymbol{y}-2\boldsymbol{z}\|^2}{8} \\
&= \frac{\left\|\dfrac{\boldsymbol{x}+\boldsymbol{y}}{2}+\boldsymbol{z}\right\|^2 - \left\|\dfrac{\boldsymbol{x}+\boldsymbol{y}}{2}-\boldsymbol{z}\right\|^2}{2} = 2\left\langle \frac{\boldsymbol{x}+\boldsymbol{y}}{2}, \boldsymbol{z}\right\rangle
\end{aligned} \tag{3.21}$$

さらに，$\boldsymbol{x} \pm \boldsymbol{y}$ と $\boldsymbol{x}$ の組に中線定理を適用して得られる関係

$$2\left(\|\boldsymbol{x}\pm\boldsymbol{y}\|^2 + \|\boldsymbol{x}\|^2\right) = \|2\boldsymbol{x}\pm\boldsymbol{y}\|^2 + \|\boldsymbol{y}\|^2$$

より，

$$\begin{aligned}\langle 2\boldsymbol{x}, \boldsymbol{y}\rangle &= \frac{\|2\boldsymbol{x}+\boldsymbol{y}\|^2 - \|2\boldsymbol{x}-\boldsymbol{y}\|^2}{4} \\ &= \frac{2\left(\|\boldsymbol{x}+\boldsymbol{y}\|^2 - \|\boldsymbol{x}-\boldsymbol{y}\|^2\right)}{4} \\ &= 2\langle \boldsymbol{x}, \boldsymbol{y}\rangle \quad (\forall \boldsymbol{x}, \boldsymbol{y} \in X)\end{aligned}$$

となるので，これを式 (3.21) に適用し，式 (3.19) の成立が確かめられた．

次に，任意の $\boldsymbol{x}, \boldsymbol{y} \in X$, $\alpha \in \boldsymbol{R}$ に対して，

$$\langle \alpha\boldsymbol{x}, \boldsymbol{y}\rangle = \alpha\langle \boldsymbol{x}, \boldsymbol{y}\rangle \tag{3.22}$$

となることを示す．まず，ノルムの公理 (正確には性質 3.1) より

$$\begin{aligned}\left|\|\alpha\boldsymbol{x} \pm \boldsymbol{y}\| - \|\beta\boldsymbol{x} \pm \boldsymbol{y}\|\right| &\leq \|(\alpha\boldsymbol{x} \pm \boldsymbol{y}) - (\beta\boldsymbol{x} \pm \boldsymbol{y})\| \\ &= \|(\alpha - \beta)\boldsymbol{x}\| \\ &= |\alpha - \beta|\|\boldsymbol{x}\|\end{aligned}$$

となるので，$\boldsymbol{x}, \boldsymbol{y} \in X$ を固定して考えれば，$\|\alpha\boldsymbol{x} + \boldsymbol{y}\|$ と $\|\alpha\boldsymbol{x} - \boldsymbol{y}\|$ は，ともに $\alpha \in \boldsymbol{R}$ の連続関数であることがわかる．したがって，これらを組み合わせて構成された

$$\begin{aligned}f(\alpha) &:= \langle \alpha\boldsymbol{x}, \boldsymbol{y}\rangle \\ &= \frac{1}{4}\left(\|\alpha\boldsymbol{x} + \boldsymbol{y}\|^2 - \|\alpha\boldsymbol{x} - \boldsymbol{y}\|^2\right) \quad (\forall \alpha \in \boldsymbol{R})\end{aligned}$$

も α の連続関数となる．ところで，式 (3.19) の関係より，

$$\begin{aligned}\alpha, \beta \in \boldsymbol{R}, \qquad f(\alpha + \beta) &= \langle (\alpha + \beta)\boldsymbol{x}, \boldsymbol{y}\rangle \\ &= \langle \alpha\boldsymbol{x} + \beta\boldsymbol{x}, \boldsymbol{y}\rangle \\ &= \langle \alpha\boldsymbol{x}, \boldsymbol{y}\rangle + \langle \beta\boldsymbol{x}, \boldsymbol{y}\rangle \\ &= f(\alpha) + f(\beta)\end{aligned}$$

となるので，補題 3.2 より，

$$\langle \alpha\boldsymbol{x}, \boldsymbol{y}\rangle = f(\alpha) = \alpha f(1) = \alpha\langle \boldsymbol{x}, \boldsymbol{y}\rangle$$

したがって，式 (3.22) の成立も確かめられた．式 (3.19),(3.22) を併せると，内積の公理の条件 (c)(定義 3.6) を得るので，「$\langle \cdot, \cdot \rangle$ が内積であるために必要なすべての条件」が確認された． ■

3.3 ノルム空間の有界線形作用素

定義 3.8 (有界線形作用素，作用素ノルム，線形汎関数)

ノルム空間 X $(\neq \{0\})$ (ノルム $\|\cdot\|_X$) から Y (ノルム $\|\cdot\|_Y$) への線形写像[4]について，

(a) 線形写像 $A: X \to Y$ に対してある $K \geq 0$ が存在し，

$$\|A(x)\|_Y \leq K\|x\|_X \quad (\forall x \in X) \tag{3.23}$$

が成立するとき，A は有界 (bounded) であるといい，有界な線形写像を**有界線形写像** (bounded linear mapping) または **有界線形作用素** (bounded linear operator) と呼ぶ．X から Y への有界線形写像全体を $\mathcal{B}(X,Y)$ と表す．

(b) 有界線形写像 $A: X \to Y$ に対して，

$$\|A\| := \sup_{x\neq 0} \frac{\|A(x)\|_Y}{\|x\|_X} = \sup_{\|x\|_X=1} \|A(x)\|_Y = \sup_{\|x\|_X\leq 1} \|A(x)\|_Y \tag{3.24}$$

を A の**作用素ノルム** (“自然ノルム”，“誘導ノルム”，または単に “ノルム”) という[5](例題 3.1 で確かめるように，式 (3.24) に現れた $\|A\|$ の 3 表現は等価である)．

(c) ノルム空間 $(Y, \|\cdot\|_Y)$ が $(\boldsymbol{R}, |\cdot|)$ であるとき，有界線形写像 $A: X \to \boldsymbol{R}$ は**有界線形汎関数** (bounded linear functional) と呼ばれる．

例題 3.1 (作用素ノルムの表現の等価性)

線形写像 $A: X \to Y$ のノルムの 3 つの表現 (式 (3.24) の右辺) はすべて等価であることを確認せよ．

【解答】 A の線形性と

$$\left\{ \frac{y}{\|y\|_X} \mid y \in X \setminus \{0\} \right\} = \{z \in X \mid \|z\|_X = 1\}$$

より，

$$\sup_{x\neq 0} \frac{\|A(x)\|_Y}{\|x\|_X} = \sup_{y\neq 0} \left\| A\left(\frac{y}{\|y\|_X}\right) \right\|_Y = \sup_{\|z\|_X=1} \|A(z)\|_Y$$

---

[4] 写像の定義域が必ずしもノルム空間全体で定義されていないとき，写像は作用素と呼ばれる．本書では議論を簡単にするため，特にことわらない限り，線形写像はノルム空間全体で定義しているので線形写像と線形作用素を区別せずに用いている．なお $X = \{0\}$ 上の定義された線形写像 $A: X \to Y$ に対しては，式 (3.24) の 3 番目の表現を適用し，$\|A\| = 0$ と約束する．

[5] 有界線形写像全体 $\mathcal{B}(X,Y)$ はベクトル空間となり，作用素ノルムによってノルム空間となる (定理 3.6 参照)．

が成立する．さらに $A(0) = 0 \in Y$ となることに注意すると，$z \in X$ が $0 < \|z\|_X \leq 1$ である限り，

$$\begin{aligned} 0 = \|A(0)\|_Y \leq \|A(z)\|_Y &\leq \frac{1}{\|z\|_X} \|A(z)\|_Y \\ &= \left\| A\left(\frac{z}{\|z\|_X}\right)\right\|_Y \leq \sup_{\|x\|_X=1} \|A(x)\|_Y \quad (0 < \|z\|_X \leq 1) \end{aligned}$$

となり，

$$\sup_{\|z\|_X \leq 1} \|A(z)\|_Y \leq \sup_{\|x\|_X=1} \|A(x)\|_Y \leq \sup_{\|x\|_X \leq 1} \|A(x)\|_Y$$

すなわち，

$$\sup_{\|x\|_X=1} \|A(x)\|_Y = \sup_{\|x\|_X \leq 1} \|A(x)\|_Y$$

も確かめられる． ■

例 1 $(X, \langle\cdot,\cdot\rangle)$ は内積空間であるとし，内積から誘導されたノルム $\|x\|_X := \sqrt{\langle x, x\rangle}$, $x \in X$ が定義されているとする．このとき，任意に選ばれた $x \in X$ を固定して，写像

$$J_x : X \to \boldsymbol{R}, \quad y \mapsto \langle y, x\rangle \in \boldsymbol{R} \tag{3.25}$$

を定義すると，J_x は，有界線形汎関数となり，そのノルムは，

$$\|J_x\| := \sup_{\|y\|_X=1} |J_x(y)| = \|x\|_X < \infty \tag{3.26}$$

となる[6)]． □

【証明】 任意の $y_1, y_2 \in X$, $\alpha, \beta \in \boldsymbol{R}$ に対して，

$$\begin{aligned} J_x(\alpha y_1 + \beta y_2) &= \langle \alpha y_1 + \beta y_2, x\rangle = \alpha\langle y_1, x\rangle + \beta\langle y_2, x\rangle \\ &= \alpha J_x(y_1) + \beta J_x(y_2) \end{aligned}$$

となるので線形性は成立している．次に (3.26) を示そう．$x = 0$ の場合には，「$J_x(y) = 0$, $\forall y \in X$」となり，$\|J_x\| = 0 = \|x\|_X$ となるので，$x \neq 0$ と仮定する．まず，コーシー・シュワルツの不等式から，任意の $y \in X$ (ただし，$\|y\|_X = 1$) に対して，

$$|J_x(y)| = |\langle y, x\rangle| \leq \|y\|_X \|x\|_X = \|x\|_X$$

となるから，

$$\|J_x\| \leq \|x\|_X$$

が成立する．また，特に，$y := x/\|x\|_X$ とおけば，

---

6) 特に，X がヒルベルト (Hilbert, 1862～1943) 空間 (完備な内積空間のこと．定義 4.1 を参照されたい) であるときには，任意の有界線形汎関数 $f : X \to \boldsymbol{R}$ に対して，$f = J_x$ (式 (3.25)) となるような $x \in X$ が唯一存在することが示される (⇒ リース (Riesz, 1880～1956) の表現定理 (定理 6.1) 参照)．完備でないときの有界線形汎関数の表現については，定理 6.3 を参照されたい．

$$J_x(y) = \frac{J_x(x)}{\|x\|_X} = \frac{\|x\|_X^2}{\|x\|_X} = \|x\|_X$$

となるので，

$$\|J_x\| = \sup_{\|y\|_X=1} |J_x(y)| \geq \|x\|_X$$

も成立し，(3.26) を得る． ■

例題 3.2 (作用素ノルムの基本性質)

ノルム空間 X (ノルム $\|\cdot\|_X$), Y (ノルム $\|\cdot\|_Y$), Z (ノルム $\|\cdot\|_Z$) の間の 2 つの有界線形写像 $A_2 : X \to Y$, $A_1 : Y \to Z$ を用いて合成写像 $A_1A_2 : X \to Z$ を

$$A_1A_2(x) := A_1\left(A_2(x)\right) \quad (\forall x \in X)$$

のように定義するとき，A_1A_2 は有界線形写像となり，

$$\|A_1A_2\| \leq \|A_1\|\|A_2\| \quad \text{(作用素ノルムの劣乗法性)}$$

となることを確認せよ．

【解答】 $A_1A_2 : X \to Z$ が線形写像になることは明らか．また，任意の $x \in X$ に対して，

$$\|A_1A_2(x)\|_Z \leq \|A_1\|\|A_2(x)\|_Y \leq \|A_1\|\|A_2\|\|x\|_X$$

となるので，

$$\|A_1A_2\| := \sup_{x\neq 0} \frac{\|A_1A_2(x)\|_Z}{\|x\|_X} \leq \|A_1\|\|A_2\|$$ ■

定理 3.4 (線形写像の連続性)

ノルム空間 X (ノルム $\|\cdot\|_X$) から Y (ノルム $\|\cdot\|_Y$) への線形写像 $A : X \to Y$ に対して，「A は連続写像 $\Leftrightarrow$ A は有界」となる．

【証明】 (1) (「$\Leftarrow$」の証明) A の線形性と有界性 ($\|A\| < \infty$) を利用して，

$$\|A(x_1) - A(x_2)\|_Y = \|A(x_1 - x_2)\|_Y \leq \|A\|\|x_1 - x_2\|_X \quad (\forall x_1, x_2 \in X)$$

を得るので，写像 A はいたるところ連続である．

(2) (「$\Rightarrow$」の証明) 連続性の定義 (定義 2.8 参照) で $\varepsilon = 1$ にとると，ある $\delta > 0$ が存在して，

$$\|w\|_X = \|w - 0\|_X < \delta \Rightarrow \|A(w)\|_Y = \|A(w) - A(0)\|_Y < 1$$

(A の線形性より $A(0) = 0$ となっている) とできるので，任意の $x \neq 0$ に対して $z := (\delta/(2\|x\|_X))x$ は，$\|z\|_X = \delta/2 < \delta$ となり，

$$1 > \|A(z)\|_Y = \frac{\delta}{2\|x\|_X}\|A(x)\|_Y$$

すなわち，$\|A(x)\|_Y/\|x\|_X < 2/\delta$ が成立する．これより，

$$\|A\| = \sup_{x\neq 0}\frac{\|A(x)\|_Y}{\|x\|_X} \le \frac{2}{\delta} < \infty$$

が確かめられる．■

2つの有限次元ノルム空間の間に定義された線形写像は行列で表現可能であり，何といっても工学者にとって最も重要な線形写像である．行列のノルムについては次節で詳しく調べることにし，まず，無限次元のノルム空間に定義される線形写像の例を紹介しておく．

例2 **(無限次元ノルム空間に定義された有界線形作用素)** (a) 実数の有界閉区間 $[a,b]$ に定義された実数値連続関数のすべてからなる集合 $C[a,b] := \{f : [a,b] \to \boldsymbol{R} \mid f$ は $[a,b]$ で連続$\}$ に所属する任意の $f, g \in C[a,b]$, $\alpha \in \boldsymbol{R}$ に対して，和「$(f+g)(t) := f(t)+g(t)\ (\forall t \in [a,b])$」とスカラー倍「$(\alpha f)(t) := \alpha f(t)\ (\forall t \in [a,b])$」を定義すると，$C[a,b]$ は明らかにベクトル空間となり，

$$\|f\|_{\max} := \max_{t\in[a,b]}|f(t)| \quad (\forall f \in C[a,b])$$

はノルムの公理 (定義 3.1 参照) を満たし，$(C[a,b], \|\cdot\|_{\max})$ はノルム空間になる[7]．$a \le s \le b$, $a \le t \le b$ において連続な 2 変数実数値関数 $K(s,t)$ を用いて，

$$g(s) := (Tf)(s) := \int_a^b K(s,t)f(t)dt \quad (f \in C[a,b])$$

を定義すると，$g \in C[a,b]$ となるので，T は $X := C[a,b]$ の点を $Y := C[a,b]$ の点に対応づける線形写像になっている (確かめられたい)．さらに，$M := \max_{(s,t)\in[a,b]\times[a,b]}|K(s,t)|$ とおくと[8]，任意の $f \in C[a,b]$ に対して，

$$\|T(f)\|_{\max} = \max_{a\le s\le b}\left|\int_a^b K(s,t)f(t)dt\right|$$

$$\le \max_{a\le s\le b}\int_a^b |K(s,t)f(t)|\,dt \le \int_a^b M\max_{a\le\tau\le b}|f(\tau)|dt = M(b-a)\|f\|_{\max}$$

なるので，$T : C[a,b] \to C[a,b]$ は有界線形作用素となり，$\|T\| \le M(b-a)$ となる．

---

7)「$d_{\max}(f,g) = \|f-g\|_{\max}\ (\forall f, g \in C[a,b])$」を距離とした距離空間 $(C[a,b], d_{\max})$ は完備距離空間になっているので (例題 2.9 参照)，$(C[a,b], \|\cdot\|_{\max})$ はバナッハ空間になる (4 章 **例1** 参照)．

8) 定理 2.5 (最大値・最小値の定理) から最大値の存在が保証されることに注意されたい．

(b) $C[a,b]$ の部分集合として $[a,b]$ を含む区間で1階連続微分可能な関数全体を $C^1[a,b]$ で表すとき[9]，$C^1[a,b]$ はベクトル空間 $C[a,b]$ の部分空間となり，

$$\|f\|_{\max} := \max_{t\in[a,b]} |f(t)| \quad (\forall f \in C^1[a,b] \subset C[a,b])$$

によって $(C^1[a,b], \|\cdot\|_{\max})$ はノルム空間となる．したがって，任意の $f \in C^1[a,b]$ に対して，

$$(Tf)(\tau) := \left(\frac{df}{dt}\right)\bigg|_{t=\tau} \quad (\tau \in [a,b])$$

を定義すると $Tf \in C[a,b]$ となり，T は $X := C^1[a,b]$ の点を $Y := C[a,b]$ の点に対応づける線形写像になっている．ところが

$$f_n(t) := \frac{\sin nt}{n}, \quad (Tf_n)(t) = \cos nt \quad (t \in [a,b]), \quad n = 1,2,\cdots$$

は $f_n \in C^1[a,b]$, $Tf_n \in C[a,b]$ であるが，($n(b-a) > \pi$ を満たす) 十分大きな任意の n に対して，

$$\|f_n\|_{\max} = \max_{a\le t\le b} \left|\frac{\sin nt}{n}\right| = \frac{1}{n}, \quad \|Tf_n\|_{\max} = 1$$

となるので，$\|Tf_n\|_{\max}/\|f_n\|_{\max} (= n) \to \infty$ $(n \to \infty)$ となり，T は有界でないことがわかる．

(c) 距離空間 (l^∞, d_∞) (2章の **例1** (e)) もノルム空間として扱うことができる．任意の $\boldsymbol{x} := (x_0, x_1, x_2, \cdots), \boldsymbol{y} := (y_0, y_1, x_2, \cdots) \in l^\infty$, $\alpha \in \boldsymbol{R}$ に対して，和 $\boldsymbol{x} + \boldsymbol{y} = (x_0 + y_0, x_1 + y_1, x_2 + y_2, \cdots)$ とスカラー倍 $\alpha\boldsymbol{x} := (\alpha x_0, \alpha x_1, \alpha x_2, \cdots)$ を定義すると，l^∞ は明らかにベクトル空間となり，さらに

$$\|\boldsymbol{x}\|_\infty := \sup_{n=0,1,2,\cdots} |x_n| \quad (\boldsymbol{x} := (x_0, x_1, x_2, \cdots) \in l^\infty)$$

はノルムの公理 (定義 3.1) を満たすことが簡単に確認できる[10]．

$\boldsymbol{h} := (h_0, h_1, h_2, \cdots) \in l^1$ が与えられるとき，任意の $\boldsymbol{x} := (x_0, x_1, x_2, \cdots) \in l^\infty$ から数列

$$y_n := \sum_{k=0}^{n} x_k h_{n-k} \quad (n = 0,1,2,\cdots) \tag{3.27}$$

を定義する[11]．

---

9) $C^m[a,b]$ は $[a,b]$ を含む区間で m 階連続微分可能な関数 (m 回微分可能であり，m 回微分した結果定義される導関数も連続である関数) 全体を表す．

10) 「$d_\infty(\boldsymbol{x}, \boldsymbol{y}) = \|\boldsymbol{x} - \boldsymbol{y}\|_\infty$ $(\forall \boldsymbol{x}, \boldsymbol{y} \in l^\infty)$」の関係も満足するので，$(l^\infty, \|\cdot\|_\infty)$ はバナッハ空間となる．

11) 式 (3.27) のように数列 $(x_n)_{n=0}^\infty$ から新しい数列 $(y_n)_{n=0}^\infty$ を生成するシステムは因果的な離散時間線形システムといい，特に $\boldsymbol{x} = (1,0,0,0,\cdots)$ に対して，「$y_n = h_n$ $(n = 0,1,2,\cdots)$」となるので $(h_n)_{n=0}^\infty$ をこのシステムの**インパルス応答**という．信号処理の分野で用いられる**線形ディジタルフィルタ**はこの機能を実現する数列変換機にほかならない．

$$|y_n| = \left|\sum_{k=0}^{n} x_k h_{n-k}\right| \leq \sum_{k=0}^{n} |x_k||h_{n-k}| \leq \sum_{k=0}^{n} \|\boldsymbol{x}\|_\infty |h_{n-k}|$$
$$= \|\boldsymbol{x}\|_\infty \sum_{k=0}^{n} |h_k| \leq \|\boldsymbol{x}\|_\infty \sum_{k=0}^{\infty} |h_k| = \|\boldsymbol{h}\|_1 \|\boldsymbol{x}\|_\infty \quad (n = 0, 1, 2, \cdots)$$

から，

$$\|\boldsymbol{y}\|_\infty := \sup_{n=0,1,2\cdots} |y_n| \leq \|\boldsymbol{h}\|_1 \|\boldsymbol{x}\|_\infty \quad (\forall \boldsymbol{x} \in l^\infty)$$

すなわち $\boldsymbol{y} := (y_0, y_1, y_2, \cdots) \in l^\infty$ が保証され，写像

$$T_{\boldsymbol{h}} : l^\infty \to l^\infty, \boldsymbol{x} \mapsto \boldsymbol{y} \tag{3.28}$$

が定義される．明らかに写像 $T_{\boldsymbol{h}}$ は線形写像であり，その作用素ノルムは $\|T_{\boldsymbol{h}}\| \leq \|\boldsymbol{h}\|_1$ となる．以下，$\|T_{\boldsymbol{h}}\| = \|\boldsymbol{h}\|_1$ であることを示そう．l^∞ の点列 $\boldsymbol{x}^{(n)} := (x_0^{(n)}, x_1^{(n)}, x_2^{(n)}, \cdots) \in l^\infty$ $(n = 0, 1, 2, \cdots)$ を

$$x_k^{(n)} := \left\{ \begin{array}{ll} \dfrac{h_{n-k}}{|h_{n-k}|} & (h_{n-k} \neq 0 \text{ のとき}) \\ 0 & (h_{n-k} = 0 \text{ のとき}) \end{array} \right\} \quad (k = 0, 1, 2, \cdots)$$

のように定義すると「$\|\boldsymbol{x}^{(n)}\|_\infty \leq 1$ $(n = 0, 1, 2, \cdots)$」であり，$T_{\boldsymbol{h}}(\boldsymbol{x}^{(n)}) := \boldsymbol{y}^{(n)} := (y_0^{(n)}, y_1^{(n)}, y_2^{(n)}, \cdots) \in l^\infty$ とすると，

$$\|\boldsymbol{h}\|_1 \geq \|T_{\boldsymbol{h}}\| \geq |y_n^{(n)}| = \left|\sum_{k=0}^{n} x_k^{(n)} h_{n-k}\right|$$
$$= \sum_{k=0}^{n} |h_{n-k}| = \sum_{k=0}^{n} |h_k| \quad (n = 0, 1, 2, \cdots)$$

が成立するので，両辺の上限を評価し，

$$\|\boldsymbol{h}\|_1 \geq \|T_{\boldsymbol{h}}\| \geq \sum_{k=0}^{\infty} |h_k| = \|\boldsymbol{h}\|_1$$

が確かめられる．以上の議論から，すべての有界な数列 $(x_n)_{n=0}^{\infty}$ に対して $T_{\boldsymbol{h}}$ が常に有界な数列 $(y_n)_{n=0}^{\infty}$ を生成するには，「$\boldsymbol{h} \in l^1$ を満たすこと」が必要十分であることがわかる[12]． □

逆写像が存在するための基本的な条件を学んでおこう．

定理 3.5 (逆写像の存在性)

(a) ベクトル空間 X から Y への写像 $F : X \to Y$ について，F が全単射となるための必要十分条件は

[12] インパルス応答が $\boldsymbol{h} \in l^1$ を満たす離散時間線形システム $T_{\boldsymbol{h}}$ は「(有界入力・有界出力) 安定 ((Bounded Input Bounded Output) Stable)」であるという．

$$F \circ G = I_Y \text{ および } G \circ F = I_X \tag{3.29}$$

を同時に満足する唯一の写像 $G : Y \to X$ が存在することである．ただし，I_X と I_Y は各々 X, Y に定義された**恒等写像**である．G は F の**逆写像**であるといい，$G = F^{-1}$ と表す．特に，F が線形写像なら対応する逆写像 $F^{-1} : Y \to X$ も線形写像になる．

(b) ノルム空間 $(X, \|\cdot\|_X)$ からノルム空間 $(Y, \|\cdot\|_Y)$ への有界線形写像 $A \in \mathcal{B}(X, Y)$ について，以下が成立する．

(i) A は**下に有界**，すなわち，ある正数 $\rho > 0$ が存在して

$$\|A(x)\|_Y \geq \rho \|x\|_X \quad (\forall x \in X) \tag{3.30}$$

を満たすとき，$A : X \to Y$ は1対1写像となる．

(ii) $A \in \mathcal{B}(X, Y)$ に逆写像 $A^{-1} : Y \to X$ が存在し，$A^{-1} \in \mathcal{B}(Y, X)$ となるための必要十分条件は A が全射で下に有界になることである．

【証明】 (a) (i) (「$\Rightarrow$」の証明) F が全単射であれば，任意の $y \in Y$ に対して $F(x) = y$ を満たす $x \in X$ が唯一存在し，y に x を対応づける写像として $G : Y \to X$ を定義できる．このとき，明らかに

$$x = G(y) = G(F(x)) = G \circ F(x) \quad (\forall x \in X)$$

が成立するので $G \circ F = I_X$ となる．同様に $F \circ G = I_Y$ も示される．(3.29) を満足する写像 G のほかに $H : Y \to X$ が

$$F \circ H = I_Y \text{ および } H \circ F = I_X$$

を満たすとき，

$$H = H \circ I_Y = H \circ (F \circ G) = (H \circ F) \circ G = I_X \circ G = G$$

となり，(3.29) を満足する写像 G の一意性も確かめられる．

(ii) (「$\Leftarrow$」の証明) (3.29) を満足する写像 G が存在し，$x_1, x_2 \in X$ に対して $F(x_1) = F(x_2)$ であるとき，

$$x_1 = I_X(x_1) = G(F(x_1)) = G(F(x_2)) = I_X(x_2) = x_2$$

となるので，F は単射であることがわかる．さらに任意の $y \in Y$ に対して，

$$y = I_Y(y) = F(G(y)) \quad (G(y) \in X)$$

となるので，F は全射であることもわかる．したがって，$F : X \to Y$ は全単射である．

(iii) (逆写像 F^{-1} の線形性) 線形写像 F の逆写像 F^{-1} が存在するとき，$y_i \in Y$, $\alpha_i \in \boldsymbol{R}$ $(i = 1, 2)$ に対して，

$$x_i := F^{-1}(y_i), \quad x := F^{-1}(\alpha_1 y_1 + \alpha_2 y_2)$$

とする．このとき，

$$\begin{aligned} F(x) &= F\left(F^{-1}(\alpha_1 y_1 + \alpha_2 y_2)\right) = \alpha_1 y_1 + \alpha_2 y_2 \\ &= \alpha_1 F(F^{-1}(y_1)) + \alpha_2 F(F^{-1}(y_2)) = \alpha_1 F(x_1) + \alpha_2 F(x_2) \\ &= F(\alpha_1 x_1 + \alpha_2 x_2) \end{aligned}$$

が成立する (最後の等号は F の線形性による)．F は単射なので $x = \alpha_1 x_1 + \alpha_2 x_2$ でなければならず，x, x_1, x_2 の定義を用いて書きなおすと，

$$F^{-1}(\alpha_1 y_1 + \alpha_2 y_2) = \alpha_1 F^{-1}(y_1) + \alpha_2 F^{-1}(y_2)$$

が得られる．

(b)　(i)　A が下に有界であれば，

$$x_1 \neq x_2 \Rightarrow 0 < \rho \|x_1 - x_2\|_X \leq \|A(x_1) - A(x_2)\|_Y$$

となるので 1 対 1 写像になる．

(ii)　(「⇒」の証明)　$A \in \mathcal{B}(X, Y)$ に逆写像 $A^{-1} \in \mathcal{B}(Y, X)$ が存在するとき，A は全単射であり，

$$\|x\|_X = \left\|A^{-1} A(x)\right\|_X \leq \|A^{-1}\| \|A(x)\|_Y \quad (\forall x \in X)$$

が成立する．$X \neq \{0\}$ であるとき，$\|A^{-1}\| > 0$ となるので [注：$\|A^{-1}\| = 0$ なら $\{0\} = \{A^{-1}(y) \in X \mid y \in Y\} \subsetneq X$ となり，A^{-1} が全射にならない]，

$$\|A(x)\|_Y \geq \frac{1}{\|A^{-1}\|} \|x\|_X \quad (\forall x \in X)$$

となり，A は下に有界となる．一方，$X = \{0\}$ のとき，どんな $\rho > 0$ に対しても

$$\|A(0)\|_Y = \|0\|_Y = 0 = \rho \|0\|_X$$

なので，この場合も A は下に有界である．

(「⇐」の証明)　A が全射で下に有界であれば，上の (b)–(i) より A は全単射となるので，線形な逆写像 A^{-1} が存在する．さらに，任意の $y \in Y$ に対して $A(x) = y$ となる $x \in X$ が存在するので，

$$\begin{aligned} \|A^{-1}(y)\|_X = \|A^{-1}(A(x))\|_X &= \|x\|_X \\ &\leq \frac{1}{\rho} \|A(x)\|_Y \\ &= \frac{1}{\rho} \|y\|_Y \end{aligned}$$

が成立し，$A^{-1} \in \mathcal{B}(Y, X)$ と $\|A^{-1}\| \leq 1/\rho$ が確認できる．■

定理 3.6 (有界線形写像全体が作るノルム空間)

ノルム空間 X (ノルム $\|\cdot\|_X$) からノルム空間 Y (ノルム $\|\cdot\|_Y$) への有界線形写像全体 $\mathcal{B}(X,Y)$ について，$A_1, A_2 \in \mathcal{B}(X,Y)$, $\alpha \in \boldsymbol{R}$ を用いて新しい写像を

$$(A_1 + A_2)(x) := A_1(x) + A_2(x) \quad (\forall x \in X) \tag{3.31}$$

$$(\alpha A_1)(x) := \alpha A_1(x) \quad (\forall x \in X) \tag{3.32}$$

のように定義すると，$A_1 + A_2 \in \mathcal{B}(X,Y)$, $\alpha A_1 \in \mathcal{B}(X,Y)$ を満たす．$A_1 + A_2$ を A_1 と A_2 の和といい，αA_1 を A_1 の α 倍という．$\mathcal{B}(X,Y)$ はこれらの演算の下で「$\boldsymbol{R}$ 上のベクトル空間」となり，定義 3.8 のノルムの下でノルム空間となる．

【略証】 すべての $x \in X$ を $0 \in Y$ に写す写像 $O : X \to Y : x \mapsto 0 \in Y$ (O を零作用素という．これが $\mathcal{B}(X,Y)$ の元となることを確かめよ) が $\mathcal{B}(X,Y)$ の加法単位元となり，$\mathcal{B}(X,Y)$ がベクトル空間の公理 (定義 1.3) を満たすことは直ちに確かめられる．また，ノルムの公理 (定義 3.1) を満たすことも以下のように確認できる．

(a) 任意の $A \in \mathcal{B}(X,Y)$ に対し，

$$\|A\| = \sup_{\|x\|_X=1} \|A(x)\|_Y \geq 0$$

となる．また，$\|A\| = 0$ ならば，「$\|A(x)\|_Y \leq \|A\|\|x\|_X = 0, \forall x \in X$」となり，「$A(x) = 0, \forall x \in X$」すなわち，$A = O$ となる．逆に $A = O$ ならば，

$$\|A\| = \sup_{\|x\|_X=1} \|O(x)\|_Y = \|0\|_Y = 0$$

を得る．

(b) 任意の $A, B \in \mathcal{B}(X,Y)$ に対し，

$$\begin{aligned}\|A+B\| &= \sup_{\|x\|_X=1} \|(A+B)(x)\|_Y \leq \sup_{\|x\|_X=1} (\|A(x)\|_Y + \|B(x)\|_Y) \\ &\leq \sup_{\|x\|_X=1} \|A(x)\|_Y + \sup_{\|x\|_X=1} \|B(x)\|_Y = \|A\| + \|B\|\end{aligned}$$

も成立する．

(c) 任意の $A \in \mathcal{B}(X,Y)$, $\alpha \in \boldsymbol{R}$ に対し，

$$\|\alpha A\| = \sup_{\|x\|_X=1} \|\alpha A(x)\|_Y = |\alpha| \sup_{\|x\|_X=1} \|A(x)\|_Y = |\alpha|\|A\|$$

となる． ■

3.4 行列とベクトルのノルム

2つの有限次元ノルム空間の間に定義された任意の線形写像は，各々の空間の基底で展開した係数ベクトル間の変換行列によって完全に表現できる．その意味で有限次元ノルム空間の議論は線形代数の守備範囲であるが，工学者にとって応用上最も重要な例であることに異論はないと思う．以下，ユークリッド空間に定義された行列のノルムについて学んでおこう．

$m \times n$ 行列のすべてからなる集合 $\boldsymbol{R}^{m\times n}$ は有限次元 (mn 次元) の実ベクトル空間となる[13)]．以下では，このベクトル空間に定義される代表的なノルムとその性質を紹介する[14)]．

$m \times n$ 行列は有限次元ベクトル空間 $\boldsymbol{R}^n$ から有限次元ベクトル空間 $\boldsymbol{R}^m$ への線形写像とみることができる．作用素ノルムを行列の成分で表現してみよう．

定理 3.7 (行列の作用素ノルム)

実行列 $A := [a_{jk}] \in \boldsymbol{R}^{m\times n}$ を用いて，ベクトル空間 $X := \boldsymbol{R}^n$ から $Y := \boldsymbol{R}^m$ への線形写像 $T : X \to Y$ を次のように定義する．

$$T(\boldsymbol{x}) := A\boldsymbol{x} \quad (\forall \boldsymbol{x} \in \boldsymbol{R}^n) \tag{3.33}$$

(a) ベクトル空間 $\boldsymbol{R}^n$ と $\boldsymbol{R}^m$ のノルムが次で定義されるとき，T はこれらのノルム空間の間に定義された有界線形作用素となる．

$$\|\boldsymbol{x}\|_2 := \left(\sum_{k=1}^{n} |x_k|^2\right)^{1/2} \qquad (\forall \boldsymbol{x} := (x_1, \cdots, x_n)^t \in \boldsymbol{R}^n)$$

$$\|\boldsymbol{y}\|_2 := \left(\sum_{k=1}^{m} |y_k|^2\right)^{1/2} \qquad (\forall \boldsymbol{y} := (y_1, \cdots, y_m)^t \in \boldsymbol{R}^m)$$

(b) $\boldsymbol{R}^n$ と $\boldsymbol{R}^m$ に定義されるいかなるノルムに対しても，T の作用素ノルムは有界である．

(c) $X := \boldsymbol{R}^n$ と $Y := \boldsymbol{R}^m$ に定義される任意のノルムを各々 $\|\cdot\|_X$，$\|\cdot\|_Y$ と表すとき，式 (3.33) で定義される線形写像の任意の作用素ノルムは，

$$\|T\| := \sup_{x\neq 0} \frac{\|A\boldsymbol{x}\|_Y}{\|\boldsymbol{x}\|_X} = \max_{\|\boldsymbol{x}\|_X=1} \|A\boldsymbol{x}\|_Y = \max_{\|\boldsymbol{x}\|_X\leq 1} \|A\boldsymbol{x}\|_Y \tag{3.34}$$

のように表せる．

---

13) $\boldsymbol{R}^{m\times n}$ と mn 次元ユークリッド空間 $\boldsymbol{R}^{mn} = \{(x_1, \cdots, x_{mn}) \mid x_j \in \boldsymbol{R} \ (j = 1, \cdots, mn)\}$ を同一視することにより直ちに確かめられる．

14) 「行列のノルム $\|\cdot\|$」には定義 3.1 にあげた条件のほかに劣乗法性 $\|AB\| \leq \|A\|\|B\|$ が課されることも多いので注意を要する．

【証明】 行列のかけ算の定義から，任意の $\boldsymbol{x}_1, \boldsymbol{x}_2 \in \boldsymbol{R}^n$, $\alpha, \beta \in \boldsymbol{R}$ に対して，

$$A(\alpha \boldsymbol{x}_1 + \beta \boldsymbol{x}_2) = \alpha A\boldsymbol{x}_1 + \beta A\boldsymbol{x}_2$$

となるので，$T : \boldsymbol{R}^n \to \boldsymbol{R}^m$ は線形写像となることは明らか.

(a) 線形写像 T が有界であることを示す．コーシー・シュワルツの不等式を用いると，

$$\begin{aligned}\|T(\boldsymbol{x})\|_2^2 &= \sum_{j=1}^m \left[\sum_{k=1}^n a_{jk} x_k\right]^2 \\ &\le \sum_{j=1}^m \left[\left(\sum_{k=1}^n a_{jk}^2\right)^{1/2} \left(\sum_{l=1}^n x_l^2\right)^{1/2}\right]^2 \\ &= \|\boldsymbol{x}\|_2^2 \sum_{j=1}^m \sum_{k=1}^n a_{jk}^2\end{aligned}$$

を得る．$c := \left(\sum_{j=1}^m \sum_{k=1}^n a_{jk}^2\right)^{1/2} \ge 0$ は，$\boldsymbol{x} \in \boldsymbol{R}^n$ に依存せず決まる有限確定値なので，

$$\|T(\boldsymbol{x})\|_2 \le c\|\boldsymbol{x}\|_2 \quad (\forall \boldsymbol{x} \in \boldsymbol{R}^n)$$

となり，T が有界であることがわかった.

(b) 定理 3.6 より，任意の作用素ノルムはノルムの公理を満たし，また，$m \times n$ 行列の全体は，mn 次元のベクトル空間 (つまり有限次元ベクトル空間) となるので，これに定義されるどんなノルムも等価となり (定理 3.1)，作用素 T は (a) の議論で少なくとも 1 つの作用素ノルムで有界なので，他のどんな作用素ノルムでも有界となる.

(c) 「作用素ノルムの表現の等価性 (例題 3.1 参照)」より，$S := \{\boldsymbol{x} \in \boldsymbol{R}^n \mid \|\boldsymbol{x}\|_X = 1\}$ について，

$$\sup_{\boldsymbol{x}\in S} \|A\boldsymbol{x}\|_Y = \max_{\boldsymbol{x}\in S} \|A\boldsymbol{x}\|_Y \tag{3.35}$$

となることを示せば十分である.

関数 $f : X \to \boldsymbol{R}$ を

$$f(\boldsymbol{x}) := \|A\boldsymbol{x}\|_Y \quad (\forall \boldsymbol{x} \in X)$$

で定義すると，(a),(b) の議論で T は有界な線形写像であることがわかっているので，「有界線形写像の連続性 (定理 3.4 参照)」と「ノルムの連続性 (本章**注意 1**)」から f は S 上で連続であることに注意する．明らかに S はコンパクトであるから[15]，「最大値・最小値の定理 (定理 2.5)」が適用でき，

[15] 有限次元ノルム空間 $(X, \|\cdot\|_X)$ は，距離 $d(\boldsymbol{x}_1, \boldsymbol{x}_2) := \|\boldsymbol{x}_1 - \boldsymbol{x}_2\|_X$ が定義された距離空間 (X, d) であり，定理 3.1 とハイネ・ボレルの被覆定理 (定理 2.3 参照) より S は (X, d) のコンパクト集合となる.

「f が，S 上で最大値をとること」すなわち「ある $\boldsymbol{x}^* \in S$ が存在し，$f(\boldsymbol{x}^*) = \sup_{\boldsymbol{x}\in S}\|A\boldsymbol{x}\|_Y$ となること」が保証されるので，式 (3.35) が成立する． ■

例題 3.3 (行列の作用素ノルムの例)

実行列 $A := [a_{jk}] \in \boldsymbol{R}^{m\times n}$ を用いて定理 3.7 のように写像 $T : \boldsymbol{R}^n \to \boldsymbol{R}^m$ を定義する．このとき，$\boldsymbol{R}^n$, $\boldsymbol{R}^m$ の各種ノルムに対応した「T の作用素ノルム」は以下のように表現できることを確認せよ．

(a) ベクトル空間 $\boldsymbol{R}^n$ と $\boldsymbol{R}^m$ のノルムを

$$\|\boldsymbol{x}\|_1 := \sum_{k=1}^{n} |x_k| \quad (\forall \boldsymbol{x} := (x_1, \cdots, x_n)^t \in \boldsymbol{R}^n)$$

$$\|\boldsymbol{y}\|_1 := \sum_{k=1}^{m} |y_k| \quad (\forall \boldsymbol{y} := (y_1, \cdots, y_m)^t \in \boldsymbol{R}^m)$$

によって定義し，T の作用素ノルムを $\|A\|_1$ で表すと，

$$\|A\|_1 = \max_k \sum_{j=1}^{m} |a_{jk}| \tag{3.36}$$

(b) ベクトル空間 $\boldsymbol{R}^n$ と $\boldsymbol{R}^m$ のノルムを

$$\|\boldsymbol{x}\|_\infty := \max_{k=1,\cdots,n} |x_k| \quad (\forall \boldsymbol{x} := (x_1, \cdots, x_n)^t \in \boldsymbol{R}^n)$$

$$\|\boldsymbol{y}\|_\infty := \max_{k=1,\cdots,m} |y_k| \quad (\forall \boldsymbol{y} := (y_1, \cdots, y_m)^t \in \boldsymbol{R}^m)$$

によって定義し，T の作用素ノルムを $\|A\|_\infty$ で表すと，

$$\|A\|_\infty = \max_j \sum_{k=1}^{n} |a_{jk}| \tag{3.37}$$

(c) ベクトル空間 $\boldsymbol{R}^n$ と $\boldsymbol{R}^m$ のノルムを

$$\|\boldsymbol{x}\|_2 := \left(\sum_{k=1}^{n} |x_k|^2\right)^{1/2} \quad (\forall \boldsymbol{x} := (x_1, \cdots, x_n)^t \in \boldsymbol{R}^n)$$

$$\|\boldsymbol{y}\|_2 := \left(\sum_{k=1}^{m} |y_k|^2\right)^{1/2} \quad (\forall \boldsymbol{y} := (y_1, \cdots, y_m)^t \in \boldsymbol{R}^m)$$

によって定義し，T の作用素ノルムを $\|A\|_2$ で表すと，

$$\|A\|_2 = \left[\rho(A^t A)\right]^{1/2} \tag{3.38}$$

ただし，$\rho(A^t A)$ は行列 $A^t A$ の固有値の最大絶対値を表し，$A^t A$ の**スペクトル半径**と呼ばれる (定理 A.5 参照)．

【解答】 (a) $\|\boldsymbol{x}\|_1=1$ を満たす任意の $\boldsymbol{x}:=(x_1,\cdots,x_n)^t\in\boldsymbol{R}^n$ に対して,

$$\begin{aligned}\|A\boldsymbol{x}\|_1&=\sum_{j=1}^m\left|\sum_{k=1}^n a_{jk}x_k\right|\le\sum_{j=1}^m\sum_{k=1}^n|a_{jk}||x_k|\\&=\sum_{k=1}^n\left(|x_k|\sum_{j=1}^m|a_{jk}|\right)\le\sum_{k=1}^n|x_k|\left(\max_{1\le l\le n}\sum_{j=1}^m|a_{jl}|\right)\\&=\|\boldsymbol{x}\|_1\left(\max_{1\le l\le n}\sum_{j=1}^m|a_{jl}|\right)=\max_{1\le k\le n}\sum_{j=1}^m|a_{jk}|\end{aligned}\tag{3.39}$$

が成立するので,次を得る.

$$\|A\|_1=\max_{\|\boldsymbol{x}\|_1=1}\|A\boldsymbol{x}\|_1\le\max_{1\le k\le n}\sum_{j=1}^m|a_{jk}|\tag{3.40}$$

一方,式(3.39)の最右辺の最大値が $k=p$ で達成されるとき,(ノルムが1の)単位ベクトル

$$\boldsymbol{e}_p:=(0,\cdots,0,\underbrace{1}_{p\text{ 番目}},0,\cdots,0)^t$$

を選べば,

$$\|A\|_1\ge\|A\boldsymbol{e}_p\|_1=\sum_{j=1}^m|a_{jp}|=\max_{1\le k\le n}\sum_{j=1}^m|a_{jk}|$$

となるので,式(3.40)の反対向きの不等号も成立し,(a)の主張が示された.

(b) (a)と同様に,$\|\boldsymbol{x}\|_\infty=1$ を満たす任意の $\boldsymbol{x}:=(x_1,\cdots,x_n)^t\in\boldsymbol{R}^n$ に対して,

$$\begin{aligned}\|A\boldsymbol{x}\|_\infty&=\max_{1\le j\le m}\left|\sum_{k=1}^n a_{jk}x_k\right|\\&\le\max_{1\le j\le m}\left(\sum_{k=1}^n|a_{jk}||x_k|\right)\\&\le\max_{1\le j\le m}\left(\max_{1\le l\le n}|x_l|\sum_{k=1}^n|a_{jk}|\right)\\&=\left(\max_{1\le l\le n}|x_l|\right)\max_{1\le j\le m}\left(\sum_{k=1}^n|a_{jk}|\right)\\&=\|\boldsymbol{x}\|_\infty\max_{1\le j\le m}\left(\sum_{k=1}^n|a_{jk}|\right)\end{aligned}$$

$$= \max_{1 \le j \le m} \sum_{k=1}^{n} |a_{jk}| \tag{3.41}$$

が成立するので，

$$\|A\|_\infty = \max_{\|\boldsymbol{x}\|_\infty = 1} \|A\boldsymbol{x}\|_\infty \le \max_{1 \le j \le m} \sum_{k=1}^{n} |a_{jk}| \tag{3.42}$$

を得る．したがって，$A = O$ であれば，$\|A\|_\infty = 0$.

一方，$A \ne O$ のとき，式 (3.41) の最右辺の最大値が $j = q$ で達成されるならば，(ノルムが 1 の) 単位ベクトル $\boldsymbol{u} := (u_1, \cdots, u_n)^t \in \boldsymbol{R}^n$ を

$$u_k := \begin{cases} \frac{a_{qk}}{|a_{qk}|} & (a_{qk} \ne 0 \text{ のとき}) \\ 0 & (a_{qk} = 0 \text{ のとき}) \end{cases}$$

のように定義できる．この $\boldsymbol{u}$ を用いると，

$$\|A\|_\infty \ge \|A\boldsymbol{u}\|_\infty \ge \left| \sum_{k=1}^{n} a_{qk} u_k \right| = \sum_{k=1}^{n} |a_{qk}| = \max_{1 \le j \le m} \sum_{k=1}^{n} |a_{jk}|$$

となるので，式 (3.42) の反対向きの不等号も成立し，(b) の主張が示された．

(c) $A^t A \in \boldsymbol{R}^{n \times n}$ は対称行列 (したがって，エルミート行列) なので，すべての固有値は実数となり，これを $\lambda_1 \le \lambda_2 \le \cdots \le \lambda_n$ とすれば，対応する固有ベクトルも実ベクトル $\boldsymbol{u}_1, \cdots, \boldsymbol{u}_n$ で，$\boldsymbol{R}^n$ の正規直交基底となるように選べることに注意する．定理 A.3(a) を適用すると，任意の $\boldsymbol{x} \in \boldsymbol{R}^n \setminus \{\boldsymbol{0}\}$ に対して，

$$\begin{aligned} 0 \le \left(\frac{\|A\boldsymbol{u}_1\|_2}{\|\boldsymbol{u}_1\|_2} \right)^2 &= \lambda_1 \\ &= \frac{\boldsymbol{u}_1^t A^t A \boldsymbol{u}_1}{\boldsymbol{u}_1^t \boldsymbol{u}_1} \\ &\le \frac{\boldsymbol{x}^t A^t A \boldsymbol{x}}{\boldsymbol{x}^t \boldsymbol{x}} \le \frac{\boldsymbol{u}_n^t A^t A \boldsymbol{u}_n}{\boldsymbol{u}_n^t \boldsymbol{u}_n} \\ &= \lambda_n = \rho(A^t A) \end{aligned}$$

となるので，

$$\begin{aligned} \|A\|_2 &= \max_{\boldsymbol{x} \ne \boldsymbol{0}} \frac{\|A\boldsymbol{x}\|_2}{\|\boldsymbol{x}\|_2} \\ &= \sqrt{\rho(A^t A)} \end{aligned}$$

であることが確かめられた． ■

定義 3.9 (行列のフロベニウス (Frobenius, 1849〜1917) ノルム)

任意の行列 $A=[a_{jk}]\in \boldsymbol{R}^{m\times n}$ に対して,

$$\|A\|_F := \left(\sum_{j=1}^{m}\sum_{k=1}^{n}|a_{jk}|^2\right)^{1/2}$$

を A の**フロベニウスノルム**という.

ベクトル空間 $\boldsymbol{R}^{m\times n}$ はフロベニウスノルムの下で, ノルム空間となる. さらに, このノルム空間は

$$d(A,B) := \|A-B\|_F \quad (\forall A,B\in \boldsymbol{R}^{m\times n})$$

を距離とする距離空間の意味で完備であることわかる (定理 2.1 参照).

例題 3.4 (フロベニウスノルムの劣乗法性)

任意の行列 $A=[a_{ij}]\in \boldsymbol{R}^{l\times m}$, $B=[b_{jk}]\in \boldsymbol{R}^{m\times n}$ に対して,

$$\|AB\|_F \le \|A\|_F\|B\|_F$$

となることを確認せよ.

【解答】 「行列のかけ算」の定義に注意し, コーシー・シュワルツの不等式を使うと,

$$\begin{aligned}(\|AB\|_F)^2 &= \sum_{i=1}^{l}\sum_{k=1}^{n}\left(\sum_{j=1}^{m}a_{ij}b_{jk}\right)^2\\ &\le \sum_{i=1}^{l}\sum_{k=1}^{n}\left[\left(\sum_{j_1=1}^{m}a_{ij_1}^2\right)^{\frac{1}{2}}\left(\sum_{j_2=1}^{m}b_{j_2k}^2\right)^{\frac{1}{2}}\right]^2\\ &= \left[\sum_{i=1}^{l}\left(\sum_{j_1=1}^{m}a_{ij_1}^2\right)\right]\left[\sum_{k=1}^{n}\left(\sum_{j_2=1}^{m}b_{j_2k}^2\right)\right] = \|A\|_F^2\|B\|_F^2\end{aligned}$$

となることがわかる. ■

行列の作る実ベクトル空間 $\boldsymbol{R}^{m\times n}$ は有限次元であるから, そこに定義されるノルムは, いずれも (定理 3.1 の意味で) フロベニウスノルムと等価であり, 例えば収束性などを論じる際に結論がノルムの選択によって変わることはない. これより, 収束性の解析などでフロベニウスノルムにこだわる必要はなく, 適宜使いやすいノルムを利用してよいことがわかる.

3 章の問題

1 (**狭義凸性とその表現**)　ノルム空間 X が，ノルムに関する特別な条件

「$\boldsymbol{x}, \boldsymbol{y} \in X,\ \|\boldsymbol{x}\| = \|\boldsymbol{y}\| = 1\ (\boldsymbol{x} \neq \boldsymbol{y})$」ならば

$$\|\lambda\boldsymbol{x} + (1-\lambda)\boldsymbol{y}\| < \lambda\|\boldsymbol{x}\| + (1-\lambda)\|\boldsymbol{y}\| = 1, \quad \forall\lambda \in (0,1) \tag{3.43}$$

を満たすとき，ノルム空間 X は**狭義凸** (strictly convex) であるという．以下の (a)〜(d) が等価であることを示せ [注：条件 (3.46) と性質 3.3(c) を比べられたい．これから “狭義凸ノルム空間” とは，「ノルムに関する三角不等式の等号成立条件が，内積空間のときの条件と形式的に一致するノルム空間」であることがわかる．なお，次の問題で内積空間が「狭義凸性」より強い「一様凸性」を満たすことをみる]．

(a)　X は狭義凸

(b)　$\boldsymbol{x}, \boldsymbol{y} \in X$, $\|\boldsymbol{x}\| = \|\boldsymbol{y}\| = 1\ (\boldsymbol{x} \neq \boldsymbol{y})$ ならば，

$$\left\|\frac{\boldsymbol{x}+\boldsymbol{y}}{2}\right\| < \frac{1}{2}\|\boldsymbol{x}\| + \frac{1}{2}\|\boldsymbol{y}\| = 1 \tag{3.44}$$

(c)　$\boldsymbol{x}, \boldsymbol{y} \in X$ が 1 次独立ならば，

$$\|\boldsymbol{x}+\boldsymbol{y}\| < \|\boldsymbol{x}\| + \|\boldsymbol{y}\| \tag{3.45}$$

(d)　$\boldsymbol{x}, \boldsymbol{y} \in X$ について，

$$\|\boldsymbol{x}+\boldsymbol{y}\| = \|\boldsymbol{x}\| + \|\boldsymbol{y}\| \quad \text{ならば} \quad \|\boldsymbol{y}\|\boldsymbol{x} = \|\boldsymbol{x}\|\boldsymbol{y} \tag{3.46}$$

2 (**内積空間の一様凸性** (uniform convexity of inner product space))

ノルム空間 X が条件

$$\left.\begin{array}{l}\text{任意の}\varepsilon \in (0,2]\text{ に対して，ある}\delta > 0\text{ が存在し，}\\ \|\boldsymbol{x}\| = \|\boldsymbol{y}\| = 1,\ \|\boldsymbol{x}-\boldsymbol{y}\| \geq \varepsilon \\ \text{を満たすすべての } \boldsymbol{x}, \boldsymbol{y} \in X \text{ に対して，} \left\|\dfrac{\boldsymbol{x}+\boldsymbol{y}}{2}\right\| \leq 1-\delta\end{array}\right\} \tag{3.47}$$

を満たすとき，ノルム空間 X は一様凸 (uniformly convex) であるという．

(a)　ノルム空間 X が一様凸ならば狭義凸となることを示せ．

(b)　内積空間は条件 (3.47) を満たし，**一様凸**となることを示せ [注：4 章 **例 1** で紹介するバナッハ空間 l^p, $L^p(a,b)$ $(1 < p < \infty)$ も一様凸になることが知られている]．

3 (**収束行列** (convergent matrix))　正方行列 $A \in \boldsymbol{R}^{n\times n}$ は，

$$\lim_{m\to\infty} A^m = O \in \boldsymbol{R}^{n\times n} \tag{3.48}$$

となるとき，収束行列であるという．式 (3.48) の収束は，$\boldsymbol{R}^{n\times n}$ に定義された任意のノルム $\|\cdot\|$ で

$$\lim_{m\to\infty} \|A^m - O\| = \lim_{m\to\infty} \|A^m\| = 0$$

という意味である ($\boldsymbol{R}^{n\times n}$ のノルムはすべて等価). 以下の (a),(b) が等価になることを示せ [ヒント：定理 A.5 を使ってみよう].

(a) $A\in\boldsymbol{R}^{n\times n}$ は収束行列である.

(b) $\rho(A)<1$ (ただし, $\rho(A)$ は A のスペクトル半径).

□**4** (**行列のノイマン級数**)

(a) 正方行列 $A\in\boldsymbol{R}^{n\times n}$ に対して, 以下の (i),(ii) が等価になることを示せ.

(i) 部分和

$$S_N(A):=I+A+A^2+\cdots+A^N\in\boldsymbol{R}^{n\times n}\quad(N=1,2,\cdots)$$

が $N\to\infty$ で $\boldsymbol{R}^{n\times n}$ の 1 点 (その正体は (b) 参照) に収束する (級数 $I+A+A^2+\cdots$ は「行列 A のノイマン級数」と呼ばれている).

(ii) A は収束行列である.

(b) (**ノイマンの補題**) $A\in\boldsymbol{R}^{n\times n}$ が収束行列ならば, $(I-A)$ は正則となり,

$$(I-A)^{-1}=\lim_{N\to\infty}S_N(A)=I+A+A^2+A^3+\cdots \tag{3.49}$$

となることを示せ.

(c) 行列 $A\in\boldsymbol{R}^{n\times n}$ がある作用素ノルム $\|\cdot\|$ について, $\|A\|<1$ となれば, $(I-A)$ は正則行列となり, 不等式

$$\frac{1}{1+\|A\|}\leq\|(I-A)^{-1}\|\leq\frac{1}{1-\|A\|} \tag{3.50}$$

が成立することを示せ.

(d) (**摂動行列の正則性に関する補題**) 行列 $A,B,A^{-1}\in\boldsymbol{R}^{n\times n}$ がある作用素ノルム $\|\cdot\|$ について, $\kappa:=\|A-B\|\|A^{-1}\|<1$ となるとき, B も正則行列となり,

$$\|B^{-1}\|\leq\|A^{-1}\|(1-\kappa)^{-1} \tag{3.51}$$

$$\|A^{-1}-B^{-1}\|\leq\|A^{-1}\|^2\|A-B\|(1-\kappa)^{-1} \tag{3.52}$$

が成立することを示せ.

(e) $D\subset\boldsymbol{R}^m$ 上に定義された写像 $\Phi:D\ni\boldsymbol{x}\mapsto\Phi(\boldsymbol{x})\in\boldsymbol{R}^{n\times n}$ が $\boldsymbol{x}^*\in D$ で連続であり, $\Phi(\boldsymbol{x}^*)$ が正則行列であるとき, ある $\delta>0$ と $\gamma>0$ が存在し,

$$\left(\forall\boldsymbol{x}\in\overline{B}(\boldsymbol{x}^*,\delta)\cap D\right)\quad\Phi(\boldsymbol{x})\text{ は正則で }\|\Phi(\boldsymbol{x})^{-1}\|\leq\gamma \tag{3.53}$$

を満たすことを示せ. さらに, 写像 $\Phi_{inv}:\overline{B}(\boldsymbol{x}^*,\delta)\cap D\ni\boldsymbol{x}\mapsto\Phi(\boldsymbol{x})^{-1}\in\boldsymbol{R}^{n\times n}$ が $\boldsymbol{x}^*$ で連続となることを示せ.

第4章

バナッハ空間とヒルベルト空間

本章では完備なノルム空間 (バナッハ空間) と完備な内積空間 (ヒルベルト空間) の例を紹介した後，いよいよ線形関数解析の 4 大定理のうちの 3 つ (一様有界性の定理，開写像定理，閉グラフ定理) とバナッハ・シュタインハウスの定理を学ぶ．これらの定理はバナッハ空間の本質的な性質を表現しており，一般のノルム空間ではそのままの形で成立しない．

次に，無限次元ヒルベルト空間の正規直交系の基本性質と応用上重要ないくつかの例を紹介する．さらにヒルベルト空間における弱収束点列に関する諸性質を紹介する．

4.1 バナッハ空間とヒルベルト空間の舞台設定

定義 4.1 (完備性, バナッハ空間, ヒルベルト空間)

ノルム空間 X の点列 $(\boldsymbol{x}_n)_{n=1}^{\infty}$ が

$$\lim_{n,m\to\infty} \|\boldsymbol{x}_m - \boldsymbol{x}_n\| = 0 \tag{4.1}$$

を満足するとき，コーシー列 (Cauchy sequence) であるという．X の任意のコーシー列 $(\boldsymbol{x}_n)_{n=1}^{\infty}$ に対して

$$\lim_{n\to\infty} \|\boldsymbol{x}_n - \boldsymbol{x}\| = 0 \text{ すなわち } \lim_{n\to\infty} \boldsymbol{x}_n = \boldsymbol{x} \tag{4.2}$$

となる $\boldsymbol{x} \in X$ の存在が保証されるとき，X は**完備** (complete) であるという．完備なノルム空間は**バナッハ空間** (Banach space) と呼ばれる．特に完備な内積空間 (内積によって誘導されるノルム空間) を**ヒルベルト空間** (Hilbert space) という．本書ではヒルベルト空間を $\mathcal{H}$ と記す．

ノルム空間 $(X, \|\cdot\|)$ の点列 $\boldsymbol{x}_n \in X$ $(n = 1, 2, \cdots)$ に対して，$\sum_{n=1}^{\infty} \|\boldsymbol{x}_n\| := \lim_{N\to\infty} \sum_{n=1}^{N} \|\boldsymbol{x}_n\| < \infty$ となるとき，級数 $\sum_{n=1}^{\infty} \boldsymbol{x}_n$ は**絶対収束**するという．実は

「ノルム空間の完備性 $\Leftrightarrow$ ノルム空間に定義された絶対収束級数の収束性」

によって完備性は完全に特徴づけられることが知られている (章末問題 3 参照).

例 1 (a) (**有限次元ベクトル空間：バナッハ空間・ヒルベルト空間の例**) ベクトル空間 $\boldsymbol{R}^N$ (N は正整数) は，どんなノルムが定義されてもノルム空間として完備であり，バナッハ空間となる (定理 2.1 と定理 3.1 参照)．特に，線形代数でお馴染みのユークリッド空間

$$\boldsymbol{R}^N := \{(x_1, x_2, \cdots, x_N) \mid x_i \in \boldsymbol{R} \ (i = 1, 2, \cdots, N)\}$$

は，$\boldsymbol{x} = (x_1, x_2, \cdots, x_N)$, $\boldsymbol{y} = (y_1, y_2, \cdots, y_N) \in \boldsymbol{R}^N$ に対して，内積を $\langle \boldsymbol{x}, \boldsymbol{y} \rangle := \sum_{i=1}^{N} x_i y_i$ (通常の内積)，ノルムを $\|\boldsymbol{x}\| = \sqrt{\sum_{i=1}^{N} x_i^2}$ のように定義したヒルベルト空間となっている．最も簡単な例は，実数全体の集合 $\boldsymbol{R}$ であり，それ自身 $\boldsymbol{R}$ 上のベクトル空間であり，$x, y \in \boldsymbol{R}$ に対して内積を $\langle x, y \rangle := xy$ (通常のかけ算)，ノルムを $\|x\| = |x|$ のように定義すると内積から誘導されるノルムについて完備なのでヒルベルト空間の条件を満たしている．

(b) (**$\boldsymbol{l^p}$ ：バナッハ空間・ヒルベルト空間の例**) 距離空間 (l^p, d_p) $(1 \le p \le \infty$, 2 章の **例 1** (d)(e)，例題 2.1 参照) は，完備距離空間であることを思い出そう (例題 2.3 と 2 章の章末問題 1 を参照)．任意の $\boldsymbol{x} := (x_1, x_2, x_3, \cdots)$, $\boldsymbol{y} := (y_1, y_2, y_3, \cdots) \in l^p$, $\alpha \in \boldsymbol{R}$ に対して，和「$\boldsymbol{x} + \boldsymbol{y} = (x_1 + y_1, x_2 +$

$y_2, x_3 + y_3, \cdots)$」とスカラー倍「$\alpha\boldsymbol{x} := (\alpha x_1, \alpha x_2, \alpha x_3, \cdots)$」を定義すると，$l^p$ は明らかにベクトル空間となり，さらに

$$\|\boldsymbol{x}\|_p := \begin{cases} \left(\displaystyle\sum_{n=1}^{\infty} |x_n|^p\right)^{\frac{1}{p}} & (1 \leq p < \infty) \\ \displaystyle\sup_{n \in \boldsymbol{N}} |x_n| & (p = \infty) \end{cases}$$

はノルムの公理 (定義 3.1) を満たし，「$d_p(\boldsymbol{x}, \boldsymbol{y}) = \|\boldsymbol{x} - \boldsymbol{y}\|_p$ $(\forall \boldsymbol{x}, \boldsymbol{y} \in l^p)$」となるので，$(l^p, \|\cdot\|_p)$ はバナッハ空間となる ($1 \leq p < \infty$ のときは，可分なバナッハ空間になる (2 章 **例 5** 参照))．特に，$p = 2$ のとき，

$$\langle \boldsymbol{x}, \boldsymbol{y} \rangle_2 := \sum_{i=1}^{\infty} x_i y_i \quad (\forall \boldsymbol{x}, \boldsymbol{y} \in l^2)$$

は，「$\|\boldsymbol{x}\|_2 = \sqrt{\langle \boldsymbol{x}, \boldsymbol{x} \rangle_2}$ $(\forall \boldsymbol{x} \in l^2)$」と内積の公理 (定義 3.6) も満足するので，$\left(l^2, \langle\cdot,\cdot\rangle_2\right)$ はヒルベルト空間になる．

(c) (**$(C(S), \|\cdot\|_{\max})$：コンパクト集合上の連続関数によるバナッハ空間**)

距離空間 (X, d) のコンパクト集合 $S(\subset X)$ 上に定義された実数値連続関数全体が作る距離空間 $(C(S), d_{\max})$(2 章の **例 1**，例題 2.9) 参照) が完備距離空間であることを思い出そう．集合 $C(S)$ に属する任意の $f, g \in C(S)$, $\alpha \in \boldsymbol{R}$ に対して，和「$(f+g)(x) := f(x) + g(x)$ $(\forall x \in S)$」とスカラー倍「$(\alpha f)(x) := \alpha f(x)$ $(\forall x \in S)$」を定義すると $C(S)$ は明らかにベクトル空間となり，さらに

$$\|f\|_{\max} := \max_{x \in S} |f(x)| \quad (\forall f \in C(S))$$

は，ノルムの公理 (定義 3.1) を満たし，「$d_{\max}(f, g) = \|f - g\|_{\max}$ $(\forall f, g \in C(S))$」となるので，$(C(S), \|\cdot\|_{\max})$ はバナッハ空間となる．一方，$(C[0,1], \|\cdot\|_{\max})$ のノルム $\|\cdot\|_{\max}$ はいかなる内積からも決して誘導されない．このことは，連続関数 $f(t) = t$, $g(t) = 1 - t$ に対して，

$$\|f + g\|_{\max}^2 + \|f - g\|_{\max}^2 = 2 \neq 4 = 2(\|f\|_{\max}^2 + \|g\|_{\max}^2)$$

となり，性質 3.3(d) を満たさないことから，容易に確かめられる．

(d) (**$(C[a,b], \|\cdot\|_p)$ $(1 \leq p < \infty)$：連続関数が作る完備でないノルム空間**) $S := [a,b](\subset \boldsymbol{R})$ の場合，$C(S)$ は，$C[a,b]$ であるから，(c) の場合と同様に和とスカラー倍が定義され，$C[a,b]$ はベクトル空間となる．$(C[a,b], d_p)$ $(1 \leq p < \infty)$ は距離空間であったが，完備でなかったことを思い出そう (例題 2.4 参照)．さらに

$$\|f\|_p := \left(\int_a^b |f(x)|^p dx\right)^{1/p} \quad (\forall f \in C[a,b])$$

は，ノルムの公理 (定義 3.1) を満たし，「$d_p(f,g) = \|f-g\|_p \ (\forall f,g \in C[a,b])$」の関係も満足するので，$(C[a,b], \|\cdot\|_p)$ (ただし，$1 \leq p < \infty$) は，完備でないノルム空間となる．特に，$p=2$ のとき，

$$\langle f,g \rangle := \int_a^b f(x)g(x)dx \quad (\forall f,g \in C[a,b])$$

は，「$\|f\|_2 = \sqrt{\langle f,f \rangle} \ (\forall f \in C[a,b])$」と内積の公理 (定義 3.6) を満足するので，$(C[a,b], \langle\cdot,\cdot\rangle)$ は完備でない内積空間となる．

(e)　**($(L^p([a,b]), \|\cdot\|_p)$ $(1 \leq p < \infty)$：p 乗可積分な関数による可分なバナッハ空間)**　実は，2 章の **注意 2** で触れたように「有理数全体の集合 $\boldsymbol{Q}$ から実数全体の集合 $\boldsymbol{R}$ への拡張」と同様に，(d) に述べた完備でないノルム空間 $(C[a,b], \|\cdot\|_p)$ $(1 \leq p < \infty)$ にも新たな点を付け加え，「完備化」することにより可分なバナッハ空間が構成できる．新しい集合を $L^p([a,b]) (\supset C[a,b])$ と表記することにすると，$C[a,b]$ に所属する点の新ノルムには，$(C[a,b], \|\cdot\|_p)$ で与えられた元のノルム (「リーマン積分」で定義される) が使われ[1)]，$C[a,b]$ に入らない多くの $L^p([a,b])$ の点 (不連続関数) には新ノルムが「ルベーグ積分 (Lebesgue integral)」の利用によって定義される．ルベーグ積分では，「可測関数」と呼ばれる「連続関数を特別な場合として含む極めて広い関数のクラス」に所属する関数が積分の対象になる．可測関数 f と任意の $\tau \in \boldsymbol{R}$ に対して，

$$f^{-1}((-\infty,\tau)) := \{x \in [a,b] \mid f(x) < \tau\} \quad (\subset [a,b])$$

は，$\boldsymbol{R}$ の特別な部分集合族 (ルベーグ可測集合) に所属し，$f^{-1}((-\infty,\tau))$ のルベーグ測度 (区間の長さに相当する量) が定義できる．f のルベーグ積分の値は「f の関数値のレベル」と「レベルに対応した $\boldsymbol{R}$ の部分集合のルベーグ測度」の積和の極限として定義される．$L^p([a,b])$ は，$\displaystyle\int_a^b |f(x)|^p dx < \infty$ を満たす可測関数全体の中で，合同関係 (ただし，積分はルベーグ積分による)

$$\int_a^b |f(x)-g(x)|^p dx = 0 \ \Leftrightarrow \ f \sim g \ \Leftrightarrow \ g \in [f]$$

によって作られる同値類 $[f]$ の空間として定義できる．本書では，ルベーグ

[1)] 新ノルムは，$(C[a,b], \|\cdot\|_p)$ で採用されていた $\|\cdot\|_p$ の定義域 $C[a,b]$ を $L^p([a,b])$ に拡張したものであるから，新ノルムも $\|\cdot\|_p$ で表記する．

積分の意味については，これ以上，立ち入らないかわりに[2)]，定理 6.4 で「内積空間の完備化」の議論を学ぶ．定理 6.4 で議論するように内積空間を完備化して得られたバナッハ空間は中線定理を満たすので，定理 3.3 より，そのノルムが内積から誘導されることがわかり，ヒルベルト空間になる．したがって，$(C[a,b], \|\cdot\|_2)$ を完備化して得られるバナッハ空間 $\left(L^2([a,b]), \|\cdot\|_2\right)$ もヒルベルト空間になる．□

定理 4.1 (有界線形写像の全体が作るバナッハ空間)

ノルム空間 $(X, \|\cdot\|_X)$ からノルム空間 $(Y, \|\cdot\|_Y)$ への有界線形写像 (有界線形作用素) 全体 $\mathcal{B}(X,Y)$ (定理 3.6 参照) は，Y がバナッハ空間であるとき，$\mathcal{B}(X,Y)$ も作用素ノルム $\|\cdot\|$(定義 3.8) の下でバナッハ空間となる．特に $(\boldsymbol{R}, |\cdot|)$ はバナッハ空間の最も簡単な例であったので，ノルム空間 $(X, \|\cdot\|_X)$ 上に定義された有界線形汎関数全体 $\mathcal{B}(X, \boldsymbol{R})$ はバナッハ空間である．

【証明】 ($\mathcal{B}(X,Y)$ の完備性)「任意のコーシー列：$A_n \in \mathcal{B}(X,Y)$ $(n = 1, 2, \cdots)$ が $\mathcal{B}(X,Y)$ に属す点に収束すること」を示せばよい．

(a) (写像 $A: X \to Y$ の定義) $\|A_n - A_m\| \to 0$ $(m, n \to \infty)$ のとき，点列 $(A_n)_{n \geq 1}$ の収束先の候補を以下のように定義する．任意の $x \in X$ に対して，

$$\begin{aligned}\|A_n(x) - A_m(x)\|_Y &= \|(A_n - A_m)(x)\|_Y \\ &\leq \|A_n - A_m\| \|x\|_X\end{aligned}$$

が成立し，$A_n(x) \in Y$ $(n = 1, 2, \cdots)$ も Y のコーシー 列であることがわかる．Y は完備であるから，$\lim_{n\to\infty} A_n(x) \in Y$ が存在し，新しい写像 $A: X \to Y$ を

$$A(x) := \lim_{n\to\infty} A_n(x) \quad (\forall x \in X)$$

のように定義することができる．

(b) (写像 $A: X \to Y$ の線形性) A_n の線形性より，任意の $x_1, x_2 \in X$, $\alpha, \beta \in \boldsymbol{R}$ について

$$A_n(\alpha x_1 + \beta x_2) = \alpha A_n(x_1) + \beta A_n(x_2)$$

が成立しているので，$n \to \infty$ とすると，

$$A(\alpha x_1 + \beta x_2) = \alpha A(x_1) + \beta A(x_2)$$

が成立し，A は線形写像であることがわかる．

---

2) ルベーグ積分の考え方は確率論と密接に関係しているので，ランダムな信号や雑音の振る舞いを論じるには，ルベーグ積分の意味を理解しておくことが望ましい．巻末にあげた参考文献を参照されたい．

(c)　(線形写像 $A : X \to Y$ の有界性)　コーシー列は有界なので (性質 2.1),

$$\|A_n\| \leq K \quad (n = 1, 2, \cdots)$$

となる $K > 0$ があり,

$$\|A_n(x)\|_Y \leq \|A_n\|\|x\|_X \leq K\|x\|_X \quad (\forall x \in X)$$

が成立している．両辺で $n \to \infty$ とすると左辺は, $\|A(x)\|_Y$ に収束し,

$$\|A(x)\|_Y \leq K\|x\|_X \quad (\forall x \in X)$$

すなわち, $A : X \to Y$ は, $A \in \mathcal{B}(X, Y)$ となる．

(d)　($\lim_{n\to\infty} \|A_n - A\| = 0$ となること)　$(A_n)_{n\geq 1}$ はコーシー列なので, 任意の $\varepsilon > 0$ に対し, ある $N_\varepsilon > 0$ が存在し,

$$\|A_n - A_m\| < \varepsilon \quad (\forall n, m \geq N_\varepsilon)$$

となるから, すべての $x \in X$ に対して,

$$\begin{aligned}\|A_n(x) - A_m(x)\|_Y &= \|(A_n - A_m)(x)\|_Y \\ &\leq \|A_n - A_m\|\|x\|_X \leq \varepsilon\|x\|_X \quad (\forall n, m \geq N_\varepsilon)\end{aligned}$$

とできる．ここで, $m \to \infty$ とすると,

$$\|A_n(x) - A(x)\|_Y \leq \varepsilon\|x\|_X \quad (\forall n \geq N_\varepsilon)$$

を得るので, 任意の $n \geq N_\varepsilon$ に対して, $\|A_n - A\| \leq \varepsilon$ となる．$\varepsilon > 0$ は任意に選ばれていたので, $\lim_{n\to\infty} \|A_n - A\| = 0$ が示された．

(a)~(d) の議論から, $\mathcal{B}(X, Y)$ の任意のコーシー列が作用素ノルムの意味で $\mathcal{B}(X, Y)$ の1点に収束することがわかった．■

ノルム空間 $(Y, \|\cdot\|_Y)$ が $(\boldsymbol{R}, |\cdot|)$ であるとき, $\mathcal{B}(X, Y)$ は, 特に重要であり, 名前がついている．

定義 4.2 (共役空間の定義)

ノルム空間 $(X, \|\cdot\|_X)$ 上に定義された有界線形汎関数全体からなるバナッハ空間 $\mathcal{B}(X, \boldsymbol{R})$ を X の**共役空間** (dual space, conjugate space) といい, X^* と表記する．

6章で, $(X, \|\cdot\|_X)$ が内積空間であるときの共役空間について詳しく学ぶ．

4.2　一様有界性の定理，開写像定理，閉グラフ定理 †

ベールの定理 (定理 2.7) の応用として，3 つの重要な定理を紹介する．また，定理 4.2 の応用例を章末問題 6,7 に紹介する．これらの例では一見無関係にみえる議論を通して空間全体の非自明な情報が抽出されており，関数解析の恩恵の一端を感じることができる．

定理 4.2 (一様有界性の定理)

バナッハ空間 $(X, \|\cdot\|_X)$ からノルム空間 $(Y, \|\cdot\|_Y)$ への有界線形写像の列 $A_n \in \mathcal{B}(X,Y)$ $(n = 1,2,3,\cdots)$ が与えられ，任意に固定された点 $x \in X$ ごとに，ある $M_x > 0$ が存在し，

$$\sup_{n \in \boldsymbol{N}} \|A_n(x)\|_Y \leq M_x < \infty \tag{4.3}$$

となるならば，$(\|A_n\|)_{n=1}^{\infty}$ は有界 ($\|A_n\|$ は $A_n : X \to Y$ の作用素ノルム)，すなわち，ある $M > 0$ が存在し，

$$\sup_{n \in \boldsymbol{N}} \|A_n\| \leq M < \infty$$

【証明】　まず，各 $n, k \in \boldsymbol{N}$ に対して X の部分集合を

$$S_k^{(n)} := \{x \in X \mid \|A_n(x)\|_Y \leq k\}$$

を定義しよう．有界線形写像の連続性 (定理 3.4) で学んだように A_n は連続写像であり，また，$S_k^{(n)} = A_n^{-1}\left(\overline{B}_Y(0,k)\right)$ であるから，2 章の章末問題 3 の結果が使えて，集合 $S_k^{(n)}$ は，X の閉部分集合となる．さらに，性質 2.2(b) より，

$$S_k := \bigcap_{n=1}^{\infty} S_k^{(n)} = \{x \in X \mid \sup_{n \in \boldsymbol{N}} \|A_n(x)\|_Y \leq k\}$$

も閉集合となる．また，条件 (4.3) より，任意の $x \in X$ に対して，$M_x \in [0, \infty)$ が存在し，$k \geq M_x$ に対して，$x \in S_k$ となるので，

$$X = \bigcup_{k=1}^{\infty} S_k$$

となる．したがって，ベールの定理 (定理 2.7) が適用でき，少なくとも 1 つの $k^* \in \{1,2,3,\cdots\}$ に対しては，ある $x_0 \in S_{k^*}$ と $r > 0$ が存在し，$B(x_0, r) \subset S_{k^*}$ となり，

$$\|x\|_X < r \Rightarrow \sup_{n \in \boldsymbol{N}} \|A_n(x_0 + x)\|_Y \leq k^*$$

を得る．このことから，すべての $n \in \boldsymbol{N}$ について，自明な関係

「$\|x\|_X = r/2$」 ⇒ 「$\|x\|_X < r$」 ⇒

$$\|A_n(x)\|_Y = \|A_n(x_0+x) - A_n(x_0)\|_Y \le \|A_n(x_0+x)\|_Y + \|A_n(x_0)\|_Y \le 2k^*$$

が成立し，例題 3.1 (作用素ノルムの表現の等価性) からすべての n について，

$$\|A_n\| \le 2k^* \times \frac{2}{r} = \frac{4k^*}{r} =: M < \infty$$

すなわち，$\sup_{n\in\boldsymbol{N}} \|A_n\| \le M < \infty$ となることが確かめられた．■

次の定理は一様有界性の定理 (定理 4.2) から容易に導かれる．4.4 節の弱収束点列の有界性 (定理 4.8(e)) は，この定理によって保証される．

定理 4.3 (バナッハ・シュタインハウス (Banach-Steinhaus(1887∼1972)) の定理)

バナッハ空間 $(X, \|\cdot\|_X)$ からノルム空間 $(Y, \|\cdot\|_Y)$ への有界線形写像の列 $A_n \in \mathcal{B}(X,Y)$ $(n=1,2,3,\cdots)$ が与えられ，任意に固定された点 $x \in X$ ごとに，$(A_n(x))_{n=1}^{\infty} \subset Y$ が Y の点に収束するとき，次の (a),(b) が成立する．

(a)　$(\|A_n\|)_{n=1}^{\infty}$ は有界となる．

(b)　写像 $A : X \to Y$ を

$$A(x) := \lim_{n\to\infty} A_n(x) \quad (\forall x \in X)$$

によって定義すると，$A : X \to Y$ は有界線形写像となり，

$$\|A\| \le \liminf_{n\to\infty} \|A_n\| < \infty$$

【証明】 (a)　各 $x \in X$ について，$(A_n(x))_{n=1}^{\infty}$ は Y の収束点列なので，有界 (性質 2.1 参照) となり，

$$\sup_{n\in\boldsymbol{N}} \|A_n(x)\|_Y < \infty$$

が成立している．したがって，定理 4.2 (一様有界性の定理) より，ある $M>0$ が存在し，

$$\sup_{n\in\boldsymbol{N}} \|A_n\| \le M < \infty \tag{4.4}$$

となる．

(b)　まず，写像 A が線形写像となることを確認しておこう．任意の $x, y \in X$，$\alpha, \beta \in \boldsymbol{R}$ に対して $(A_n(\alpha x + \beta y))_{n=1}^{\infty}$ は Y のある点に収束するので $A(\alpha x + \beta y) := \lim_{n\to\infty} A_n(\alpha x + \beta y)$ が定義できることに注意しよう．また，A_n の線形性から，

$$\|A_n(\alpha x + \beta y) - (\alpha A(x) + \beta A(y))\|_Y$$

$$= \|\alpha A_n(x) + \beta A_n(y) - (\alpha A(x) + \beta A(y))\|_Y$$
$$\leq |\alpha|\, \|A_n(x) - A(x)\|_Y + |\beta|\, \|A_n(y) - A(y)\|_Y \to 0 \quad (n \to \infty)$$

となり，

$$A(\alpha x + \beta y) = \lim_{n\to\infty} A_n(\alpha x + \beta y) = \alpha A(x) + \beta A(y)$$

が成立し，A が線形写像であることが確かめられた．

次に，A が有界であることを示す．各 $x \in X$ について，

$$|\|A_n(x)\|_Y - \|A(x)\|_Y| \leq \|A_n(x) - A(x)\|_Y \to 0 \quad (n \to \infty)$$
$$\|A_n(x)\|_Y \leq \|A_n\|\|x\|_X \leq M\|x\|_X \quad (\text{式 (4.4) より})$$

となるので，1 章の章末問題 5(a) より，

$$\|A(x)\|_Y = \lim_{n\to\infty} \|A_n(x)\|_Y = \liminf_{n\to\infty} \|A_n(x)\|_Y$$
$$\leq \liminf_{n\to\infty} \|A_n\|\|x\|_X \leq M\|x\|_X \quad (\forall x \in X)$$

を得る．これより，明らかに，

$$\|A\| \leq \liminf_{n\to\infty} \|A_n\| \leq M$$

が成立し，A の有界性も示された．■

2.3 節に述べたように開集合に所属する点は，ほんの少しであれば，どんな方向に動いてもその集合内に留まれる．この性質によって移動方向に例外を設ける必要がなくなるため，開集合としての性質が保存されると都合がよいことが多い．

次の定理は，有界線形写像によって開集合が開集合に写されるための条件を与えている．なお，定理の後半部は，全単射の場合には逆写像も有界線形写像になることを保証する重要な結果となっており，これ自体が**バナッハの逆定理**または，**バナッハの値域定理**と呼ばれている．

定理 4.4 (開写像定理)

バナッハ空間 $(X, \|\cdot\|_X)$ からバナッハ空間 $(Y, \|\cdot\|_Y)$ への有界線形写像 $A \in \mathcal{B}(X, Y)$ が全射であるとき，X の任意の開集合 U に対して，$A(U) := \{A(x) \in Y \mid x \in U\}$ は Y の開集合になる．特に $A \in \mathcal{B}(X, Y)$ が全単射であれば逆写像 $A^{-1} : Y \to X$ は，有界線形写像，すなわち $A^{-1} \in \mathcal{B}(Y, X)$ となる．

【証明】「A の線形性」と「開球による開集合の定義」から，

「X の単位開球 $B_X(0,1)=\{x\in X \mid \|x\|_X<1\}$ に対してある $\delta>0$ が存在し,

$$A\left(B_X(0,1)\right) := \{A(x)\in Y \mid \|x\|_X < 1\} \supset B_Y(0,\delta) := \{y\in Y \mid \|y\|_Y < \delta\} \tag{4.5}$$

となること」

を示せば十分である (確認されたい). 以下, (4.5) を示す. A は全射なので,

$$A\left(B_X(0,k)\right) := \{A(x)\in Y \mid x\in X, \|x\|_X < k\} \quad (k=1,2,\cdots)$$

とその閉包 $\overline{A\left(B_X(0,k)\right)} \subset Y$ を用いて

$$Y = \bigcup_{k=1}^{\infty} A\left(B_X(0,k)\right) = \bigcup_{k=1}^{\infty} \overline{A\left(B_X(0,k)\right)}$$

となる. Y は完備距離空間なので, ベールの定理 (定理 2.7) が適用でき, ある $\kappa\in \boldsymbol{N}$ に対して, ある $y_0\in Y$ と正数 $\eta>0$ が存在し,

$$y\in B_Y(0,\eta) \ \text{ならば,}\ y+y_0 \in B(y_0,\eta) \subset \overline{A\left(B_X(0,\kappa)\right)}$$

が保証される. また, 閉包の定義から, 点列 $(x_n')_{n=1}^{\infty} \subset B_X(0,\kappa)$, $(x_n'')_{n=1}^{\infty} \subset B_X(0,\kappa)$ をうまく選ぶと,

$$\lim_{n\to\infty} A(x_n') = y_0, \quad \lim_{n\to\infty} A(x_n'') = y_0 + y$$

とできるので, 点列 $x_n := x_n'' - x_n'$ $(n=1,2,\cdots)$ は, $\|x_n\|_X < 2\kappa$ $(n=1,2,\cdots)$ と $\lim_{n\to\infty} A(x_n) = y$ を達成する. したがって, 任意の $\varepsilon>0$ に対して,

$$\|y\|_Y < \eta \ \text{ならば}\ \|A(x)-y\|_Y < \varepsilon \ \text{となる}\ x\in B_X(0,2\kappa)$$

が存在するのである. このことから, 任意の $y\in Y\setminus\{0\}$ と任意の $\varepsilon>0$ に対して,

$$\left\| A(x') - \frac{\eta y}{2\|y\|_Y} \right\|_Y < \frac{\eta\varepsilon}{2\|y\|_Y}$$

を満たす $x'\in B_X(0,2\kappa)$ の存在が保証される. 上の不等式の両辺に $2\|y\|_Y/\eta$ をかけて $\delta := \eta/(4\kappa)$ を用いて整理すると, 任意の $y\in Y\setminus\{0\}$ と任意の $\varepsilon>0$ に対して,

$$x\in B_X\left(0, \frac{\|y\|_Y}{\delta}\right) \ \text{および}\ \|A(x)-y\|_Y < \varepsilon \tag{4.6}$$

を満たす $x\in X$ の存在も保証されることがわかる (例えば $x := (2\|y\|_Y/\eta)x'$ とすればよい). 以下, ここで定義された $\delta = \eta/(4\kappa) > 0$ に対して, 関係 (4.5) を示す. 自明な包含関係[3)]

[3)] 実際に両辺の集合が互いに部分集合になることを確認されたい.

$$B_Y(0,\delta) = \bigcup_{\varepsilon>0} B_Y\left(0, \frac{\delta}{1+\varepsilon}\right)$$

に注意すると，関係 (4.5) を示すには，任意の $\varepsilon > 0$ に対して，$A\left(B_X(0,1)\right) \supset B_Y(0,\delta/(1+\varepsilon))$ すなわち

$$A\left(B_X(0,1+\varepsilon)\right) = \{A(x) \in Y \mid \|x\|_X < 1+\varepsilon\} \supset B_Y(0,\delta) \tag{4.7}$$

を示せば十分である．したがって $y \in B_Y(0,\delta)$ と $\varepsilon > 0$ を任意に固定して，$A(x) = y$ を満たす $x \in B_X(0,1+\varepsilon)$ の存在を示すことを目標にする (ただし，A の線形性から $A(0) = 0$ なので，以下 $y \neq 0$ を仮定する)．まず，(4.6) より，

$$z_1 \in B_X\left(0, \frac{\|y\|_Y}{\delta}\right) \subset B_X(0,1) \quad \text{および} \quad \|A(z_1) - y\|_Y < \frac{1}{2}\delta\varepsilon$$

を満たす $z_1 \in X$ がとれる (もし $A(z_1) = y$ なら $x = z_1$ とし，上の目標は達成される)．$y \neq A(z_1)$ なら y のかわりに $y - A(z_1)$ に (4.6) の結果を適用すれば，

$$z_2 \in B_X\left(0, \frac{\|A(z_1) - y\|_Y}{\delta}\right) \subset B_X\left(0, \frac{1}{2}\varepsilon\right)$$

および

$$\|A(z_2) + A(z_1) - y\|_Y < \frac{1}{2^2}\delta\varepsilon$$

を満たす $z_2 \in X$ がとれる ($z_1 + z_2 \in B_X(0,1+(1/2)\varepsilon) \subset B(0,1+\varepsilon)$ が $A(z_1+z_2) = y$ を満たせば，$x = z_1 + z_2$ として上の目標は達成される)．$A(z_1+z_2) \neq y$ なら，$y - (A(z_1) + A(z_2))$ に (4.6) の結果を適用し，

$$z_3 \in B_X\left(0, \frac{1}{2^2}\varepsilon\right) \quad \text{および} \quad \|A(z_3) + A(z_2) + A(z_1) - y\|_Y < \frac{1}{2^3}\delta\varepsilon$$

を満たす $z_3 \in X$ がとれる ($z_1 + z_2 + z_3 \in B_X\left(0, 1 + (1/2)\varepsilon + (1/2^2)\varepsilon\right) \subset B_X(0,1+\varepsilon)$ も満たされる)．以下同様に，有限な n で $A(z_1+z_2+\cdots+z_{n-1}) = y$ とならない限り，

$$z_n \in B_X\left(0, \frac{1}{2^{n-1}}\varepsilon\right) \quad \text{および} \quad \left\|\sum_{i=1}^{n} A(z_i) - y\right\|_Y < \frac{1}{2^n}\delta\varepsilon$$

を満たす点列 $z_n \in X$ $(n = 1,2,\cdots)$ が構成できる．ここで，新しい点列 $x_n := \sum_{i=1}^{n} z_i$ $(n = 1,2,\cdots)$ を定義すると，任意の $n > m$ に対して，

$$\|x_n - x_m\|_X = \left\|\sum_{i=m+1}^{n} z_i\right\|_X \leq \sum_{i=m+1}^{n} \frac{1}{2^{i-1}}\varepsilon < \frac{1}{2^{m-1}}\varepsilon$$

となるので $(x_n)_{n=1}^{\infty}$ はコーシー列になる．X の完備性から $(x_n)_{n=1}^{\infty}$ はある $x \in X$ に収束する．この x が $A(x) = y$ と $x \in B_X(0,1+\varepsilon)$ を満たすことは以下のように確認できる．任意の $n \in \boldsymbol{N}$ に対して，$\|x_n\|_X$ は，

$$\|x_n\|_X \leq \sum_{i=1}^{n} \|z_i\|_X \leq \|z_1\|_X + \sum_{i=2}^{n} \frac{1}{2^{i-1}}\varepsilon$$
$$< \|z_1\|_X + \sum_{i=2}^{\infty} \frac{1}{2^{i-1}}\varepsilon$$
$$= \|z_1\|_X + \varepsilon < 1 + \varepsilon$$

のように上からおさえられるので，

$$\|x\|_X = \lim_{n\to\infty} \|x_n\|_X \leq \|z_1\|_X + \varepsilon < 1 + \varepsilon$$

さらに，A の連続性から，

$$\|A(x) - y\|_Y = \lim_{n\to\infty} \|A(x_n) - y\|_Y$$
$$= \lim_{n\to\infty} \left\| \sum_{i=1}^{n} A(z_i) - y \right\|_Y \leq \lim_{n\to\infty} \frac{1}{2^n}\delta\varepsilon = 0$$

となり，$A(x) = y$ も確かめられた．

特に A が全単射であれば，定理 3.5(a) より，逆写像 A^{-1} が唯一存在し，A^{-1} は線形写像になる．一方，$(A^{-1})^{-1} = A$ と定理 2.2 に注意すれば，$A^{-1}: Y \to X$ が連続写像となることがわかる．したがって，定理 3.4 から $A^{-1} \in \mathcal{B}(Y, X)$ が保証される． ■

定理 4.5 (閉グラフ定理)

バナッハ空間 $(X, \|\cdot\|_X)$ とバナッハ空間 $(Y, \|\cdot\|_Y)$ が与えられるとき，直積集合 $X \times Y := \{(x, y) \mid x \in X, y \in Y\}$ に自然な加算とスカラー倍

$$(x_1, y_1) + (x_2, y_2) := (x_1 + x_2, y_1 + y_2) \quad (\forall (x_1, y_1), (x_2, y_2) \in X \times Y)$$
$$\alpha(x_1, y_1) := (\alpha x_1, \alpha y_1) \quad (\forall (x_1, y_1) \in X \times Y, \forall \alpha \in \boldsymbol{R})$$

を定義するとベクトル空間となり，

$$\|(x, y)\| = \|x\|_X + \|y\|_Y \quad ((x, y) \in X \times Y)$$

によって $(X \times Y, \|\cdot\|)$ はバナッハ空間になる (4章の章末問題 2(b) 参照[4])．線形写像 $A: X \to Y$ に対して定義される集合 (A のグラフという)

$$\mathcal{G}(A) := \{(x, A(x)) \in X \times Y \mid x \in X\} \tag{4.8}$$

がバナッハ空間 $(X \times Y, \|\cdot\|)$ の閉集合になるとき，A は有界線形写像，すなわち $A \in \mathcal{B}(X, Y)$ となる．

---

[4] X と Y がヒルベルト空間であるとき，4章の章末問題 2(c) の内積から誘導されるノルムを $X \times Y$ に定義しても，閉グラフ定理の主張はそのまま成立する (証明も変わらない)．

【証明】　まず，$\mathcal{G}(A)$ が $X \times Y$ の閉部分空間となることを確認する．閉集合 $\mathcal{G}(A)$ が部分空間になることは以下のように確認される．

$(x_1, y_1), (x_2, y_2) \in \mathcal{G}(A)$ に対して $y_i = A(x_i)$ $(i = 1, 2)$ となっており，A の線形性より $A(\alpha x_1 + \beta x_2) = \alpha y_1 + \beta y_2$ が成立するから，

$$\alpha(x_1, y_1) + \beta(x_2, y_2) = (\alpha x_1 + \beta x_2, \alpha y_1 + \beta y_2) \in \mathcal{G}(A)$$

が保証される．したがって，$\mathcal{G}(A)$ 自身が $(X \times Y, \|\cdot\|)$ のノルムの下でバナッハ空間になる．写像 $Q_1 : \mathcal{G}(A) \to X$, $Q_2 : \mathcal{G}(A) \to Y$ を各々

$$\left.\begin{array}{l} Q_1((x, A(x))) := x \\ Q_2((x, A(x))) := A(x) \end{array}\right\} \quad \forall (x, A(x)) \in \mathcal{G}(A)$$

によって定義するとこれらは明らかに線形写像であり，また，任意の $(x, A(x)) \in \mathcal{G}(A)$ に対して，

$$\|Q_1((x, A(x)))\|_X = \|x\|_X \leq \|(x, A(x))\|$$
$$\|Q_2((x, A(x)))\|_Y = \|A(x)\|_Y \leq \|(x, A(x))\|$$

が成立するので，$\|Q_i\| \leq 1$ $(i = 1, 2)$ が保証され，$Q_1 \in \mathcal{B}(\mathcal{G}(A), X)$, $Q_2 \in \mathcal{B}(\mathcal{G}(A), Y)$ となる．さらに，Q_1 は全単射でもあるから，開写像定理 (定理 4.4) が適用できて有界な線形逆写像 $Q_1^{-1} \in \mathcal{B}(X, \mathcal{G}(A))$ の存在も保証される．以上をまとめると，すべての $x \in X$ に対して，

$$A(x) = Q_2((x, A(x))) = Q_2\left(Q_1^{-1}(x)\right) = Q_2 \circ Q_1^{-1}(x)$$

が成立し，結局，写像 A は 2 つの有界線形写像の合成として与えられるので，有界線形写像となり作用素ノルムの劣乗法性 (例題 3.2 参照) から，$\|A\| \leq \|Q_2\|\|Q_1^{-1}\| < \infty$ となる．■

閉グラフ定理は与えられた線形写像の有界性を示すための強力な定理であり，微分方程式の解析や量子力学で広く応用されているので，興味ある読者は巻末に挙げた関数解析の参考文献 (例えば [7]) を参照されたい．

以下の系 4.1 は閉グラフ定理の簡単な応用で導かれるが，それ自体極めて重要である．本書では，系 4.1 のほかに例題 5.1 で閉グラフ定理を用いる．

系 4.1 (自己共役性と有界性：閉グラフ定理の応用)

ヒルベルト空間 X(内積を $\langle\cdot,\cdot\rangle_X$，ノルムを $\|\cdot\|_X$ とする) 全体に定義された線形写像 $A : X \to X$ が

$$\langle A(x), y\rangle_X = \langle x, A(y)\rangle_X \quad (\forall x, y \in X)$$

を満たすとき，A は有界線形写像になる (上の条件を満たす線形写像 A を**自己共役作用素**という (定義 6.1 参照)).

【証明】 A のグラフ $\mathcal{G}(A)$ がヒルベルト空間 $(X \times X, \langle \cdot, \cdot \rangle)$ の閉集合になることを示せばよい (定理 4.5 の脚注参照). $(x_n)_{n=1}^{\infty} \subset X$ に対して,

$$\|(x_n, A(x_n)) - (x, z)\|_{X \times X}^2 = \|x_n - x\|_X^2 + \|A(x_n) - z\|_X^2 \to 0 \quad (n \to \infty)$$

を満たす $(x, z) \in X \times X$ が存在するとき，$A(x) = z$ が保証されることを示せばよい．仮定から任意の $y \in X$ に対して,

$$\langle A(x_n), y \rangle_X = \langle x_n, A(y) \rangle_X \quad (n = 1, 2, \cdots)$$

となるので，内積の連続性 (補題 3.1) から,

$$\begin{aligned} \langle z, y \rangle_X &= \lim_{n \to \infty} \langle A(x_n), y \rangle_X \\ &= \lim_{n \to \infty} \langle x_n, A(y) \rangle_X \\ &= \langle x, A(y) \rangle_X \\ &= \langle A(x), y \rangle_X \end{aligned}$$

となり，特に $y = z - A(x)$ に選ぶと,

$$\langle z - A(x), z - A(x) \rangle_X = 0$$

すなわち

$$z = A(x)$$

が確かめられた. ■

4.3　バナッハ空間とヒルベルト空間の基底

有限次元ベクトル空間の基底については，線形代数の議論と何も変わらないので定義 1.5 を参照されたい．無限次元ベクトル空間の場合，線形独立な無限個のベクトルの線形結合を扱うので，どうしても極限の議論が必要となる．

定義 4.3

無限次元のバナッハ空間 $(X, \|\cdot\|)$ に可算個のベクトル $\boldsymbol{u}_j$ $(j = 1, 2, 3, \cdots)$ が存在し，どんな $\boldsymbol{x} \in X$ に対しても，

$$\boldsymbol{x} = \sum_{j=1}^{\infty} c_j \boldsymbol{u}_j \quad (c_j \in \boldsymbol{R})$$

の形に一意に表せるとき，$\mathcal{U} := \{\boldsymbol{u}_j\}_{j=1}^{\infty}$ を X の**シャウダー基底** (Schauder(1899~1943) basis) または，単に，**基底** (basis) という[5]．

補題 4.1

ヒルベルト空間 $\mathcal{H}$ の正規直交系 $\mathcal{U} = (\boldsymbol{u}_\lambda)_{\lambda \in \Lambda}$ が与えられるとき，$\{\langle \boldsymbol{x}, \boldsymbol{u}_\lambda \rangle\}_{\lambda \in \Lambda}$ を $\mathcal{U}$ に関する $\boldsymbol{x} \in \mathcal{H}$ の**フーリエ係数**という．フーリエ係数について以下の (a),(b) が成立する．

(a)　任意の $\boldsymbol{x} \in \mathcal{H}$ に対して，$\Lambda_0 := \{\lambda \in \Lambda \mid \langle \boldsymbol{x}, \boldsymbol{u}_\lambda \rangle \neq 0\}$ は高々可算集合となる．

(b)　任意の $\boldsymbol{x} \in \mathcal{H}$ に対して，高々可算個の非零なフーリエ係数をもつ級数

$$\sum_{\lambda \in \Lambda} \langle \boldsymbol{x}, \boldsymbol{u}_\lambda \rangle \boldsymbol{u}_\lambda = \sum_{\lambda \in \Lambda_0} \langle \boldsymbol{x}, \boldsymbol{u}_\lambda \rangle \boldsymbol{u}_\lambda \tag{4.9}$$

は 1 点 $\boldsymbol{x}_{\mathcal{U}} \in \mathcal{H}$ に強収束し[6]，$\boldsymbol{x}_{\mathcal{U}} := \sum_{\lambda \in \Lambda} \langle \boldsymbol{x}, \boldsymbol{u}_\lambda \rangle \boldsymbol{u}_\lambda$ は，次を満たす．

$$\|\boldsymbol{x}_{\mathcal{U}}\|^2 = \sum_{\lambda \in \Lambda} |\langle \boldsymbol{x}, \boldsymbol{u}_\lambda \rangle|^2 \tag{4.10}$$

---

[5] 表現の一意性からシャウダー基底 $\mathcal{U}$ が定義 1.4(c) の意味で線形独立であることは明らかであるが，右辺の極限の意味は，$\lim_{n\to\infty} \left\| \boldsymbol{x} - \sum_{j=1}^{n} c_j \boldsymbol{u}_j \right\| = 0$ ということであり，$\mathcal{U}$ には「線形独立なベクトルの極大系 (定義 1.5)」であることは要求していない．この意味で，シャウダー基底としての「基底」と定義 1.5 の「基底」は別の概念である．シャウダー基底を用いると，任意の $\varepsilon > 0$ に対して，ある有限な自然数 n が存在し，

$$\left\| \boldsymbol{x} - \sum_{j=1}^{n} c_j \boldsymbol{u}_j \right\| < \varepsilon$$

とできる．さらに，$\sum_{j=1}^{n} c_j \boldsymbol{u}_j$ の実係数を有理数で置き換えても任意の精度で近似できるからシャウダー基底をもつバナッハ空間は自動的に可分になる．

[6] 式 (4.9) の右辺の和は項の順番に無関係に同一の点に収束する (章末問題 5)．

【証明】 (a) 任意の $k = 1, 2, 3, \cdots$ に対して，

$$\Lambda_k := \left\{ \lambda \in \Lambda \mid |\langle \boldsymbol{x}, \boldsymbol{u}_\lambda \rangle| \geq \frac{1}{k} \right\}$$

を定義すると，$\Lambda_0 = \bigcup_{k=1}^{\infty} \Lambda_k$ となるから各 Λ_k $(k \in \boldsymbol{N})$ が有限集合となることを示せば十分である．仮に，ある自然数 p に対して Λ_p が無限集合になる状況を想定すると，相互に直交する点列 $\left(\boldsymbol{u}_{\rho(j)}\right)_{j=1}^{\infty}$ (ただし，$\rho(j) \in \Lambda_p$ $(j = 1, 2, \cdots)$) が存在し，

$$\left|\langle \boldsymbol{x}, \boldsymbol{u}_{\rho(j)} \rangle\right| \geq \frac{1}{p} \quad (j = 1, 2, 3, \cdots)$$

となる．これに，ベッセルの不等式 (性質 3.4) を用いると，任意の自然数 m に対して，

$$\frac{m}{p^2} \leq \sum_{j=1}^{m} \left|\langle \boldsymbol{x}, \boldsymbol{u}_{\rho(j)} \rangle\right|^2 \leq \|\boldsymbol{x}\|^2 < \infty$$

が成立することになり矛盾してしまう (左辺で $m \to \infty$ としてみよ)．したがって，任意の $k \in \boldsymbol{N}$ に対して Λ_k は有限集合となり，Λ_0 は高々可算な集合であることが示された．

(b) Λ_0 が有限集合の場合は明らかなので，以下，$\Lambda_0 = \{\lambda(j)\}_{j=1}^{\infty}$ と表せる場合を考える．まず，部分和 $\boldsymbol{S}_n := \sum_{j=1}^{n} \langle \boldsymbol{x}, \boldsymbol{u}_{\lambda(j)} \rangle \boldsymbol{u}_{\lambda(j)}$ $(n = 1, 2, \cdots)$ は，$m < n$ に対して，

$$\|\boldsymbol{S}_n - \boldsymbol{S}_m\|^2 = \left\| \sum_{j=m+1}^{n} \langle \boldsymbol{x}, \boldsymbol{u}_{\lambda(j)} \rangle \boldsymbol{u}_{\lambda(j)} \right\|^2 = \sum_{j=m+1}^{n} \left|\langle \boldsymbol{x}, \boldsymbol{u}_{\lambda(j)} \rangle\right|^2 \quad (4.11)$$

を満たす．ところが，ベッセルの不等式より，$\sum_{j=1}^{\infty} \left|\langle \boldsymbol{x}, \boldsymbol{u}_{\lambda(j)} \rangle\right|^2$ は有限確定値に収束するので，$m, n \to \infty$ としたとき，(4.11) の右辺は，0 に収束する．これより，$(\boldsymbol{S}_n)_{n=1}^{\infty}$ はコーシー列となり，ある点 $\boldsymbol{x}_{\mathcal{U}} \in \mathcal{H}$ に収束することがわかる．最後に (4.10) を示す．$\lim_{n\to\infty} \boldsymbol{S}_n = \boldsymbol{x}_{\mathcal{U}}$ と $\|\cdot\|^2$ の連続性より，

$$\|\boldsymbol{x}_{\mathcal{U}}\|^2 = \lim_{n\to\infty} \|\boldsymbol{S}_n\|^2 = \lim_{n\to\infty} \left(\sum_{j=1}^{n} \left|\langle \boldsymbol{x}, \boldsymbol{u}_{\lambda(j)} \rangle\right|^2 \right) = \sum_{j=1}^{\infty} \left|\langle \boldsymbol{x}, \boldsymbol{u}_{\lambda(j)} \rangle\right|^2$$

となり，確かに (4.10) が成立する．■

定理 4.6

(a) (ヒルベルト空間の極大な正規直交系) ヒルベルト空間 $\mathcal{H}$ の正規直交系 $\mathcal{U} := \{\boldsymbol{u}_\lambda\}_{\lambda \in \Lambda}$ について，以下の (i)~(iii) は等価である．

(i)　$\mathcal{U}$ が $\mathcal{H}$ の極大な正規直交系 (可算集合でなくてもよい．定義 3.7 参照) になる[7]．

(ii)　任意の $\boldsymbol{x} \in \mathcal{H}$ に対して，$\{\lambda \in \Lambda \mid \gamma_x(\lambda) \neq 0\}$ が高々可算集合となる写像 $\gamma_x : \Lambda \ni \lambda \mapsto \gamma_x(\lambda) \in \boldsymbol{R}$ を用いて，

$$\boldsymbol{x} = \sum_{\lambda \in \Lambda} \gamma_x(\lambda) \boldsymbol{u}_\lambda \quad (\text{強収束}) \tag{4.12}$$

の形に表すことができる．また，そのような写像は $\gamma_x(\lambda) = \langle \boldsymbol{x}, \boldsymbol{u}_\lambda \rangle$ $(\lambda \in \Lambda)$ に限られる．

(iii)　任意の $\boldsymbol{x} \in \mathcal{H}$ に対して，**パーセヴァル** (Parseval, 1755〜1836) **の等式**

$$\|\boldsymbol{x}\|^2 = \sum_{\lambda \in \Lambda} |\langle \boldsymbol{x}, \boldsymbol{u}_\lambda \rangle|^2 \tag{4.13}$$

が成立する．

(b)　(可分なヒルベルト空間の完全正規直交系の可算性)　可分なヒルベルト空間 $\mathcal{H}$ ではどんな正規直交系 $\mathcal{U} := \{\boldsymbol{u}_\lambda\}_{\lambda \in \Lambda}$ も高々可算個のベクトルからなる．特に，$\mathcal{U}$ が可分なヒルベルト空間 $\mathcal{H}$ の極大な正規直交系であれば，$\mathcal{U}$ を完全正規直交系[8](complete orthonormal system) という．完全正規直交系 $\mathcal{U} := \{\boldsymbol{u}_j\}_{j=1}^{\infty}$ は $\mathcal{H}$ のシャウダー基底となり，任意の $\boldsymbol{x} \in \mathcal{H}$ は

$$\boldsymbol{x} = \sum_{j=1}^{\infty} \langle \boldsymbol{x}, \boldsymbol{u}_j \rangle \boldsymbol{u}_j \quad (\text{強収束}) \tag{4.14}$$

のように一意に展開できる．(4.14) を $\boldsymbol{x}$ の**一般化フーリエ級数展開**という．

---

[7] 実は，ヒルベルト空間 $\mathcal{H}$ のどんな「極大な正規直交系」もベクトルの集合として同じ濃度をもつことが知られている．ヒルベルト空間では，線形独立なベクトルの極大系としての基底 (定義 1.5) よりもむしろ極大な正規直交系が空間の構造を明らかにしてくれる．このため，ヒルベルト空間 $\mathcal{H}$ の次元をあらためて「極大な正規直交系の濃度」として定義することがある．この意味で，$\mathcal{H}$ が可分な無限次元ヒルベルト空間であるとき，その次元は，可算無限濃度 $\aleph_0$ となる (定理 4.6(b) 参照)．例えば，2 章の**例 5**で学んだように，ヒルベルト空間 $(l^2, \langle \cdot, \cdot \rangle_2)$ は可分であるからその次元は $\aleph_0$ となる．一方，l^2 のベクトル系

$$M := \left\{ (1, t, t^2, \cdots) \mid t \in (0, 1) \right\} \subset l^2$$

は，直交系でないものの，定義 1.4(c) の意味で「線形独立なベクトル系」となっており，連続濃度 $\aleph$ をもつことに注意されたい．M に所属する有限個のベクトルの線形独立性は，**ファンデルモンド** (Vandermonde) **行列**の正則性から確認できる．

[8] 可分なヒルベルト空間の完全正規直交系は，正規直交基底 (orthonormal basis) と呼ばれることも多い．

【証明】 (a) ((i)⇒(ii) の証明) 補題 4.1 より，任意の $\boldsymbol{x} \in \mathcal{H}$ に対して，

$$\boldsymbol{x}_{\mathcal{U}} = \sum_{\lambda \in \varLambda} \langle \boldsymbol{x}, \boldsymbol{u}_\lambda \rangle \boldsymbol{u}_\lambda \in \mathcal{H} \quad (\text{強収束})$$

となるので，任意の $\boldsymbol{u}_\tau$ $(\tau \in \varLambda)$ に対して

$$\begin{aligned}\langle \boldsymbol{x} - \boldsymbol{x}_{\mathcal{U}}, \boldsymbol{u}_\tau \rangle &= \langle \boldsymbol{x}, \boldsymbol{u}_\tau \rangle - \sum_{\lambda \in \varLambda} \langle \boldsymbol{x}, \boldsymbol{u}_\lambda \rangle \langle \boldsymbol{u}_\lambda, \boldsymbol{u}_\tau \rangle \\ &= \langle \boldsymbol{x}, \boldsymbol{u}_\tau \rangle - \langle \boldsymbol{x}, \boldsymbol{u}_\tau \rangle = 0\end{aligned}$$

となり[9)]，「$(\boldsymbol{x} - \boldsymbol{x}_{\mathcal{U}}) \perp \mathcal{U}$」を得る．ところが，$\mathcal{U}$ は $\mathcal{H}$ の極大な直交系であるから $\boldsymbol{x} = \boldsymbol{x}_{\mathcal{U}}$ でなければならない．これより，特に「$\gamma_x(\lambda) := \langle \boldsymbol{x}, \boldsymbol{u}_\lambda \rangle$ $(\forall \lambda \in \varLambda)$」とおくことにより (4.12) が成立していることがわかる．一方，新しい写像 $\gamma'_x : \varLambda \ni \lambda \mapsto \gamma'_x(\lambda) \in \boldsymbol{R}$ についても $\{\lambda \in \varLambda \mid \gamma'_x(\lambda) \neq 0\}$ が高々可算集合でかつ $\boldsymbol{x} = \sum_{\lambda \in \varLambda} \gamma'_x(\lambda) \boldsymbol{u}_\lambda$(強収束) の形に表せるとすれば，

$$\begin{aligned}\gamma_x(\tau) &= \langle \boldsymbol{x}, \boldsymbol{u}_\tau \rangle \\ &= \left\langle \sum_{\lambda \in \varLambda} \gamma'_x(\lambda) \boldsymbol{u}_\lambda, \boldsymbol{u}_\tau \right\rangle \\ &= \gamma'_x(\tau) \quad (\forall \tau \in \varLambda)\end{aligned}$$

となるから，(4.12) の表現の一意性も確かめられた．

((ii)⇒(iii) の証明) 任意の $\boldsymbol{x} \in \mathcal{H}$ に対して $\boldsymbol{x} = \boldsymbol{x}_{\mathcal{U}}$ となるので，補題 4.1 より，(4.13) の成立は明らか．

((iii)⇒(i) の証明) $\mathcal{U}$ が極大な正規直交系でなければ，「$\langle \boldsymbol{v}, \boldsymbol{u}_\lambda \rangle = 0$ $(\forall \lambda \in \varLambda)$」となる $\boldsymbol{v}(\neq \boldsymbol{0})$ が存在し，パーセヴァルの等式より，

$$0 \neq \|\boldsymbol{v}\|^2 = \sum_{\lambda \in \varLambda} |\langle \boldsymbol{v}, \boldsymbol{u}_\lambda \rangle|^2 = 0$$

となり矛盾する．

(b) $\mathcal{H}$ が可分なとき，稠密な可算部分集合 $\mathcal{D} := \{\boldsymbol{v}_1, \boldsymbol{v}_2, \cdots\}$ が存在することに注意する．このとき，任意の正規直交系 $\mathcal{U} := \{\boldsymbol{u}_\lambda\}_{\lambda \in \varLambda} \subset \mathcal{H}$ について，

$$\left\| \boldsymbol{u}_\lambda - \boldsymbol{v}_{\rho(\lambda)} \right\| < \frac{\sqrt{2}}{2} \quad (\forall \lambda \in \varLambda)$$

となる写像 $\rho : \varLambda \to \boldsymbol{N}$ が定義できる．この写像が 1 対 1 写像になることを示せば，$\mathcal{U}$ が高々可算集合であることがわかる．そこで，ある $\lambda_1, \lambda_2 \in \varLambda$ に

9) この展開は，内積の連続性 (補題 3.1) を使って正当化されることに注意．

ついて，

$$\lambda_1 \neq \lambda_2 \text{ かつ } \rho(\lambda_1) = \rho(\lambda_2)$$

となることを仮定し矛盾を導く．実際に

$$\|\boldsymbol{u}_{\lambda_1} - \boldsymbol{u}_{\lambda_2}\|^2 = \|\boldsymbol{u}_{\lambda_1}\|^2 + \|\boldsymbol{u}_{\lambda_2}\|^2 = 2$$

より，

$$\begin{aligned}\sqrt{2} &= \|\boldsymbol{u}_{\lambda_1} - \boldsymbol{u}_{\lambda_2}\| \\ &\leq \left\|\boldsymbol{u}_{\lambda_1} - \boldsymbol{v}_{\rho(\lambda_1)}\right\| + \left\|\boldsymbol{v}_{\rho(\lambda_2)} - \boldsymbol{u}_{\lambda_2}\right\| \\ &< \frac{\sqrt{2}}{2} + \frac{\sqrt{2}}{2} = \sqrt{2}\end{aligned}$$

となり確かに矛盾している．残りの主張は，(a) の結果とシャウダー基底の定義より明らか． ■

定理 4.7 (可分なヒルベルト空間と完全正規直交系)

(a) 無限次元のヒルベルト空間 $\mathcal{H}$ について，以下の (i),(ii) は等価である．

(i) $\mathcal{H}$ は可分．

(ii) $\mathcal{H}$ は可算個のベクトルからなる極大な正規直交系をもつ．

特に (i)⇒(ii) から，すべての可分なヒルベルト空間は完全正規直交系をもつことがわかる．

(b) 可分な (無限次元) ヒルベルト空間 $\mathcal{H}$ は，$\left(l^2, \langle\cdot,\cdot\rangle_2\right)$(本章の **例 1** (b) 参照) と同型である．すなわち，全単射となる線形写像 $\varPhi : \mathcal{H} \to l^2$ が存在し，任意の $\boldsymbol{x}, \boldsymbol{y} \in \mathcal{H}$ に対して，次が成立する．

$$\langle \boldsymbol{x}, \boldsymbol{y} \rangle = \langle \varPhi(\boldsymbol{x}), \varPhi(\boldsymbol{y}) \rangle_2 \quad (\forall \boldsymbol{x}, \boldsymbol{y} \in \mathcal{H})$$

【証明】 (a) ((i)⇒(ii) の証明) $\mathcal{H}$ の稠密な可算集合 $\mathcal{D} = \{\boldsymbol{v}_1, \boldsymbol{v}_2, \cdots\}$ を先頭から適当に間引くことにより，任意の $m \in \boldsymbol{N}$ に対して，

$$\mathrm{span}\{\boldsymbol{v}_1, \boldsymbol{v}_2, \cdots, \boldsymbol{v}_m\} = \mathrm{span}\{\boldsymbol{v}_{\rho(1)}, \boldsymbol{v}_{\rho(2)}, \cdots, \boldsymbol{v}_{\rho(m')}\} \quad (\exists m' \leq m)$$

となる線形独立なベクトル系 $\{\boldsymbol{v}_{\rho(k)}\}_{k=1}^{\infty}$ を得るので，これにグラム・シュミット (Gram, 1850～1916；Schmidt, 1876～1959) の直交化法 (性質 3.4) を適用して，正規直交系 $\mathcal{U} := \{\boldsymbol{u}_k\}_{k=1}^{\infty}$ が構成できる．以下，$\mathcal{U}$ の極大性を示すために，$\boldsymbol{y} \perp \mathcal{U}$ となる $\boldsymbol{y}(\neq \boldsymbol{0})$ の存在を仮定し，矛盾を導く．まず，明らかに，$\boldsymbol{y} \perp \mathcal{D}$ となることに注意しておく．また，稠密性より，$\mathcal{D}$ の点で構成される点列 $(\boldsymbol{v}_{\nu(k)})_{k=1}^{\infty}$ で $\lim_{k\to\infty} \boldsymbol{v}_{\nu(k)} = \boldsymbol{y}$ となるものが存在する．ところが，

$$\begin{aligned} 0 &< \|\boldsymbol{y}\|^2 \\ &= \left\langle \boldsymbol{y}, \lim_{k\to\infty} \boldsymbol{v}_{\nu(k)} \right\rangle \\ &= \lim_{k\to\infty} \langle \boldsymbol{y}, \boldsymbol{v}_{\nu(k)} \rangle = 0 \end{aligned}$$

となり矛盾する．これより，$\mathcal{U}$ が極大な正規直交系であることが確かめられた．

((ii)⇒(i) の証明) $\mathcal{H}$ が可算個のベクトルからなる極大な正規直交系 $\mathcal{U} := \{\boldsymbol{u}_k\}_{k=1}^{\infty}$ をもつことを利用し，有理数を係数とする $\mathcal{U}$ の有限個のベクトルの線形結合全体の集合 E を定義すると，E は可算集合になることは明らか．以下，E が $\mathcal{H}$ の稠密な部分集合になることを示す．定理 4.6(a) より，任意の $\boldsymbol{x} \in \mathcal{H}$ と任意の $\varepsilon > 0$ に対して十分大きな $m \in \boldsymbol{N}$ が存在し，

$$\left\| \boldsymbol{x} - \sum_{j=1}^{m} \langle \boldsymbol{x}, \boldsymbol{u}_j \rangle \boldsymbol{u}_j \right\| < \frac{\varepsilon}{2}$$

とできる．また，実数 $\langle \boldsymbol{x}, \boldsymbol{u}_j \rangle$ $(j = 1, 2, \cdots, m)$ はいくらでも精密に有理数 $c_j \in \boldsymbol{Q}$ で近似できるから，

$$\left\| \sum_{j=1}^{m} (\langle \boldsymbol{x}, \boldsymbol{u}_j \rangle - c_j)\, \boldsymbol{u}_j \right\| < \frac{\varepsilon}{2}$$

とすることも可能である．したがって，$\boldsymbol{v} := \sum_{j=1}^{m} c_j \boldsymbol{u}_j \in E$ は，$\|\boldsymbol{x} - \boldsymbol{v}\| < \varepsilon$ を満たすことがわかり，E の稠密性が示された．

(b) (a) より，$\mathcal{H}$ は可算個のベクトルからなる完全正規直交系 $\mathcal{U} := \{\boldsymbol{u}_j\}_{j=1}^{\infty}$ をもち，定理 4.6(a)–(ii) より，任意の $\boldsymbol{x} \in \mathcal{H}$ が

$$\boldsymbol{x} = \sum_{j=1}^{\infty} \langle \boldsymbol{x}, \boldsymbol{u}_j \rangle \boldsymbol{u}_j \tag{4.15}$$

のように右辺の級数の強収束極限値として一意に表せることに注意する．また，定理 4.6(a)–(iii) から単射な写像 $\varPhi : \mathcal{H} \to l^2$

$$\varPhi(\boldsymbol{x}) := (\langle \boldsymbol{x}, \boldsymbol{u}_j \rangle)_{j=1}^{\infty} \in l^2$$

が定義できる．実は，任意の $(c_j)_{j=1}^{\infty} \in l^2$ に対して，

$$\boldsymbol{v} := \lim_{n\to\infty} \sum_{j=1}^{n} c_j \boldsymbol{u}_j \in \mathcal{H}$$

が保証され (補題 4.1(b) の証明と同様に確認できる)，さらに，定理 4.6(a)–(ii)

から，$\Phi(\boldsymbol{v}) = (c_j)_{j=1}^{\infty}$ が成立するから，$\Phi : \mathcal{H} \to l^2$ は全単射でもある．一方，式 (4.15) の展開の一意性から，

$$\Phi(\alpha \boldsymbol{x} + \beta \boldsymbol{y}) = \alpha \Phi(\boldsymbol{x}) + \beta \Phi(\boldsymbol{y}) \quad (\forall \boldsymbol{x}, \boldsymbol{y} \in \mathcal{H}, \quad \forall \alpha, \beta \in \boldsymbol{R})$$

も成立するので，Φ は線形写像になることが確かめられる．さらに，内積の連続性と $\mathcal{U}$ の正規直交性を利用すれば，任意の $\boldsymbol{x}, \boldsymbol{y} \in \mathcal{H}$ に対して，

$$\begin{aligned}
\langle \boldsymbol{x}, \boldsymbol{y} \rangle &= \lim_{n \to \infty} \left\langle \sum_{j=1}^{n} \langle \boldsymbol{x}, \boldsymbol{u}_j \rangle \boldsymbol{u}_j, \sum_{j=1}^{n} \langle \boldsymbol{y}, \boldsymbol{u}_j \rangle \boldsymbol{u}_j \right\rangle \\
&= \lim_{n \to \infty} \sum_{j=1}^{n} \langle \boldsymbol{x}, \boldsymbol{u}_j \rangle \langle \boldsymbol{y}, \boldsymbol{u}_j \rangle \\
&= \langle \Phi(\boldsymbol{x}), \Phi(\boldsymbol{y}) \rangle_2
\end{aligned}$$

となり，Φ によって内積の値が保存されることも確認できる． ■

例 2 **(ヒルベルト空間の完全正規直交系の例)** (a) 可算個の数列 $\boldsymbol{u}_n := (u_k^{(n)})_{k=1}^{\infty}$ $(n = 1, 2, 3, \cdots)$ を

$$u_k^{(n)} = \delta_{|k-n|} := \begin{cases} 1 & (k = n) \\ 0 & (k \neq n) \end{cases}$$

によって定義すると，$\mathcal{U} := \{\boldsymbol{u}_n\}_{n=1}^{\infty}$ はヒルベルト空間 l^2 の正規直交系であることは明らか．さらに，任意の $\boldsymbol{x} := (x_1, x_2, \cdots) \in l^2$ に対して「$\langle \boldsymbol{x}, \boldsymbol{u}_n \rangle = x_n$ $(n = 1, 2, \cdots)$」となるので，パーセヴァルの等式

$$\|\boldsymbol{x}\|^2 = \sum_{k=1}^{\infty} |x_k|^2 = \sum_{k=1}^{\infty} |\langle \boldsymbol{x}, \boldsymbol{u}_k \rangle|^2$$

も成立し，$\mathcal{U}$ が l^2 の完全正規直交系になることがわかる．

(b) 可算個の関数 $u_k(t) := \sqrt{2} \sin k\pi t$ $(k = 1, 2, \cdots)$ がヒルベルト空間 $L^2([0,1])$ の正規直交系 $\mathcal{U} := \{u_k\}_{k=1}^{\infty}$ を構成することは容易に確かめられる．実は，$\mathcal{U}$ は $L^2([0,1])$ の完全正規直交系になることが知られている．したがって，任意の $x \in L^2([0,1])$ は，

$$\begin{aligned}
&\left\| x - \sum_{k=1}^{m} \langle x, u_k \rangle u_k \right\|^2 \\
&= \int_0^1 \left| x(t) - \sum_{k=1}^{m} \left(\int_0^1 x(\tau) \sqrt{2} \sin k\pi\tau d\tau \right) \sqrt{2} \sin k\pi t \right|^2 dt
\end{aligned}$$

$$\to 0 \quad (m \to \infty)$$

の意味で

$$x = \sum_{k=1}^{\infty} \langle x, u_k \rangle u_k$$

すなわち,

$$x(t) = \sum_{k=1}^{\infty} 2 \left(\int_0^1 x(\tau) \sin k\pi\tau d\tau \right) \sin k\pi t \tag{4.16}$$

が成立している．式 (4.16) は $x(t)$ の正弦フーリエ級数展開にほかならない．

(c) 区間 $[-1, 1]$ 上で定義された三角関数系

$$\left\{ \frac{1}{\sqrt{2}} \right\} \cup \{\cos k\pi t\}_{k=1}^{\infty} \cup \{\sin k\pi t\}_{k=1}^{\infty}$$

はヒルベルト空間 $L^2([-1, 1])$ の完全正規直交系になることが知られている．したがって，任意の $x \in L^2([-1, 1])$ は，

$$\int_{-1}^{1} \left| x(t) - \left\{ \frac{1}{2} \int_{-1}^{1} x(\tau) d\tau + \sum_{k=1}^{m} \left(\int_{-1}^{1} x(\tau) \cos k\pi\tau d\tau \right) \cos k\pi t \right.\right.$$
$$\left.\left. + \sum_{k=1}^{m} \left(\int_{-1}^{1} x(\tau) \sin k\pi\tau d\tau \right) \sin k\pi t \right\} \right|^2 dt$$

$$\to 0 \quad (m \to \infty)$$

の意味で

$$x(t) = \frac{1}{2} \int_{-1}^{1} x(\tau) d\tau + \sum_{k=1}^{\infty} \left\{ \left(\int_{-1}^{1} x(\tau) \cos k\pi\tau d\tau \right) \cos k\pi t \right.$$
$$\left. + \left(\int_{-1}^{1} x(\tau) \sin k\pi\tau d\tau \right) \sin k\pi t \right\} \tag{4.17}$$

が成立している．式 (4.17) は $x(t)$ のフーリエ級数展開にほかならない．

(d) 閉区間 $[-1, 1]$ 上で定義された関数列

$$\phi_n(t) := \sqrt{\frac{2n+1}{2}} \left\{ \frac{1}{2^n n!} \frac{d^n}{dt^n} (t^2 - 1)^n \right\} \quad (n = 0, 1, 2, \cdots)$$

はヒルベルト空間 $L^2([-1, 1])$ の完全正規直交系になることが知られている．関数

$$P_n(t) := \frac{1}{2^n n!} \frac{d^n}{dt^n} (t^2 - 1)^n$$

は次数 n の**ルジャンドル** (Legendre, 1752〜1833) **多項式**と呼ばれており，次の微分方程式を満たす．

$$(1-t^2)\frac{d^2}{dt^2}P_n(t)-2t\frac{d}{dt}P_n(t)+n(n+1)P_n(t)=0$$

(e)　実数全体 $(-\infty,\infty)$ で定義された関数列

$$\phi_n(t):=\left(2^n n!\sqrt{\pi}\right)^{-1/2}e^{-t^2/2}\left\{(-1)^n e^{t^2}\frac{d^n}{dt^n}\left(e^{-t^2}\right)\right\}\quad(n=0,1,2,\cdots)$$

はヒルベルト空間 $L^2(-\infty,\infty)$ の完全正規直交系になることが知られている．関数

$$H_n(t):=(-1)^n e^{t^2}\frac{d^n}{dt^n}\left(e^{-t^2}\right)$$

は次数 n の**エルミート** (Hermite, 1822〜1901) **多項式**と呼ばれており，次の微分方程式を満たす．

$$\frac{d^2}{dt^2}H_n(t)-2t\frac{d}{dt}H_n(t)+2nH_n(t)=0$$

(f)　区間 $[0,\infty)$ で定義された関数列

$$\phi_n(t):=e^{-t/2}\left\{\frac{e^t}{n!}\frac{d^n}{dt^n}\left(e^{-t}t^n\right)\right\}\quad(n=0,1,2,\cdots)$$

はヒルベルト空間 $L^2([0,\infty))$ の完全正規直交系になることが知られている．関数

$$L_n(t):=\frac{e^t}{n!}\frac{d^n}{dt^n}\left(e^{-t}t^n\right)$$

は次数 n の**ラゲール** (Laguerre, 1834〜1886) **多項式**と呼ばれており，次の微分方程式を満たす．

$$t\frac{d^2}{dt^2}L_n(t)+(1-t)\frac{d}{dt}L_n(t)+nL_n(t)=0$$

□

4.4 ヒルベルト空間における2つの収束

無限次元空間では点列の(強)収束性を議論することは必ずしも容易でない．このため，強収束の一歩手前の議論(弱収束性の議論)に置き換えられることが多い．以下，ヒルベルト空間 $\mathcal{H}$ の弱収束性に関する基本的な性質をまとめておく．

定義 4.4 (ヒルベルト空間における弱収束)

ヒルベルト空間 $\mathcal{H}$ の点列 $(\boldsymbol{x}_n)_{n=1}^{\infty}$ とある点 $\boldsymbol{x} \in \mathcal{H}$ について，「任意に固定された $\boldsymbol{y} \in \mathcal{H}$ に対して[10)]，$\lim_{n\to\infty} \langle \boldsymbol{x}_n - \boldsymbol{x}, \boldsymbol{y} \rangle = 0$」となるとき，$(\boldsymbol{x}_n)_{n=1}^{\infty}$ は $\boldsymbol{x}$ に**弱収束**するといい，$\boldsymbol{x}_n \rightharpoonup \boldsymbol{x}$ で表す[11)]．$\boldsymbol{x}$ を $(\boldsymbol{x}_n)_{n=1}^{\infty}$ の弱極限と呼ぶ．

定理 4.8

ヒルベルト空間 $\mathcal{H}$ の点列 $(\boldsymbol{x}_n)_{n=1}^{\infty}$ について以下が成立する．

(a) (弱極限の一意性) $\boldsymbol{x}_n \rightharpoonup \boldsymbol{x} \in \mathcal{H}$, $\boldsymbol{x}_n \rightharpoonup \boldsymbol{y} \in \mathcal{H}$ ならば，$\boldsymbol{x} = \boldsymbol{y}$ となる．

(b) (強収束と弱収束 1) $\boldsymbol{x}_n \to \boldsymbol{x} \in \mathcal{H}$ ならば，$\boldsymbol{x}_n \rightharpoonup \boldsymbol{x}$ となる．

(c) (強収束と弱収束 2) $\mathcal{H}$ が有限次元である場合，$\boldsymbol{x}_n \rightharpoonup \boldsymbol{x} \in \mathcal{H}$ ならば $\boldsymbol{x}_n \to \boldsymbol{x}$ となる．

(d) (強収束と弱収束 3) $\boldsymbol{x}_n \rightharpoonup \boldsymbol{x} \in \mathcal{H}$, $\lim_{n\to\infty} \|\boldsymbol{x}_n\| = \|\boldsymbol{x}\|$ となるとき，$\boldsymbol{x}_n \to \boldsymbol{x}$ となる．

(e) (弱収束点列の有界性) $\boldsymbol{x}_n \rightharpoonup \boldsymbol{x} \in \mathcal{H}$ ならば，点列 $(\boldsymbol{x}_n)_{n=1}^{\infty}$ は有界である．

(f) (Opial の補題) $\boldsymbol{x}_n \rightharpoonup \boldsymbol{x} \in \mathcal{H}$ ならば，任意の $\boldsymbol{z} \in \mathcal{H} \setminus \{\boldsymbol{x}\}$ に対して

$$\liminf_{n\to\infty} \|\boldsymbol{x}_n - \boldsymbol{x}\| < \liminf_{n\to\infty} \|\boldsymbol{x}_n - \boldsymbol{z}\| \tag{4.18}$$

となる．

【証明】 (a) $\boldsymbol{x}_n \rightharpoonup \boldsymbol{x}$, $\boldsymbol{x}_n \rightharpoonup \boldsymbol{y}$ より，

$$\lim_{n\to\infty} \langle \boldsymbol{x}_n, \boldsymbol{z} \rangle = \langle \boldsymbol{x}, \boldsymbol{z} \rangle \quad (\forall \boldsymbol{z} \in \mathcal{H})$$

と

$$\lim_{n\to\infty} \langle \boldsymbol{x}_n, \boldsymbol{z} \rangle = \langle \boldsymbol{y}, \boldsymbol{z} \rangle \quad (\forall \boldsymbol{z} \in \mathcal{H})$$

---

10) n が動いても $\boldsymbol{y}$ は固定されることに注意．

11) $\boldsymbol{y}$ として単位ベクトル $\boldsymbol{e} \in \mathcal{H}$ をとってくると，$\langle \boldsymbol{x}_n - \boldsymbol{x}, \boldsymbol{e} \rangle$ $(n = 1, 2, 3, \cdots)$ は，「$\boldsymbol{x}_n - \boldsymbol{x}$ の $\boldsymbol{e}$ 方向の座標成分」にほかならない．したがって「$\boldsymbol{x}_n \rightharpoonup \boldsymbol{x}$」であれば，どの座標成分でみても $\boldsymbol{x}_n$ が $\boldsymbol{x}$ に収束しているようにみえる．ただ，後述の**例 3** からわかるように弱収束しても強収束しない例はいくらでもある．「"$\rightharpoonup$" という記号」には「個々の座標成分の収束は保証できるが，残念ながら強収束の保証がない」という気持ちが込められているようにみえる．

が成立するので，実数列 $(\langle \boldsymbol{x}_n, \boldsymbol{z} \rangle)_{n=1}^{\infty}$ の極限値の一意性より，

$$\langle \boldsymbol{x}, \boldsymbol{z} \rangle = \langle \boldsymbol{y}, \boldsymbol{z} \rangle \quad (\forall \boldsymbol{z} \in \mathcal{H})$$

ここで，特に $\boldsymbol{z} := \boldsymbol{x} - \boldsymbol{y}$ とすれば，$\langle \boldsymbol{x} - \boldsymbol{y}, \boldsymbol{x} - \boldsymbol{y} \rangle = \|\boldsymbol{x} - \boldsymbol{y}\|^2 = 0$ を得るから，$\boldsymbol{x} = \boldsymbol{y}$ でなければならない．

(b)　コーシー・シュワルツの不等式から任意に固定された $\boldsymbol{y} \in \mathcal{H}$ に対して

$$|\langle \boldsymbol{x}_n - \boldsymbol{x}, \boldsymbol{y} \rangle| \leq \|\boldsymbol{x}_n - \boldsymbol{x}\| \|\boldsymbol{y}\|$$

が成立するので，$\boldsymbol{x}_n \to \boldsymbol{x} (\Leftrightarrow \lim_{n \to \infty} \|\boldsymbol{x}_n - \boldsymbol{x}\| = 0)$ のとき，

$$\lim_{n \to \infty} |\langle \boldsymbol{x}_n - \boldsymbol{x}, \boldsymbol{y} \rangle| = 0$$

が成立する．

(c)　$\mathcal{H}$ の次元は $m < \infty$ であり，その正規直交基底を $\{\boldsymbol{e}_1, \boldsymbol{e}_2, \cdots, \boldsymbol{e}_m\}$ としても一般性を失わない．いま，$\boldsymbol{x}_n \rightharpoonup \boldsymbol{x}$ であるとし，各 $\boldsymbol{x}_n$ $(n = 1, 2, \cdots)$ と $\boldsymbol{x}$ を

$$\boldsymbol{x}_n = \langle \boldsymbol{x}_n, \boldsymbol{e}_1 \rangle \boldsymbol{e}_1 + \cdots + \langle \boldsymbol{x}_n, \boldsymbol{e}_m \rangle \boldsymbol{e}_m \quad (n = 1, 2, \cdots)$$
$$\boldsymbol{x} = \langle \boldsymbol{x}, \boldsymbol{e}_1 \rangle \boldsymbol{e}_1 + \cdots + \langle \boldsymbol{x}, \boldsymbol{e}_m \rangle \boldsymbol{e}_m$$

のように表しておく．点列 $(\boldsymbol{x}_n)$ の弱収束性から，

$$\lim_{n \to \infty} \langle \boldsymbol{x}_n - \boldsymbol{x}, \boldsymbol{e}_k \rangle = 0 \quad (k = 1, 2, \cdots, m)$$

が成立するので，これを自明な関係 (有限次元の場合のパーセヴァルの等式)

$$\|\boldsymbol{x}_n - \boldsymbol{x}\|^2 = \sum_{k=1}^{m} |\langle \boldsymbol{x}_n - \boldsymbol{x}, \boldsymbol{e}_k \rangle|^2 \tag{4.19}$$

に適用して，$\lim_{n \to \infty} \|\boldsymbol{x}_n - \boldsymbol{x}\| = 0$ ($\boldsymbol{x}$ への強収束性) を得る ($m < \infty$ であるから 式 (4.19) から最後の結論が導かれていることに注意されたい)．

(d)
$$\begin{aligned}\|\boldsymbol{x}_n - \boldsymbol{x}\|^2 &= \|\boldsymbol{x}_n\|^2 + \|\boldsymbol{x}\|^2 - 2\langle \boldsymbol{x}_n, \boldsymbol{x} \rangle \\ &= \|\boldsymbol{x}_n\|^2 + \|\boldsymbol{x}\|^2 - 2\left(\langle \boldsymbol{x}_n - \boldsymbol{x}, \boldsymbol{x} \rangle + \langle \boldsymbol{x}, \boldsymbol{x} \rangle\right) \\ &\to 2\|\boldsymbol{x}\|^2 - 2\|\boldsymbol{x}\|^2 = 0 \quad (n \to \infty)\end{aligned}$$

となることから明らか．

(e)　点列 $(\boldsymbol{x}_n)_{n=1}^{\infty}$ が

$$\lim_{n \to \infty} \langle \boldsymbol{x}_n - \boldsymbol{x}, \boldsymbol{y} \rangle = 0 \quad (\forall \boldsymbol{y} \in \mathcal{H})$$

となるとき，3 章の **例 1** を思い出せば，有界線形汎関数の列「$J_{\boldsymbol{x}_n} : \mathcal{H} \to \boldsymbol{R}$, $\boldsymbol{y} \mapsto \langle \boldsymbol{x}_n, \boldsymbol{y} \rangle$ $(n = 1, 2, 3, \cdots)$」が

$$\|J_{\boldsymbol{x}_n}\| = \|\boldsymbol{x}_n\| \quad (n = 1, 2, \cdots)$$

と

$$\lim_{n \to \infty} J_{\boldsymbol{x}_n}(\boldsymbol{y}) = J_{\boldsymbol{x}}(\boldsymbol{y}) \quad (\forall \boldsymbol{y} \in \mathcal{H})$$

を満足するので，定理 4.3 (バナッハ・シュタインハウスの定理) より，$(\|J_{\boldsymbol{x}_n}\|)_{n=1}^{\infty}$，すなわち，$(\|\boldsymbol{x}_n\|)_{n=1}^{\infty}$ は有界となる．

(f)
$$\begin{aligned}\|\boldsymbol{x}_n-\boldsymbol{z}\|^2&=\|\boldsymbol{x}_n-\boldsymbol{x}+\boldsymbol{x}-\boldsymbol{z}\|^2\\&=\|\boldsymbol{x}_n-\boldsymbol{x}\|^2+\|\boldsymbol{x}-\boldsymbol{z}\|^2+2\langle\boldsymbol{x}_n-\boldsymbol{x},\boldsymbol{x}-\boldsymbol{z}\rangle\end{aligned}$$

の両辺の下極限をとると[12)]，

$$\begin{aligned}\liminf_{n\to\infty}\|\boldsymbol{x}_n-\boldsymbol{z}\|^2&\geq\liminf_{n\to\infty}\|\boldsymbol{x}_n-\boldsymbol{x}\|^2+\|\boldsymbol{x}-\boldsymbol{z}\|^2\\&\quad+\liminf_{n\to\infty}2\langle\boldsymbol{x}_n-\boldsymbol{x},\boldsymbol{x}-\boldsymbol{z}\rangle\\&=\liminf_{n\to\infty}\|\boldsymbol{x}_n-\boldsymbol{x}\|^2+\|\boldsymbol{x}-\boldsymbol{z}\|^2\\&>\liminf_{n\to\infty}\|\boldsymbol{x}_n-\boldsymbol{x}\|^2\end{aligned}\tag{4.20}$$

が成立する．■

例 3 **(強収束しない弱収束点列)**　2 乗総和可能な実数列の全体からなるヒルベルト空間 l^2 (本章の **例 1** 参照) において点列 $(\boldsymbol{e}_n)_{n=1}^{\infty}$ は

$$\boldsymbol{e}_n:=(0,0,\cdots,0,1,0,\cdots)\quad[\text{注：第 } n \text{ 成分だけに } 1 \text{ が現れる}]$$

で与えられると仮定する．明らかに任意の $\boldsymbol{y}\in l^2$ に対して，

$$\|\boldsymbol{y}\|^2=\sum_{n=1}^{\infty}|\langle\boldsymbol{y},\boldsymbol{e}_n\rangle|^2<\infty$$

となるので収束級数の基本的な性質から，

$$\lim_{n\to\infty}\langle\boldsymbol{y},\boldsymbol{e}_n\rangle=0=\langle\boldsymbol{y},\boldsymbol{0}\rangle$$

すなわち，$\boldsymbol{e}_n\rightharpoonup\boldsymbol{0}$ であることがわかる．ところが，

$$\|\boldsymbol{e}_n-\boldsymbol{0}\|=\|\boldsymbol{e}_n\|=1\quad(n=1,2,\cdots)$$

から $(\boldsymbol{e}_n)_{n=1}^{\infty}$ は $\boldsymbol{0}$ に強収束しない．もっとも $(\boldsymbol{e}_n)_{n=1}^{\infty}$ は $n\neq m$ である限り，$\|\boldsymbol{e}_n-\boldsymbol{e}_m\|=\sqrt{2}$ となるからコーシー列にならず，どこにも強収束しない．なお，$S:=\{\boldsymbol{x}\in l^2\mid\|\boldsymbol{x}\|=1\}$ は l^2 の有界閉集合であるが，S に定義された点列 $(\boldsymbol{e}_n)_{n=1}^{\infty}$ は，収束する部分列をもたない．したがって，S は l^2 で点列コンパクト ($\Leftrightarrow$ コンパクト) でないことにも注意されたい (定理 2.3 参照)．□

---

12) 下極限の定義 (定義 1.2) から，2 つの実数列 $(a_n)_{n\in\boldsymbol{N}}$ と $(b_n)_{n\in\boldsymbol{N}}$ について，

$$\liminf_{n\to\infty}(a_n+b_n)\geq\liminf_{n\to\infty}a_n+\liminf_{n\to\infty}b_n$$

となることが容易に確認できる (上極限の場合についてはどうか)．式 (4.20) の第 1 の不等号はこの事実によっている．

4章の問題

□**1** ヒルベルト空間 $\mathcal{H}$ に内積 $\langle \boldsymbol{x}, \boldsymbol{y} \rangle$ $(\forall \boldsymbol{x}, \boldsymbol{y} \in \mathcal{H})$ とノルム $\|\boldsymbol{x}\| := \sqrt{\langle \boldsymbol{x}, \boldsymbol{x} \rangle}$ $(\forall \boldsymbol{x} \in \mathcal{H})$ が定義されている状況を考えよう．有界線形写像 $Q : \mathcal{H} \to \mathcal{H}$ が，「(i) $\langle Q(\boldsymbol{x}), \boldsymbol{y} \rangle = \langle \boldsymbol{x}, Q(\boldsymbol{y}) \rangle$ $(\forall \boldsymbol{x}, \boldsymbol{y} \in \mathcal{H})$」,「(ii) ある $\kappa > 0$ が存在し，$\langle \boldsymbol{x}, Q(\boldsymbol{x}) \rangle \geq \kappa \|\boldsymbol{x}\|^2$ $(\forall \boldsymbol{x} \in \mathcal{H})$」を満たすとき，新しく定義される量 $\langle \boldsymbol{x}, \boldsymbol{y} \rangle_Q := \langle \boldsymbol{x}, Q(\boldsymbol{y}) \rangle$ $(\boldsymbol{x}, \forall \boldsymbol{y} \in \mathcal{H})$ について以下に答えよ．

(a) $\langle \cdot, \cdot \rangle_Q$ がベクトル空間 $\mathcal{H}$ の (新しい) 内積になることを示せ．

(b) $\|\boldsymbol{x}\|_Q := \sqrt{\langle \boldsymbol{x}, \boldsymbol{x} \rangle_Q}$ $(\boldsymbol{x} \in \mathcal{H})$ とするとき，内積空間 $(\mathcal{H}, \langle \cdot, \cdot \rangle_Q)$ がヒルベルト空間になることを示せ．

□**2** バナッハ空間 $(X, \|\cdot\|_X)$ とバナッハ空間 $(Y, \|\cdot\|_Y)$ が与えられるとき，

(a) 直積集合 $X \times Y := \{(x, y) \mid x \in X, y \in Y\}$ に自然な加算とスカラー倍

$$(x_1, y_1) + (x_2, y_2) := (x_1 + x_2, y_1 + y_2) \quad (\forall (x_1, y_1), (x_2, y_2) \in X \times Y)$$

$$\alpha(x_1, y_1) := (\alpha x_1, \alpha y_1) \quad (\forall (x_1, y_1) \in X \times Y, \alpha \in \boldsymbol{R})$$

を定義すると $X \times Y$ がベクトル空間となることを示せ．

(b) 任意の $(x, y) \in X \times Y$ に対して，

$$\|(x, y)\| := \|x\|_X + \|y\|_Y$$

を定義すると，$(X \times Y, \|\cdot\|)$ はバナッハ空間になることを示せ．

(c) ノルム $\|\cdot\|_X$, $\|\cdot\|_Y$ が各々内積 $\langle \cdot, \cdot \rangle_X$, $\langle \cdot, \cdot \rangle_Y$ から誘導されるとき，

$$\langle (x_1, y_1), (x_2, y_2) \rangle := \langle x_1, x_2 \rangle_X + \langle y_1, y_2 \rangle_Y$$

を定義すると $X \times Y$ の内積となり，$(X \times Y, \langle \cdot, \cdot \rangle)$ はヒルベルト空間になることを示せ．

□**3** (バナッハ空間の特徴づけ)　ノルム空間 $(X, \|\cdot\|)$ について以下の 2 つは等価であることを示せ．

(a) ノルム空間 $(X, \|\cdot\|)$ が完備 (つまり，$(X, \|\cdot\|)$ はバナッハ空間)．

(b) $\sum_{n=1}^{\infty} \|\boldsymbol{x}_n\| < \infty$ となる任意の $\boldsymbol{x}_n \in X$ $(n = 1, 2, \cdots)$ に対して，ある $\boldsymbol{z} \in X$ が存在し，

$$\sum_{n=1}^{\infty} \boldsymbol{x}_n = \boldsymbol{z} \quad \text{すなわち} \quad \lim_{N \to \infty} \sum_{n=1}^{N} \boldsymbol{x}_n = \boldsymbol{z}$$

□**4** バナッハ空間 $(X, \|\cdot\|)$ の点列 $(\boldsymbol{x}_n)_{n=1}^{\infty} \subset X$ を用いて定義される級数 $\sum_{n=1}^{\infty} \boldsymbol{x}_n$ が絶対収束するならば (すなわち $\sum_{n=1}^{\infty} \|\boldsymbol{x}_n\| < \infty$ が満たされるならば)，この級数の項の順番を変えて得られるどんな級数も X の同一の点 $\boldsymbol{z}$ $\left(:= \sum_{n=1}^{\infty} \boldsymbol{x}_n\right) \in X$ に収束することを示せ．

□**5**　補題 4.1(b) の式 (4.9) 右辺の和は項の順番に無関係に同一の1点 $\boldsymbol{x}_{\mathcal{U}} \in \mathcal{H}$ に収束することを示せ．

□**6**　多項式全体の集合

$$\mathcal{P} := \{x : \boldsymbol{R} \to \boldsymbol{R} \mid x(t) = \sum_{j=0}^{\infty} \alpha_j^{(x)} t^j \quad (\exists N_x \in \boldsymbol{N},\quad \forall j > N_x,\quad \alpha_j^{(x)} = 0)\}$$

について，以下の問に答えよ．

(a)　$x \in \mathcal{P}$ に対して $\|x\| := \max_{0 \le j \le N_x} |\alpha_j^{(x)}|$ によって $(\mathcal{P}, \|\cdot\|)$ はノルム空間になることを示せ．

(b)　$A_n : \mathcal{P} \to \boldsymbol{R}$ $(n = 1, 2, 3, \cdots)$ を

$$A_n(x) := \begin{cases} 0 & (x = 0 \in \mathcal{P}) \\ \displaystyle\sum_{j=0}^{n-1} \alpha_j^{(x)} & (x \in \mathcal{P} \setminus \{0\}) \end{cases}$$

と定義するとき，$A_n \in \mathcal{B}(\mathcal{P}, \boldsymbol{R})$ (すなわち A_n は有界線形汎関数) となることを示せ．さらに任意に固定された $x \in \mathcal{P}$ に対して，

$$\sup_{n \in \boldsymbol{N}} |A_n(x)| \le (N_x + 1)\|x\| =: M_x < \infty$$

となることも示せ．

(c)　(b) で定義した $A_n \in \mathcal{B}(\mathcal{P}, \boldsymbol{R})$ $(n = 1, 2, 3, \cdots)$ について，

$$\sup_{n \in \boldsymbol{N}} \|A_n\| = \infty$$

となることを示せ．

(d)　一様有界性の定理を用いてノルム空間 $(\mathcal{P}, \|\cdot\|)$ が完備でないことを示せ．

□**7**　連続関数 $x : [0, 2\pi] \to \boldsymbol{R}$ を

$$S_n(t) := \frac{1}{2}\alpha_0 + \sum_{k=1}^{n} (\alpha_k \cos kt + \beta_k \sin kt) \quad (n \in \boldsymbol{N})$$

を用いて近似することを考える．以下を示せ．

(a)　各 $n \in \boldsymbol{N}$ に対して

$$E_n(\alpha_0, \cdots, \alpha_n, \beta_1, \cdots, \beta_n) := \int_0^{2\pi} |S_n(t) - x(t)|^2 \, dt$$

の最小値は

$$\begin{aligned} \alpha_k = a_k &:= \frac{1}{\pi} \int_0^{2\pi} x(t) \cos kt dt \\ \beta_k = b_k &:= \frac{1}{\pi} \int_0^{2\pi} x(t) \sin kt dt \end{aligned} \qquad (k = 0, 1, 2, \cdots, n)$$

で達成される [注：級数 $S(t) := (1/2)a_0 + \sum_{k=1}^{\infty} (a_k \cos kt + b_k \sin kt)$ を区間 $[0, 2\pi]$ における関数 $x(t)$ の**フーリエ級数展開**という]．

(b) 各 $n \in \boldsymbol{N}$ に対して，写像

$$T_n : C[0,2\pi] \ni x \mapsto \left[\frac{1}{2}a_0 + \sum_{k=1}^{n}(a_k \cos kt + b_k \sin kt)\right]\Bigg|_{t=0}$$
$$= \frac{1}{\pi}\int_0^{2\pi} x(t)\left(\frac{1}{2} + \sum_{k=1}^{n}\cos kt\right)dt \in \boldsymbol{R}$$

を定義すると T_n は有界線形汎関数となり，

$$\|T_n\| = \frac{1}{2\pi}\int_0^{2\pi}\left|1 + 2\sum_{k=1}^{n}\cos kt\right|dt \geq \frac{2}{\pi^2}\sum_{k=0}^{2n}\frac{1}{k+1} \to \infty \quad (n \to \infty)$$

となる．

(c) 一様有界性の定理を用いて $\sup_{n \in \boldsymbol{N}} |T_n(x)| = \infty$ となる $x \in C[0,2\pi]$ が存在することを示せ [注：(c) から「$C[0,2\pi]$ に所属する関数の中に，ある点 (上の例では $t=0$) でフーリエ級数展開の値が有限確定値に収束しない関数が存在する」ことがわかる].

第5章

射影定理とノルム空間上の微分

関数解析の諸定理の中で最も広く応用されている定理は「ヒルベルト空間における直交射影定理」だろう．直交射影定理は周知のピタゴラスの定理の高次元版であり，われわれの幾何学的な直観が高次元でも立派に通用することを保証してくれる．実は直交射影定理は最も基本的な最適化原理になっており，舞台となるヒルベルト空間や閉部分空間を上手に設定することにより，無限の応用が可能である．例えば，フーリエ級数展開は正規直交系が張る閉部分空間への直交射影の簡潔な表現を与えているし，ガウス (Gauss, 1777∼1855) やマルコフ (Markov, 1856∼1922) によって提唱された最小二乗推定や一般逆写像，またカルマンフィルタのアイディアも直交射影定理の応用にほかならない．一方，凸射影定理は，直交射影定理を拡張して得られる非線形版であり，凸最適化理論や非線形解析学の重要な支柱になっている．本章では射影定理とその周辺について議論した後，「ノルム空間上の微分とその基本性質」を学ぶ．

*　　　　　　*

「ピタゴラスの定理は依然として今日まで，数学全体の中で唯一の最も重要な定理である」(ブロノフスキー：「人間の進歩」(道家・岡 共訳)，法政大学出版局，1987 年)

5.1　ヒルベルト空間における2つの射影定理

定理 5.1 (2つの射影定理)

I.　(凸射影定理)　ヒルベルト空間 $\mathcal{H}$ における空でない閉凸集合 $C(\subset \mathcal{H})$ を考える．

(a)　任意の $\boldsymbol{x} \in \mathcal{H}$ に対して，

$$d(\boldsymbol{x}, C) := \inf_{\boldsymbol{y} \in C} \|\boldsymbol{x} - \boldsymbol{y}\| = \|\boldsymbol{x} - P_C(\boldsymbol{x})\| = \min_{\boldsymbol{y} \in C} \|\boldsymbol{x} - \boldsymbol{y}\| \tag{5.1}$$

を満たす唯一の点 $P_C(\boldsymbol{x}) \in C$ が存在する[1)]．$d(\boldsymbol{x}, C)$ を「点 $\boldsymbol{x}$ と集合 C の間の距離」と呼び，写像 $P_C : \mathcal{H} \to C$, $\boldsymbol{x} \mapsto P_C(\boldsymbol{x})$ を C(上) への**距離射影** (metric projection)，**凸射影** (convex projection)，または単に**射影** (projection) と呼ぶ (図 5.1 参照)．

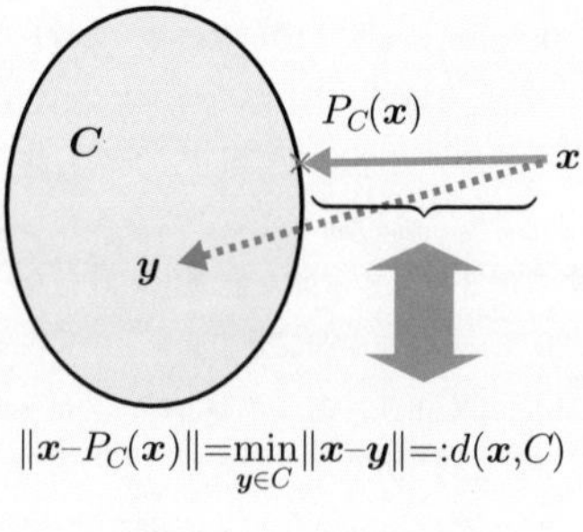

図 5.1　凸射影

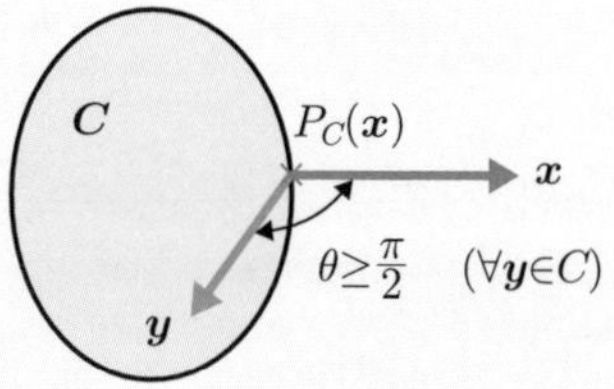

図 5.2　凸射影の幾何学的特徴づけ

(b)　$\boldsymbol{x}^* \in C$ に対して，

$$「\boldsymbol{x}^* = P_C(\boldsymbol{x})」 \Leftrightarrow 「\langle \boldsymbol{x} - \boldsymbol{x}^*, \boldsymbol{y} - \boldsymbol{x}^* \rangle \leq 0 \quad (\forall \boldsymbol{y} \in C)」 \tag{5.2}$$

が成立する．すなわち「$\boldsymbol{x}^*$ を始点とする2つのベクトル $\boldsymbol{x} - \boldsymbol{x}^*$ と $\boldsymbol{y} - \boldsymbol{x}^*$ のなす角が鋭角にならない」という幾何学的条件によって「$\boldsymbol{x}^* = P_C(\boldsymbol{x})$」は完全に特徴づけられる (図 5.2 参照)．

II.　(直交射影定理)　ヒルベルト空間 $\mathcal{H}$ の閉部分空間 M を考える．

(a)　任意の $\boldsymbol{x} \in \mathcal{H}$ に対して，

$$\inf_{\boldsymbol{y} \in M} \|\boldsymbol{x} - \boldsymbol{y}\| = \|\boldsymbol{x} - P_M(\boldsymbol{x})\| = \min_{\boldsymbol{y} \in M} \|\boldsymbol{x} - \boldsymbol{y}\| \tag{5.3}$$

となる唯一の点 $P_M(\boldsymbol{x}) \in M$ が存在する (図 5.3 参照)．

(b)　$\boldsymbol{x}^* \in M$ に対して，

---

1) $P_C(\boldsymbol{x})$ は C の中で $\boldsymbol{x}$ を最良に近似する点 (最良近似点：best approximation) となっている．

「$\boldsymbol{x}^* = P_M(\boldsymbol{x})$」

$$\Leftrightarrow 「\langle \boldsymbol{x} - \boldsymbol{x}^*, \boldsymbol{y} \rangle = 0 \ (\forall \boldsymbol{y} \in M)」 \quad \Leftrightarrow \quad 「\boldsymbol{x} - \boldsymbol{x}^* \perp M」 \tag{5.4}$$

が成立する．すなわち「ベクトル $\boldsymbol{x} - \boldsymbol{x}^*$ は M 全体と直交する」という幾何学的条件によって「$\boldsymbol{x}^* = P_M(\boldsymbol{x})$」は完全に特徴づけられる．写像 $P_M : \mathcal{H} \to M$ は M(上) への距離射影であるが，式 (5.4) の幾何学的特徴づけから，特に M(上) への**直交射影** (orthogonal projection) と呼ばれる (図 5.3 参照)．

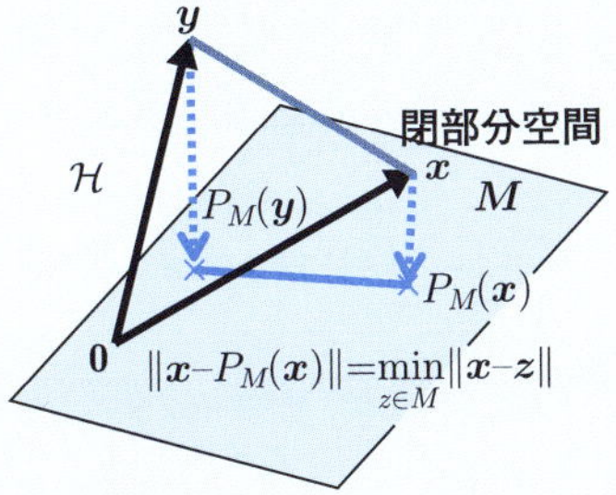

図 5.3　直交射影定理

(c)　直交射影について，(一般化された) ピタゴラスの定理

$$\|\boldsymbol{x}\|^2 = \|\boldsymbol{x} - P_M(\boldsymbol{x})\|^2 + \|P_M(\boldsymbol{x})\|^2 \tag{5.5}$$

が成立する．

【証明】 I.　$\boldsymbol{x} \in C$ ならば，明らかに $P_C(\boldsymbol{x}) = \boldsymbol{x}$ となり，定理の主張は直ちに確認されるので，以下 $\boldsymbol{x} \notin C$ と仮定する．

(a)　(i)　(式 (5.1) を満足する点 (**最良近似点**) の存在性の証明)

$$\inf_{\boldsymbol{y} \in C} \|\boldsymbol{x} - \boldsymbol{y}\| =: \delta \geq 0$$

としたとき[2)]，下限 (最大下界) の定義より，$\lim_{n \to \infty} \|\boldsymbol{x} - \boldsymbol{x}_n\| = \delta$ となる点列 $\boldsymbol{x}_n \in C \ (n = 1, 2, \cdots)$ が存在する[3)]．この点列 $(\boldsymbol{x}_n)_{n=1}^{\infty}$ が，コーシー列となっていることを示す．任意の $m, n \in \boldsymbol{N}$ に対して $(\boldsymbol{x}_m + \boldsymbol{x}_n)/2 \in C$ となるので，$\left\|\boldsymbol{x} - \frac{1}{2}(\boldsymbol{x}_n + \boldsymbol{x}_m)\right\| \geq \delta$ が保証されることに注意し，中線定理 (性質 3.3) を応用すると，

[2)] 実は，$\boldsymbol{x} \notin C$ と仮定したことにより，$\delta > 0$ も保証される (「(ii)(最良近似点の一意性) の証明」のはじめの議論を参照されたい)．

[3)] ある $n > 0$ に対して，$\|\boldsymbol{x} - \boldsymbol{y}\| \leq \delta + 1/n$ を満たす $\boldsymbol{y} \in C$ が存在しないなら，$\inf_{\boldsymbol{y} \in C} \|\boldsymbol{x} - \boldsymbol{y}\| \geq \delta + 1/n$ でなければならず，δ の定義に矛盾する．

$$\begin{aligned}\|\boldsymbol{x}_m - \boldsymbol{x}_n\|^2 &= \|(\boldsymbol{x} - \boldsymbol{x}_n) - (\boldsymbol{x} - \boldsymbol{x}_m)\|^2 \\ &= 2\|\boldsymbol{x} - \boldsymbol{x}_n\|^2 + 2\|\boldsymbol{x} - \boldsymbol{x}_m\|^2 - 4\left\|\boldsymbol{x} - \frac{1}{2}(\boldsymbol{x}_n + \boldsymbol{x}_m)\right\|^2 \\ &\leq 2\|\boldsymbol{x} - \boldsymbol{x}_n\|^2 + 2\|\boldsymbol{x} - \boldsymbol{x}_m\|^2 - 4\delta^2\end{aligned}$$

が成立する，ここで，$m, n \to \infty$ とすると右辺は0に収束するので確かに $(\boldsymbol{x}_n)_{n=1}^{\infty}$ はコーシー列になる．したがって，$\mathcal{H}$ の完備性からある点 $\boldsymbol{x}^* \in \mathcal{H}$ に収束するが，C が閉部分集合なので $\boldsymbol{x}^* \in C$ も保証される．さらに δ の定義より，

$$\delta \leq \|\boldsymbol{x} - \boldsymbol{x}^*\| \leq \|\boldsymbol{x} - \boldsymbol{x}_n\| + \|\boldsymbol{x}_n - \boldsymbol{x}^*\|$$

が成立するので，両辺で $n \to \infty$ とすると右辺の第1項は δ に収束し，第2項は0に収束する．したがって，$\|\boldsymbol{x} - \boldsymbol{x}^*\| = \delta$ となり，式 (5.1) を満足する点 $P_C(\boldsymbol{x}) \in C$ の存在性が確かめられた (少なくとも $\boldsymbol{x}^*$ がその例となっている)．

(ii) (「最良近似点の一意性」の証明) $\boldsymbol{x} \notin C$ と仮定しているので，「$C \not\ni \boldsymbol{x} \neq \boldsymbol{x}^* \in C$」から $\delta = \|\boldsymbol{x} - P_C(\boldsymbol{x})\| = \|\boldsymbol{x} - \boldsymbol{x}^*\| > 0$ となることに注意する．(i) の議論で存在性が確認された点 $\boldsymbol{x}^*$ のほかにも点 $\boldsymbol{x}^{**} \in C \setminus \{\boldsymbol{x}^*\}$ が

$$\|\boldsymbol{x} - \boldsymbol{x}^{**}\| = \|\boldsymbol{x} - \boldsymbol{x}^*\| = \min_{\boldsymbol{y} \in C} \|\boldsymbol{x} - \boldsymbol{y}\| = \delta > 0$$

となる状況を想定し矛盾を導く[4)]．中線定理より，

$$\|2\boldsymbol{x} - (\boldsymbol{x}^* + \boldsymbol{x}^{**})\|^2 + \|\boldsymbol{x}^* - \boldsymbol{x}^{**}\|^2 = 2\left(\|\boldsymbol{x} - \boldsymbol{x}^*\|^2 + \|\boldsymbol{x} - \boldsymbol{x}^{**}\|^2\right)$$

となるので，両辺を4で割ると，

$$\left\|\boldsymbol{x} - \frac{\boldsymbol{x}^* + \boldsymbol{x}^{**}}{2}\right\|^2 = \|\boldsymbol{x} - \boldsymbol{x}^*\|^2 - \frac{1}{4}\|\boldsymbol{x}^* - \boldsymbol{x}^{**}\|^2 < \|\boldsymbol{x} - \boldsymbol{x}^*\|^2$$

を得るが，C の凸性より，$(\boldsymbol{x}^* + \boldsymbol{x}^{**})/2 \in C$ となり，$\boldsymbol{x}^* \in C$ よりも $\boldsymbol{x}$ に近い点 $(\boldsymbol{x}^* + \boldsymbol{x}^{**})/2 \in C$ が存在してしまい「$\boldsymbol{x}^*$ の最良近似性」に矛盾する．

(b) (i) (「⇒」の証明) $\boldsymbol{x}^* = P_C(\boldsymbol{x})$ であるとき，不等式 (5.2) の成立を背理法で示す．ある点 $\widehat{\boldsymbol{y}} \in C$ で

$$\langle \boldsymbol{x} - \boldsymbol{x}^*, \widehat{\boldsymbol{y}} - \boldsymbol{x}^* \rangle =: \varepsilon > 0 \tag{5.6}$$

4) $\mathcal{H}$ の狭義凸性 (3章の章末問題 1,2 参照) から，$(\boldsymbol{x}^* + \boldsymbol{x}^{**})/2 \in C$ が $\|\boldsymbol{x} - (\boldsymbol{x}^* + \boldsymbol{x}^{**})/2\| < \|\boldsymbol{x} - \boldsymbol{x}^*\| = \|\boldsymbol{x} - \boldsymbol{x}^{**}\|$ を満たし矛盾が導かれるが，狭義凸性を用いなくても上の証明のように中線定理から導ける．

が達成される状況を想定しよう．このとき，

$$\boldsymbol{y}(\lambda) := (1-\lambda)\boldsymbol{x}^* + \lambda\widehat{\boldsymbol{y}} \quad (\lambda \in \boldsymbol{R})$$

とすると，C の凸性から，

$$\boldsymbol{y}(\lambda) \in C \quad (\forall\lambda \in [0,1])$$

が保証され，さらに下に凸な 2 次関数

$$\begin{aligned}\phi(\lambda) &:= \|\boldsymbol{x}-\boldsymbol{y}(\lambda)\|^2 - \|\boldsymbol{x}-\boldsymbol{x}^*\|^2\\ &= \|\boldsymbol{x}-\boldsymbol{x}^*\|^2 + 2\lambda\langle\boldsymbol{x}^*-\widehat{\boldsymbol{y}}, \boldsymbol{x}-\boldsymbol{x}^*\rangle + \lambda^2\|\boldsymbol{x}^*-\widehat{\boldsymbol{y}}\|^2 - \|\boldsymbol{x}-\boldsymbol{x}^*\|^2\\ &= \|\boldsymbol{x}^*-\widehat{\boldsymbol{y}}\|^2\lambda^2 - 2\varepsilon\lambda\end{aligned}$$

は

$$\lambda \in \left(0, \frac{2\varepsilon}{\|\boldsymbol{x}^*-\widehat{\boldsymbol{y}}\|^2}\right) \text{ ならば } \phi(\lambda) < 0$$

となるので，

$$\lambda \in \left(0, \min\left\{\frac{2\varepsilon}{\|\boldsymbol{x}^*-\widehat{\boldsymbol{y}}\|^2}, 1\right\}\right) \text{ ならば } \begin{cases}\|\boldsymbol{x}-\boldsymbol{y}(\lambda)\| < \|\boldsymbol{x}-\boldsymbol{x}^*\|\\ \text{かつ}\\ \boldsymbol{y}(\lambda) \in C\end{cases}$$

となり，「$\boldsymbol{x}^*$ の最良近似性」に矛盾する．したがって，(5.6) を満足するような $\widehat{\boldsymbol{y}} \in C$ は存在しない．

(ii)　(「$\Leftarrow$」の証明)　$\boldsymbol{x}^* \in C$ が

$$\langle\boldsymbol{x}-\boldsymbol{x}^*, \boldsymbol{y}-\boldsymbol{x}^*\rangle \le 0 \quad (\forall\boldsymbol{y} \in C) \tag{5.7}$$

を満たしていると仮定する．このとき，任意の $\boldsymbol{y} \in C \setminus \{\boldsymbol{x}^*\}$ について，

$$\begin{aligned}\|\boldsymbol{x}-\boldsymbol{y}\|^2 &= \|\boldsymbol{x}-\boldsymbol{x}^*+\boldsymbol{x}^*-\boldsymbol{y}\|^2\\ &= \|\boldsymbol{x}-\boldsymbol{x}^*\|^2 - 2\langle\boldsymbol{x}-\boldsymbol{x}^*, \boldsymbol{y}-\boldsymbol{x}^*\rangle + \|\boldsymbol{x}^*-\boldsymbol{y}\|^2\\ &> \|\boldsymbol{x}-\boldsymbol{x}^*\|^2\end{aligned}$$

したがって，条件 (5.7) を満足する $\boldsymbol{x}^*$ は C 中で最も $\boldsymbol{x}$ に近い唯一の点であることがわかる．

II.　(a)　閉部分空間は，閉凸集合の特殊な例であるから「本定理の前半の議論」の特別な場合となり，証明もカバーされている．

(b)「本定理の前半の議論」から，式 (5.2) と同様に，$\boldsymbol{x}^* \in M$ に対して，

$$\boldsymbol{x}^* = P_M(\boldsymbol{x}) \;\Leftrightarrow\; \text{「}\langle\boldsymbol{x}-\boldsymbol{x}^*, \boldsymbol{y}-\boldsymbol{x}^*\rangle \le 0 \quad (\forall\boldsymbol{y} \in M)\text{」} \tag{5.8}$$

が成立する．一方，M は部分空間なので任意の $\boldsymbol{y} \in M$ に対して，$\boldsymbol{z} := 2\boldsymbol{x}^* - \boldsymbol{y} \in M$ となるので，

$$
\begin{aligned}
&\boldsymbol{x}^* = P_M(\boldsymbol{x}) \\
\Leftrightarrow &「\langle \boldsymbol{x} - \boldsymbol{x}^*, \boldsymbol{y} - \boldsymbol{x}^* \rangle \leq 0 \quad (\forall \boldsymbol{y} \in M)」\text{かつ} \\
&「\langle \boldsymbol{x} - \boldsymbol{x}^*, \boldsymbol{x}^* - \boldsymbol{y} \rangle = \langle \boldsymbol{x} - \boldsymbol{x}^*, \boldsymbol{z} - \boldsymbol{x}^* \rangle \leq 0 \quad (\forall \boldsymbol{y} \in M)」 \\
\Leftrightarrow &\langle \boldsymbol{x} - \boldsymbol{x}^*, \boldsymbol{y} - \boldsymbol{x}^* \rangle = 0 \quad (\forall \boldsymbol{y} \in M) \\
\Leftrightarrow &\langle \boldsymbol{x} - \boldsymbol{x}^*, \boldsymbol{y} \rangle = 0 \quad (\forall \boldsymbol{y} \in M)
\end{aligned}
$$

が確かめられる．

(c) (式 (5.5) の証明) 直交性 (式 (5.4)) より，

$$
\begin{aligned}
\|\boldsymbol{x}\|^2 &= \|\boldsymbol{x} - P_M(\boldsymbol{x}) + P_M(\boldsymbol{x})\|^2 \\
&= \|\boldsymbol{x} - P_M(\boldsymbol{x})\|^2 + \|P_M(\boldsymbol{x})\|^2 + 2\langle \boldsymbol{x} - P_M(\boldsymbol{x}), P_M(\boldsymbol{x}) \rangle \\
&= \|\boldsymbol{x} - P_M(\boldsymbol{x})\|^2 + \|P_M(\boldsymbol{x})\|^2
\end{aligned}
$$

■

一般に写像 $T : \mathcal{H} \to \mathcal{H}$ が条件

$$
\|T(\boldsymbol{x}) - T(\boldsymbol{y})\| \leq \|\boldsymbol{x} - \boldsymbol{y}\| \quad (\forall \boldsymbol{x}, \boldsymbol{y} \in \mathcal{H}) \tag{5.9}
$$

を満たすとき，T は**非拡大写像** (nonexpansive mapping) であるという (縮小写像は非拡大写像の特別な例である)．以下の系は凸射影が非拡大写像の例になっていることを示している (図 5.3 も参照せよ)．

系 5.1 (凸射影の非拡大性)

ヒルベルト空間 $\mathcal{H}$ における空でない閉凸集合 $C \subset \mathcal{H}$ への距離射影 P_C は，任意の $x, y \in \mathcal{H}$ に対して，

$$
\|P_C(\boldsymbol{x}) - P_C(\boldsymbol{y})\|^2 \leq \langle \boldsymbol{x} - \boldsymbol{y}, P_C(\boldsymbol{x}) - P_C(\boldsymbol{y}) \rangle \tag{5.10}
$$

$$
\|(2P_C - I)(\boldsymbol{x}) - (2P_C - I)(\boldsymbol{y})\| \leq \|\boldsymbol{x} - \boldsymbol{y}\| \quad (I \text{ は恒等写像}) \tag{5.11}
$$

$$
\|P_C(\boldsymbol{x}) - P_C(\boldsymbol{y})\| \leq \|\boldsymbol{x} - \boldsymbol{y}\| \tag{5.12}
$$

が成立する．不等式 (5.11) と不等式 (5.12) は，各々写像 $2P_C - I$ と写像 P_C の非拡大性を示している．

【証明】 定理 5.1–I(b) より，任意の $\boldsymbol{x}, \boldsymbol{y} \in \mathcal{H}$ に対して，

$$
\langle \boldsymbol{x} - P_C(\boldsymbol{x}), P_C(\boldsymbol{y}) - P_C(\boldsymbol{x}) \rangle \leq 0
$$

$$
\langle \boldsymbol{y} - P_C(\boldsymbol{y}), P_C(\boldsymbol{x}) - P_C(\boldsymbol{y}) \rangle \leq 0
$$

を得る．これらの和をとると，式 (5.10) およびこれと等価な式 (5.11) を得る．さらに式 (5.10) にコーシー・シュワルツの不等式を用いると式 (5.12) が成立す

ることも容易に確認できる.

系 5.2 (直交分解)

ヒルベルト空間 $\mathcal{H}$ の閉部分空間 M に対して,

(a)　M の直交補空間 (orthogonal complement)

$$M^{\perp} := \{\boldsymbol{x} \in \mathcal{H} \mid \langle \boldsymbol{x}, \boldsymbol{y} \rangle = 0 \quad (\forall \boldsymbol{y} \in M)\}$$

を定義すると, $M^{\perp}$ も $\mathcal{H}$ の閉部分空間となり, $M \cap M^{\perp} = \{\boldsymbol{0}\}$ が成立する[5].

(b)　任意の $\boldsymbol{x} \in \mathcal{H}$ は,

$$\boldsymbol{x} = \boldsymbol{x}_1 + \boldsymbol{x}_2 \quad (\boldsymbol{x}_1 \in M, \boldsymbol{x}_2 \in M^{\perp}) \tag{5.13}$$

のように一意に分解され, 各々$\boldsymbol{x}_1 = P_M(\boldsymbol{x})$, $\boldsymbol{x}_2 = \boldsymbol{x} - P_M(\boldsymbol{x})$となる. この分解を直交分解と呼び[6], $\mathcal{H} = M \oplus M^{\perp}$ と記す. 同様に $M = \mathcal{H} \ominus M^{\perp}$, $M^{\perp} = \mathcal{H} \ominus M$ と記す.

(c)　$(M^{\perp})^{\perp} = M$ となり, 式 (5.13) の分解より, $P_{M^{\perp}}(\boldsymbol{x}) = \boldsymbol{x} - P_M(\boldsymbol{x})$ となる.

【証明】　(a)　補題 3.1(b) より $M^{\perp}$ が $\mathcal{H}$ の閉部分空間になる. また,

$$\boldsymbol{x} \in M \cap M^{\perp} \Rightarrow \langle \boldsymbol{x}, \boldsymbol{x} \rangle = 0 \Rightarrow \boldsymbol{x} = \boldsymbol{0}$$

より, $M \cap M^{\perp} = \{\boldsymbol{0}\}$ となる.

(b)　定理 5.1 より,

$$\langle \boldsymbol{x} - P_M(\boldsymbol{x}), \boldsymbol{y} \rangle = 0 \quad (\forall \boldsymbol{y} \in M)$$

であるから, $\boldsymbol{x}_1 := P_M(\boldsymbol{x}) \in M$ と $\boldsymbol{x}_2 := \boldsymbol{x} - P_M(\boldsymbol{x}) \in M^{\perp}$ のように分解可能であることがわかる. ここで, もう 1 つの分解 $\boldsymbol{x} = \boldsymbol{x}_3 + \boldsymbol{x}_4$ (ただし, $\boldsymbol{x}_3 \in M$, $\boldsymbol{x}_4 \in M^{\perp}$) が存在したと仮定すれば, (a) の結果から $\boldsymbol{x}_1 - \boldsymbol{x}_3 = \boldsymbol{x}_4 - \boldsymbol{x}_2 \in M \cap M^{\perp} = \{\boldsymbol{0}\}$, すなわち $\boldsymbol{x}_3 = \boldsymbol{x}_1$, $\boldsymbol{x}_4 = \boldsymbol{x}_2$ となるので, 分解の一意性が示された.

(c)　($M \subset (M^{\perp})^{\perp}$ の証明)　$M^{\perp}$ の定義より, 任意の $\boldsymbol{z} \in M$ に対して, 「$\langle \boldsymbol{z}, \boldsymbol{x} \rangle = 0, \forall \boldsymbol{x} \in M^{\perp}$」となり, $\boldsymbol{z} \in (M^{\perp})^{\perp}$ が成立する.

---

[5] 補題 3.1(b) より, M が ($\mathcal{H}$ の) 部分集合であれば, 集合 $M^{\perp}$ は閉部分空間になることに注意されたい. また, M が $\mathcal{H}$ の (必ずしも閉でない) 部分空間であれば, $M \cap M^{\perp} = \{\boldsymbol{0}\}$ も成立する (証明も変わらない).

[6] ベクトル空間 X と 2 つの部分空間 M と N が与えられ, 任意の $\boldsymbol{x} \in X$ に対して $\boldsymbol{x} = \boldsymbol{x}_1 + \boldsymbol{x}_2$ となる唯一の対 $(\boldsymbol{x}_1, \boldsymbol{x}_2) \in M \times N$ が存在するとき, X は M と N に直和分解されるという. 直交分解 (式 (5.13)) は直和分解の例であるが, 2 つの部分空間の間の直交性が要請されている. X が単に M と N に直和分解されるときにも $X = M \oplus N$ と表記されることがあるので注意されたい.

($M \supset (M^{\perp})^{\perp}$ の証明) (b) の結果から，任意の $\boldsymbol{z} \in (M^{\perp})^{\perp}$ は，$\boldsymbol{z} = \boldsymbol{z}_1 + \boldsymbol{z}_2$ (ただし，$\boldsymbol{z}_1 \in M$, $\boldsymbol{z}_2 \in M^{\perp}$) のように一意に分解できるので，

$$\forall \boldsymbol{x} \in M^{\perp}, \quad 0 = \langle \boldsymbol{z}, \boldsymbol{x} \rangle = \langle \boldsymbol{z}_1 + \boldsymbol{z}_2, \boldsymbol{x} \rangle = \langle \boldsymbol{z}_2, \boldsymbol{x} \rangle$$

特に，$\boldsymbol{x} = \boldsymbol{z}_2$ に対しても，$\langle \boldsymbol{z}_2, \boldsymbol{z}_2 \rangle = 0$，したがって $\boldsymbol{z}_2 = \boldsymbol{0}$ を得る．このことから，$\boldsymbol{z} = \boldsymbol{z}_1 \in M$ であることが示された． ■

定理 5.2 (閉部分空間への直交射影の線形性・冪等性・自己共役性)

ヒルベルト空間 $\mathcal{H}$ から閉部分空間 $M(\subset \mathcal{H})$ 上への直交射影について，

(a) 任意の $\boldsymbol{x}, \boldsymbol{y} \in \mathcal{H}$ および $\alpha, \beta \in \boldsymbol{R}$ に対して，

$$P_M(\alpha \boldsymbol{x} + \beta \boldsymbol{y}) = \alpha P_M(\boldsymbol{x}) + \beta P_M(\boldsymbol{y})$$

が成立する．したがって直交射影 $P_M : \mathcal{H} \to M$ は線形写像である[7]．

(b) $M \neq \{\boldsymbol{0}\}$ のとき，直交射影 $P_M : \mathcal{H} \to M$ は

$$\|P_M\| := \sup_{\boldsymbol{x} \neq \boldsymbol{0}} \frac{\|P_M(\boldsymbol{x})\|}{\|\boldsymbol{x}\|} = 1 \tag{5.14}$$

を満足する有界線形写像 (定義 3.8 参照) である．$M = \{\boldsymbol{0}\}$ のときには，$\|P_M\| = 0$ となる．

(c) 直交射影 $P_M : \mathcal{H} \to M$ は，次の (i),(ii) を満足する．

(i) (冪等性) $P_M^2 = P_M$

(ii) (自己共役性[8]) 任意の $\boldsymbol{x}, \boldsymbol{y} \in \mathcal{H}$ に対して，

$$\langle \boldsymbol{x}, P_M(\boldsymbol{y}) \rangle = \langle P_M(\boldsymbol{x}), \boldsymbol{y} \rangle = \langle P_M(\boldsymbol{x}), P_M(\boldsymbol{y}) \rangle$$

(d) 有界線形写像 $A : \mathcal{H} \to \mathcal{H}$ に対して集合 $M := \mathrm{Fix}(A) = \{\boldsymbol{x} \in \mathcal{H} \mid A(\boldsymbol{x}) = \boldsymbol{x}\}$ (写像 $A : \mathcal{H} \to \mathcal{H}$ で動かない点を不動点という．A の不動点全体からなる集合を $\mathrm{Fix}(A)$ と記す) は閉部分空間となる．さらに写像 A が

(i) (冪等性) $A^2 = A$

(ii) (自己共役性) $\langle A(\boldsymbol{x}), \boldsymbol{y} \rangle = \langle \boldsymbol{x}, A(\boldsymbol{y}) \rangle$ $(\forall \boldsymbol{x}, \boldsymbol{y} \in \mathcal{H})$

を満足するならば，$A = P_M$ (M への直交射影) となる．

【証明】 (a) 自明な関係

$$\alpha P_M(\boldsymbol{x}) + \beta P_M(\boldsymbol{y}) \in M,$$
$$\alpha\,(\boldsymbol{x} - P_M(\boldsymbol{x})) + \beta\,(\boldsymbol{y} - P_M(\boldsymbol{y})) \in M^{\perp},$$

---

[7] 図 5.3 の $\boldsymbol{x}$ と $\boldsymbol{y}$ の内分点の直交射影が，$P_M(\boldsymbol{x})$ と $P_M(\boldsymbol{y})$ の内分点になることを確認せよ．

[8] ヒルベルト空間 $\mathcal{H}$ に対して，有界な線形写像 $A : \mathcal{H} \to \mathcal{H}$ が「$\langle A(\boldsymbol{x}), \boldsymbol{y} \rangle = \langle \boldsymbol{x}, A(\boldsymbol{y}) \rangle$ $(\forall \boldsymbol{x}, \boldsymbol{y} \in \mathcal{H})$」を満たすとき，$A$ は $\mathcal{H}$ 上の自己共役作用素であるという (系 4.1，定義 6.1 参照)．

$$\alpha \boldsymbol{x} + \beta \boldsymbol{y} = (\alpha P_M(\boldsymbol{x}) + \beta P_M(\boldsymbol{y})) + (\alpha \boldsymbol{x} - \alpha P_M(\boldsymbol{x}) + \beta \boldsymbol{y} - \beta P_M(\boldsymbol{y}))$$
$$= P_M(\alpha \boldsymbol{x} + \beta \boldsymbol{y}) + [\alpha \boldsymbol{x} + \beta \boldsymbol{y} - P_M(\alpha \boldsymbol{x} + \beta \boldsymbol{y})]$$

に注意すると，「分解の一意性 (系 5.2(b))」から，

$$P_M(\alpha \boldsymbol{x} + \beta \boldsymbol{y}) = \alpha P_M(\boldsymbol{x}) + \beta P_M(\boldsymbol{y})$$

が成立する．

(b) 系 5.2 より任意の $\boldsymbol{x} \in \mathcal{H}$ は，

$$\boldsymbol{x} = P_M(\boldsymbol{x}) + P_{M^\perp}(\boldsymbol{x})$$

のように一意に分解されるので，

$$\|\boldsymbol{x}\|^2 = \|P_M(\boldsymbol{x}) + P_{M^\perp}(\boldsymbol{x})\|^2$$
$$= \|P_M(\boldsymbol{x})\|^2 + \|P_{M^\perp}(\boldsymbol{x})\|^2 + 2\langle P_M(\boldsymbol{x}), P_{M^\perp}(\boldsymbol{x})\rangle$$
$$= \|P_M(\boldsymbol{x})\|^2 + \|P_{M^\perp}(\boldsymbol{x})\|^2 \geq \|P_M(\boldsymbol{x})\|^2$$

を得る．さらに，任意の $\boldsymbol{x} \in M \setminus \{\boldsymbol{0}\}$ について $\boldsymbol{x} = P_M(\boldsymbol{x})$ (したがって，$\|P_M(\boldsymbol{x})\|/\|\boldsymbol{x}\| = 1$) となるから，式 (5.14) の成立が確かめられる．$M = \{\boldsymbol{0}\}$ のとき，$\|P_M\| = 0$ は自明．

(c) 任意の $\boldsymbol{x} \in \mathcal{H}$ に対して $P_M(\boldsymbol{x}) \in M$ となるので，

$$P_M^2(\boldsymbol{x}) = P_M(P_M(\boldsymbol{x})) = P_M(\boldsymbol{x}) \quad (\forall \boldsymbol{x} \in \mathcal{H})$$

が成立する．系 5.2 より，任意の $\boldsymbol{x}, \boldsymbol{y} \in \mathcal{H}$ に対して，

$$\langle \boldsymbol{x}, P_M(\boldsymbol{y})\rangle = \langle P_M(\boldsymbol{x}) + (\boldsymbol{x} - P_M(\boldsymbol{x})), P_M(\boldsymbol{y})\rangle = \langle P_M(\boldsymbol{x}), P_M(\boldsymbol{y})\rangle$$

また，$\langle P_M(\boldsymbol{x}), \boldsymbol{y}\rangle = \langle P_M(\boldsymbol{x}), P_M(\boldsymbol{y})\rangle$ の成立も $\boldsymbol{y}$ の直交分解を利用して同様に確かめられる．

(d) A の有界性から $I - A$ が連続写像となり，2章の章末問題3の主張から

$$M = \{\boldsymbol{x} \in \mathcal{H} \mid A(\boldsymbol{x}) = \boldsymbol{x}\} = \{\boldsymbol{x} \in \mathcal{H} \mid (I - A)(\boldsymbol{x}) = \boldsymbol{0}\}$$

は $\mathcal{H}$ の閉部分空間になる．次に $A = P_M$ を示す．系 5.2(b) (直交分解の一意性) より，自明な分解 $\boldsymbol{x} = A(\boldsymbol{x}) + (I - A)(\boldsymbol{x})$ において，$A(\boldsymbol{x}) \in M$, $(I - A)(\boldsymbol{x}) \in M^\perp$ となることを示せば十分である．まず, (i) から $A(A(\boldsymbol{x})) = A(\boldsymbol{x})$ となるので，M の定義から，$A(\boldsymbol{x}) \in M$ が示される．また，(ii) から，すべての $\boldsymbol{y} \in M$ (したがって $A(\boldsymbol{y}) = \boldsymbol{y}$) に対して，

$$\langle (I - A)(\boldsymbol{x}), \boldsymbol{y}\rangle = \langle \boldsymbol{x}, \boldsymbol{y}\rangle - \langle A(\boldsymbol{x}), \boldsymbol{y}\rangle$$
$$= \langle \boldsymbol{x}, \boldsymbol{y}\rangle - \langle \boldsymbol{x}, A(\boldsymbol{y})\rangle = \langle \boldsymbol{x}, \boldsymbol{y}\rangle - \langle \boldsymbol{x}, \boldsymbol{y}\rangle = 0$$

となる．このことは，$(I - A)(\boldsymbol{x}) \in M^\perp$ であることを示している． ■

系 5.3 (和空間への直交射影)

ヒルベルト空間 $\mathcal{H}$ の閉部分空間 M_1, M_2 が $M_1 \perp M_2$ すなわち,

$$\langle \boldsymbol{x}_1, \boldsymbol{x}_2 \rangle = 0 \quad (\forall \boldsymbol{x}_1 \in M_1, \forall \boldsymbol{x}_2 \in M_2)$$

となるとき,

$$M := M_1 + M_2 := \{\boldsymbol{x}_1 + \boldsymbol{x}_2 \mid \boldsymbol{x}_1 \in M_1, \boldsymbol{x}_2 \in M_2\}$$

は閉部分空間となり,

$$\begin{aligned} P_M(\boldsymbol{x}) &= (P_{M_1} + P_{M_2})(\boldsymbol{x}) \\ &:= P_{M_1}(\boldsymbol{x}) + P_{M_2}(\boldsymbol{x}) \quad (\forall \boldsymbol{x} \in \mathcal{H}) \end{aligned} \tag{5.15}$$

が成立する.

【証明】 M が $\mathcal{H}$ の線形部分空間であることは明らか. 閉集合となることを示す.

$$\boldsymbol{x}_n := \boldsymbol{x}_n^{(1)} + \boldsymbol{x}_n^{(2)}, \quad \boldsymbol{x}_n^{(1)} \in M_1, \quad \boldsymbol{x}_n^{(2)} \in M_2 \quad (n = 1, 2, \cdots)$$

が, $\lim_{n\to\infty} \boldsymbol{x}_n = \boldsymbol{x}_* \in \mathcal{H}$ を満たす状況を考える. 直交射影定理より,

$$\boldsymbol{x}_* = P_{M_1}(\boldsymbol{x}_*) + (\boldsymbol{x}_* - P_{M_1}(\boldsymbol{x}_*))$$

で,

$$\boldsymbol{x}_* - P_{M_1}(\boldsymbol{x}_*) \in M_1^{\perp} \supset M_2$$

となるので,

$$\begin{aligned} \|\boldsymbol{x}_n - \boldsymbol{x}_*\|^2 &= \left\| \left(\boldsymbol{x}_n^{(1)} - P_{M_1}(\boldsymbol{x}_*)\right) + \left\{\boldsymbol{x}_n^{(2)} - (\boldsymbol{x}_* - P_{M_1}(\boldsymbol{x}_*))\right\} \right\|^2 \\ &= \left\|\boldsymbol{x}_n^{(1)} - P_{M_1}(\boldsymbol{x}_*)\right\|^2 + \left\|\boldsymbol{x}_n^{(2)} - (\boldsymbol{x}_* - P_{M_1}(\boldsymbol{x}_*))\right\|^2 \\ &\to 0 \quad (n \to \infty) \end{aligned}$$

が成立し,

$$\lim_{n\to\infty} \boldsymbol{x}_n^{(1)} = P_{M_1}(\boldsymbol{x}_*) \in M_1$$

と

$$\lim_{n\to\infty} \boldsymbol{x}_n^{(2)} = \boldsymbol{x}_* - P_{M_1}(\boldsymbol{x}_*)$$

が同時に成立する. また, M_2 は閉集合なので, $\boldsymbol{x}_* - P_{M_1}(\boldsymbol{x}_*) \in M_2$ であることも確かめられる. したがって, $\boldsymbol{x}_* \in M$ となり, M が閉部分空間であることがわかった. 以下, $A := P_{M_1} + P_{M_2}$ が定理 5.2(d) の条件を満たすことを示す. 写像 $P_{M_1} + P_{M_2}$ は線形写像の和であるから線形写像であり, さらに

$$\begin{aligned}
&\|(P_{M_1}+P_{M_2})(\boldsymbol{x})\|^2\\
&=\left\|P_{M_1}\left(P_{M_1}(\boldsymbol{x})+P_{M_1^\perp}(\boldsymbol{x})\right)\right\|^2+\left\|P_{M_2}\left(P_{M_1}(\boldsymbol{x})+P_{M_1^\perp}(\boldsymbol{x})\right)\right\|^2\\
&=\|P_{M_1}(\boldsymbol{x})\|^2+\left\|P_{M_2}\left(P_{M_1^\perp}(\boldsymbol{x})\right)\right\|^2\\
&\leq\|P_{M_1}(\boldsymbol{x})\|^2+\left\|P_{M_1^\perp}(\boldsymbol{x})\right\|^2=\|\boldsymbol{x}\|^2\quad(\forall\boldsymbol{x}\in\mathcal{H})
\end{aligned}$$

より，写像 $P_{M_1}+P_{M_2}$ が有界線形写像であることが確かめられる．

写像 $P_{M_1}+P_{M_2}$ の値域を確かめておこう．任意の $\boldsymbol{x}\in\mathcal{H}$ に対して，

$$(P_{M_1}+P_{M_2})(\boldsymbol{x})=P_{M_1}(\boldsymbol{x})+P_{M_2}(\boldsymbol{x})\in M$$

また，任意の $\boldsymbol{x}=\boldsymbol{x}_1+\boldsymbol{x}_2\in M$ $(\boldsymbol{x}_1\in M_1\subset M_2^\perp,\ \boldsymbol{x}_2\in M_2\subset M_1^\perp)$ に対して，

$$\begin{aligned}
(P_{M_1}+P_{M_2})(\boldsymbol{x})&=P_{M_1}(\boldsymbol{x}_1+\boldsymbol{x}_2)+P_{M_2}(\boldsymbol{x}_1+\boldsymbol{x}_2)\\
&=P_{M_1}(\boldsymbol{x}_1)+P_{M_2}(\boldsymbol{x}_2)=\boldsymbol{x}
\end{aligned}$$

より，$\mathrm{Fix}(P_{M_1}+P_{M_2})=M$ であることがわかる．定理5.2(d)の冪等性，自己共役性は，以下のように確認できる．まず，すべての $\boldsymbol{x}\in\mathcal{H}$ に対して，

$$\begin{aligned}
&(P_{M_1}+P_{M_2})^2(\boldsymbol{x})\\
&=P_{M_1}\left(P_{M_1}(\boldsymbol{x})+P_{M_2}(\boldsymbol{x})\right)+P_{M_2}\left(P_{M_1}(\boldsymbol{x})+P_{M_2}(\boldsymbol{x})\right)\\
&=P_{M_1}(\boldsymbol{x})+P_{M_2}(\boldsymbol{x})\\
&=(P_{M_1}+P_{M_2})(\boldsymbol{x})
\end{aligned}$$

より冪等性が確かめられる．また，すべての $\boldsymbol{x},\boldsymbol{y}\in\mathcal{H}$ に対して，

$$\begin{aligned}
\langle(P_{M_1}+P_{M_2})(\boldsymbol{x}),\boldsymbol{y}\rangle&=\langle P_{M_1}(\boldsymbol{x}),\boldsymbol{y}\rangle+\langle P_{M_2}(\boldsymbol{x}),\boldsymbol{y}\rangle\\
&=\langle\boldsymbol{x},P_{M_1}(\boldsymbol{y})\rangle+\langle\boldsymbol{x},P_{M_2}(\boldsymbol{y})\rangle\\
&=\langle\boldsymbol{x},(P_{M_1}+P_{M_2})(\boldsymbol{y})\rangle
\end{aligned}$$

となるから，自己共役性も確かめられた． ■

2つの閉部分空間の直和(直交性は要請しない)に対しては，以下が成立するので確かめられたい．

例題 5.1 (直和分解と有界線形写像：閉グラフ定理の応用例)

ヒルベルト空間 X の閉部分空間 U と V が $U\cap V=\{\boldsymbol{0}\}$ となり，さらに $U+V:=\{\boldsymbol{u}+\boldsymbol{v}\in X\mid\boldsymbol{u}\in U,\boldsymbol{v}\in V\}$ が閉部分空間となるとき，以下を示せ．

(a) (直和分解の一意性) 任意の $\boldsymbol{x}\in U+V$ に対して，

$$\boldsymbol{x}=\boldsymbol{u}+\boldsymbol{v}\quad(\boldsymbol{u}\in U,\boldsymbol{v}\in V)$$

を満たす分解は唯一存在する．

(b)　(直和分解が作る有界線形写像)　写像 $Q : U + V \to U$ を

$$Q(\boldsymbol{u} + \boldsymbol{v}) = \boldsymbol{u} \quad (\forall \boldsymbol{u} \in U, \forall \boldsymbol{v} \in V)$$

によって定義すると，Q は有界線形写像となる．

【解答】 (a)　分解の存在性は明らか．唯一性を示す．ある $\boldsymbol{x} \in U + V$ に対して２通りの分解

$$\boldsymbol{x} = \boldsymbol{u}_1 + \boldsymbol{v}_1 = \boldsymbol{u}_2 + \boldsymbol{v}_2 \quad (\boldsymbol{u}_i \in U,\ \boldsymbol{v}_i \in V,\ i = 1, 2)$$

が存在するとき，

$$\boldsymbol{u}_1 - \boldsymbol{u}_2 = \boldsymbol{v}_2 - \boldsymbol{v}_1 \in U \cap V = \{\boldsymbol{0}\}$$

すなわち

$$\boldsymbol{u}_1 = \boldsymbol{u}_2,\ \boldsymbol{v}_1 = \boldsymbol{v}_2$$

となることがわかる．

(b)　(a) の結果より任意の

$$\boldsymbol{x} := \boldsymbol{u}_1 + \boldsymbol{v}_1,\ \boldsymbol{y} := \boldsymbol{u}_2 + \boldsymbol{v}_2 \in U + V \ (\boldsymbol{u}_i \in U,\ \boldsymbol{v}_i \in V,\ i = 1, 2)$$

と $\alpha, \beta \in \boldsymbol{R}$ に対して，

$$\alpha \boldsymbol{u}_1 + \beta \boldsymbol{u}_2 \in U, \quad \alpha \boldsymbol{v}_1 + \beta \boldsymbol{v}_2 \in V$$

となるので，

$$\begin{aligned} Q(\alpha \boldsymbol{x} + \beta \boldsymbol{y}) &= Q\left((\alpha \boldsymbol{u}_1 + \beta \boldsymbol{u}_2) + (\alpha \boldsymbol{v}_1 + \beta \boldsymbol{v}_2)\right) \\ &= \alpha \boldsymbol{u}_1 + \beta \boldsymbol{u}_2 = \alpha Q(\boldsymbol{x}) + \beta Q(\boldsymbol{y}) \end{aligned}$$

が成立し，Q が線形写像になることが確かめられる．Q の有界性は閉グラフ定理によって以下のように簡単に示される．$U + V$ はヒルベルト空間 X の閉部分空間であるから，$U + V$ 自身も (X の内積 $\langle \cdot, \cdot \rangle_X$，ノルム $\|\cdot\|_X$ を継承した) ヒルベルト空間になる．同様に，U 自身も (X の内積，ノルムを継承した) ヒルベルト空間になる．さらに，$(U + V) \times U$ も ($X \times X$ の内積 $\langle \cdot, \cdot \rangle$，ノルム $\|\cdot\|$ を継承した) ヒルベルト空間になる．閉グラフ定理を適用して，Q の有界性を示すには $\mathcal{G}(Q) \subset (U + V) \times U$ がヒルベルト空間 $(U + V) \times U$ の閉集合となることを示せば十分．それには，

$$(\boldsymbol{x}_n, Q(\boldsymbol{x}_n)) \in \mathcal{G}(Q) \quad (n = 1, 2, \cdots)$$

が１点

$$(\boldsymbol{x}, \boldsymbol{y}) \in (U+V) \times U \subset X \times X$$

に収束する状況で，$\boldsymbol{y} = Q(\boldsymbol{x})$ が保証されることを確認すればよい．仮定より，$n \to \infty$ のとき，

$$\|(\boldsymbol{x}_n, Q(\boldsymbol{x}_n)) - (\boldsymbol{x}, \boldsymbol{y})\|_{X \times X}^2 = \|\boldsymbol{x}_n - \boldsymbol{x}\|_X^2 + \|Q(\boldsymbol{x}_n) - \boldsymbol{y}\|_X^2 \to 0$$

となるので，

$$\|\boldsymbol{x}_n - Q(\boldsymbol{x}_n) - (\boldsymbol{x} - \boldsymbol{y})\|_X \leq \|\boldsymbol{x}_n - \boldsymbol{x}\|_X + \|Q(\boldsymbol{x}_n) - \boldsymbol{y}\|_X \to 0$$

も成立する．また，$U+V$ が閉集合であることに注意すると，$\boldsymbol{x}_n \in U+V$ $(n = 1, 2, \cdots)$ の収束先は $\boldsymbol{x} \in U+V$ となる．一方，U が閉集合であることに注意すると，$Q(\boldsymbol{x}_n) \in U$ $(n = 1, 2, \cdots)$ の収束先についても $\boldsymbol{y} \in U$ が保証され，さらに「直和分解の一意性 (a)」から $Q(\boldsymbol{y}) = \boldsymbol{y}$ を得る．なお，

$$\boldsymbol{x}_n - Q(\boldsymbol{x}_n) \in V \quad (n = 1, 2, \cdots)$$

で V が閉集合であることに注意すれば，その収束先についても $\boldsymbol{x} - \boldsymbol{y} \in V$ が保証され，やはり直和分解の一意性 (a) から $Q(\boldsymbol{x} - \boldsymbol{y}) = \boldsymbol{0}$ を得る．以上の結果と Q の線形性から，

$$\begin{aligned} Q(\boldsymbol{x}) &= Q(\boldsymbol{x} - \boldsymbol{y} + \boldsymbol{y}) \\ &= Q(\boldsymbol{x} - \boldsymbol{y}) + Q(\boldsymbol{y}) \\ &= \boldsymbol{0} + \boldsymbol{y} = \boldsymbol{y} \end{aligned}$$

であることが確かめられる．■

5.2 線形多様体への直交射影と正規方程式

ヒルベルト空間では有限次元部分空間は常に閉集合となり (定理3.2参照), 以下に示すように, 有限次元部分空間への直交射影の計算は次元の数だけの未知数を求める線形連立方程式の問題に帰着される[9]. 「有限次元部分空間への直交射影」の計算原理を理解しておくことにより, 工学の諸問題に「直交射影定理」を上手に応用することが可能となる.

定理 5.3 (正規方程式とグラム行列)

ヒルベルト空間 $\mathcal{H}$ の有限個の点 $\boldsymbol{x}_1, \boldsymbol{x}_2, \cdots, \boldsymbol{x}_n \in \mathcal{H}$ が生成する有限次元部分空間 $M := \mathrm{span}\{\boldsymbol{x}_1, \boldsymbol{x}_2, \cdots, \boldsymbol{x}_n\}$ を考える. 任意の点 $\boldsymbol{x} \in \mathcal{H}$ から M への直交射影 $P_M(\boldsymbol{x}) \in M$ について以下が成立する.

(a) $(\alpha_1, \cdots, \alpha_n) \in \boldsymbol{R}^n$ が

$$P_M(\boldsymbol{x}) = \alpha_1\boldsymbol{x}_1 + \cdots + \alpha_n\boldsymbol{x}_n$$

を満足するための必要十分条件は, $(\alpha_1, \alpha_2, \cdots, \alpha_n) \in \boldsymbol{R}^n$ が**正規方程式**

$$G(\alpha_1, \alpha_2, \cdots, \alpha_n)^t = (\langle \boldsymbol{x}_1, \boldsymbol{x}\rangle, \langle \boldsymbol{x}_2, \boldsymbol{x}\rangle, \cdots, \langle \boldsymbol{x}_n, \boldsymbol{x}\rangle)^t \tag{5.16}$$

の解となることである. ただし, G は**グラム行列**と呼ばれ,

$$G := \begin{bmatrix} \langle \boldsymbol{x}_1, \boldsymbol{x}_1\rangle & \langle \boldsymbol{x}_1, \boldsymbol{x}_2\rangle & \cdots & \langle \boldsymbol{x}_1, \boldsymbol{x}_n\rangle \\ \langle \boldsymbol{x}_2, \boldsymbol{x}_1\rangle & \langle \boldsymbol{x}_2, \boldsymbol{x}_2\rangle & \cdots & \langle \boldsymbol{x}_2, \boldsymbol{x}_n\rangle \\ \vdots & \vdots & \ddots & \vdots \\ \langle \boldsymbol{x}_n, \boldsymbol{x}_1\rangle & \langle \boldsymbol{x}_n, \boldsymbol{x}_2\rangle & \cdots & \langle \boldsymbol{x}_n, \boldsymbol{x}_n\rangle \end{bmatrix} \tag{5.17}$$

で定義される.

(b) G が正則であるための必要十分条件は, $\{\boldsymbol{x}_1, \boldsymbol{x}_2, \cdots, \boldsymbol{x}_n\} \subset \mathcal{H}$ が1次独立であることである.

[注:正規方程式 (式 (5.16)) の解の存在性は, 定理 5.1(直交射影定理) によって保証される. G が正則でない場合, 正規方程式の解 $(\alpha_1, \cdots, \alpha_n)$ は無限個存在することになるが, どの解も同一の点 $P_M(\boldsymbol{x}) = \alpha_1\boldsymbol{x}_1 + \cdots + \alpha_n\boldsymbol{x}_n \in M$ を表現することに注意されたい]

【証明】 (a) 直交射影定理 (定理 5.1) より $\boldsymbol{x} - P_M(\boldsymbol{x}) \perp M$ すなわち,

$$\begin{aligned} 0 &= \langle \boldsymbol{x}_k, \boldsymbol{x} - P_M(\boldsymbol{x})\rangle \\ &= \langle \boldsymbol{x}_k, \boldsymbol{x} - (\alpha_1\boldsymbol{x}_1 + \cdots + \alpha_n\boldsymbol{x}_n)\rangle \end{aligned}$$

---

[9] このことは,「有限次元部分空間への直交射影」が, (例えば線形代数の) ガウスの消去法を用いて有限回の四則演算で厳密に計算できることを意味している.

$$= \langle \boldsymbol{x}_k, \boldsymbol{x} \rangle - \sum_{j=1}^{n} \langle \boldsymbol{x}_k, \boldsymbol{x}_j \rangle \alpha_j \quad (k = 1, 2, \cdots, n) \tag{5.18}$$

が $P_M(\boldsymbol{x}) = \alpha_1 \boldsymbol{x}_1 + \cdots + \alpha_n \boldsymbol{x}_n$ となる必要十分条件になる．式 (5.18) を整理して正規方程式 (5.16) を得る．

(b)　対偶の命題「『G の行ベクトルが 1 次従属』$\Leftrightarrow$『$\{\boldsymbol{x}_1, \boldsymbol{x}_2, \cdots, \boldsymbol{x}_n\} \subset \mathcal{H}$ が 1 次従属』」を示す．

(「$\Leftarrow$」の証明)　$\{\boldsymbol{x}_1, \boldsymbol{x}_2, \cdots, \boldsymbol{x}_n\} \subset \mathcal{H}$ が 1 次従属, すなわち $\sum_{j=1}^{n} \alpha_j \boldsymbol{x}_j = \boldsymbol{0}$ となる非零な係数ベクトル $(\alpha_1, \alpha_2, \cdots, \alpha_n) \neq \boldsymbol{0}$ が存在すると仮定する．このとき, 明らかに,

$$\begin{aligned} &\sum_{j=1}^{n} \alpha_j (\langle \boldsymbol{x}_j, \boldsymbol{x}_1 \rangle, \cdots, \langle \boldsymbol{x}_j, \boldsymbol{x}_n \rangle) \\ &= \left(\left\langle \sum_{j=1}^{n} \alpha_j \boldsymbol{x}_j, \boldsymbol{x}_1 \right\rangle, \cdots, \left\langle \sum_{j=1}^{n} \alpha_j \boldsymbol{x}_j, \boldsymbol{x}_n \right\rangle \right) \\ &= (\langle \boldsymbol{0}, \boldsymbol{x}_1 \rangle, \cdots, \langle \boldsymbol{0}, \boldsymbol{x}_n \rangle) = \boldsymbol{0} \end{aligned}$$

となり, G の行ベクトルが 1 次従属となることがわかる．

(「$\Rightarrow$」の証明)　G の行ベクトルが 1 次従属, すなわち

$$\sum_{j=1}^{n} \alpha_j \langle \boldsymbol{x}_j, \boldsymbol{x}_k \rangle = 0 \quad (k = 1, 2, \cdots, n)$$

となる非零な係数ベクトル $(\alpha_1, \alpha_2, \cdots, \alpha_n) \neq \boldsymbol{0}$ が存在すると仮定する．このとき,

$$\begin{aligned} 0 &= \sum_{k=1}^{n} \alpha_k \left(\sum_{j=1}^{n} \alpha_j \langle \boldsymbol{x}_j, \boldsymbol{x}_k \rangle \right) \\ &= \sum_{k=1}^{n} \alpha_k \left(\left\langle \sum_{j=1}^{n} \alpha_j \boldsymbol{x}_j, \boldsymbol{x}_k \right\rangle \right) \\ &= \left\langle \sum_{j=1}^{n} \alpha_j \boldsymbol{x}_j, \sum_{k=1}^{n} \alpha_k \boldsymbol{x}_k \right\rangle \\ &= \left\| \sum_{k=1}^{n} \alpha_k \boldsymbol{x}_k \right\|^2 \end{aligned}$$

であるから, $\sum_{k=1}^{n} \alpha_k \boldsymbol{x}_k = \boldsymbol{0}$ となり (定義 3.1 参照), $\{\boldsymbol{x}_1, \boldsymbol{x}_2, \cdots, \boldsymbol{x}_n\} \subset \mathcal{H}$ が 1 次従属となる．■

定理 5.4 (線形多様体への直交射影と最小ノルム点)

ヒルベルト空間 $\mathcal{H}$ の空でない線形多様体 $V(\subset \mathcal{H})$ を任意に固定された $\boldsymbol{v} \in V$ と閉部分空間 $M(\subset \mathcal{H})$ を用いて $V = \boldsymbol{v} + M := \{\boldsymbol{v} + \boldsymbol{m} \in \mathcal{H} \mid \boldsymbol{m} \in M\}$ のように表すとき，

(a)　任意の $\boldsymbol{x} \in \mathcal{H}$ に対して，

$$\|\boldsymbol{x} - P_V(\boldsymbol{x})\| = \min_{\boldsymbol{z} \in V} \|\boldsymbol{x} - \boldsymbol{z}\|$$

を満足する唯一の点 $P_V(\boldsymbol{x}) \in V$ が存在し，

$$\begin{aligned} P_V(\boldsymbol{x}) &= \boldsymbol{v} + P_M(\boldsymbol{x} - \boldsymbol{v}) = (\boldsymbol{v} - P_M(\boldsymbol{v})) + P_M(\boldsymbol{x}) \\ &= P_V(\boldsymbol{0}) + (\boldsymbol{x} - P_{M^\perp}(\boldsymbol{x})) \end{aligned} \tag{5.19}$$

と表せる．$P_V(\boldsymbol{x})$ を「$\boldsymbol{x}$ の V への直交射影」という．

$$P_V(\boldsymbol{0}) = \boldsymbol{v} - P_M(\boldsymbol{v}) = P_{M^\perp}(\boldsymbol{v}) \in V$$

は，「$\boldsymbol{0} \in \mathcal{H}$ の V への直交射影」であり，V のすべての点の中で最小のノルムをもつ唯一の点となるので，「V の最小ノルム点」と呼ぶ．

(b)　V の最小ノルム点 $P_V(\boldsymbol{0}) \in V$ は

$$\{P_V(\boldsymbol{0})\} = V \cap M^\perp \neq \emptyset \tag{5.20}$$

を満足し，集合 $V \cap M^\perp$ の唯一の点として特徴づけられる．

【証明】 (a)　V は閉凸集合であるから，$P_V(\boldsymbol{x})$ の一意存在性は明らかであるが，式 (5.19) の関係を得るために以下のように考える．

任意の $\boldsymbol{z} \in V$ は $\boldsymbol{z} = \boldsymbol{v} + \boldsymbol{m}$ $(\boldsymbol{m} \in M)$ と表現できるので，定理 5.1 から

$$\min_{\boldsymbol{m} \in M} \|\boldsymbol{x} - \boldsymbol{v} - \boldsymbol{m}\| = \|\boldsymbol{x} - \boldsymbol{v} - P_M(\boldsymbol{x} - \boldsymbol{v})\|$$

となる唯一の $P_M(\boldsymbol{x} - \boldsymbol{v}) \in M$ が存在し，$P_V(\boldsymbol{x}) = \boldsymbol{v} + P_M(\boldsymbol{x} - \boldsymbol{v}) \in V$ を得る．また，P_M の線形性 (定理 5.2) と系 5.2(c) に注意すれば，$P_V(\boldsymbol{x})$ と $P_V(\boldsymbol{0})$ の残りの表現も明らか．

(b)　(「$\subset$」の証明)　(a) より，$P_V(\boldsymbol{0}) = P_{M^\perp}(\boldsymbol{v}) \in V$ であるから，$P_V(\boldsymbol{0}) \in V \cap M^\perp$ が成立する．

(「$\supset$」の証明)　任意に選んだ $\boldsymbol{z}_0 \in V \cap M^\perp$ に対して，性質 3.2(a) より，

$$V = \{\boldsymbol{z}_0 + \boldsymbol{m} \mid \boldsymbol{m} \in M\}$$

$$\|\boldsymbol{z}_0 + \boldsymbol{m}\|^2 = \|\boldsymbol{z}_0\|^2 + \|\boldsymbol{m}\|^2 \geq \|\boldsymbol{z}_0\|^2 \quad (\forall \boldsymbol{m} \in M)$$

となるので，$\boldsymbol{z}_0$ は，$\|\boldsymbol{z}_0\| = \min_{\boldsymbol{z} \in V} \|\boldsymbol{z}\|$ を満足する．したがって，(a) で示された「V の最小ノルム点の一意性」によって，$\boldsymbol{z}_0 = P_V(\boldsymbol{0})$ が保証される．■

定理 5.5 (等式線形制約条件で定義される線形多様体への射影)

ヒルベルト空間 $\mathcal{H}$ の n 個のベクトル $\boldsymbol{y}_k \in \mathcal{H}$ と n 個の実数値 c_k $(k = 1, 2, \cdots, n)$ が与えられ，線形方程式 $\langle \boldsymbol{x}, \boldsymbol{y}_k \rangle = c_k$ $(k = 1, 2, \cdots, n)$ の解集合

$$V := \{\boldsymbol{x} \in \mathcal{H} \mid \langle \boldsymbol{x}, \boldsymbol{y}_k \rangle = c_k \quad (k = 1, 2, \cdots, n)\}$$

が空でないとき，

(a)　V は線形多様体となり，$M := \mathrm{span}\{\boldsymbol{y}_1, \cdots, \boldsymbol{y}_n\}$ の直交補空間 $M^{\perp}$ と任意に固定された $\boldsymbol{v} \in V$ を用いて $V = \boldsymbol{v} + M^{\perp}$ と表される．

(b)　V の中で最小ノルムをもつ唯一の点 (最小ノルム点)$P_V(\mathbf{0}) \in V$ が存在し，$\{P_V(\mathbf{0})\} = V \cap M \neq \emptyset$ を満足する．すなわち，$P_V(\mathbf{0})$ は，集合 $V \cap M$ 中の唯一の点として特徴づけられる．また，グラム行列

$$G := \begin{bmatrix} \langle \boldsymbol{y}_1, \boldsymbol{y}_1 \rangle & \langle \boldsymbol{y}_1, \boldsymbol{y}_2 \rangle & \cdots & \langle \boldsymbol{y}_1, \boldsymbol{y}_n \rangle \\ \langle \boldsymbol{y}_2, \boldsymbol{y}_1 \rangle & \langle \boldsymbol{y}_2, \boldsymbol{y}_2 \rangle & \cdots & \langle \boldsymbol{y}_2, \boldsymbol{y}_n \rangle \\ \vdots & \vdots & \ddots & \vdots \\ \langle \boldsymbol{y}_n, \boldsymbol{y}_1 \rangle & \langle \boldsymbol{y}_n, \boldsymbol{y}_2 \rangle & \cdots & \langle \boldsymbol{y}_n, \boldsymbol{y}_n \rangle \end{bmatrix}$$

を係数行列とする線形方程式

$$G(\lambda_1, \cdots, \lambda_n)^t = (c_1, c_2, \cdots, c_n)^t \tag{5.21}$$

の解の存在性も保証される．

さらに，$(\lambda_1, \cdots, \lambda_n) \in \boldsymbol{R}^n$ が V の最小ノルム解

$$P_V(\mathbf{0}) = \lambda_1 \boldsymbol{y}_1 + \cdots + \lambda_n \boldsymbol{y}_n \in V \cap M$$

を満足するための必要十分条件は，$(\lambda_1, \cdots, \lambda_n) \in \boldsymbol{R}^n$ が線形方程式 (5.21) の解となることである．

(c)　任意の $\boldsymbol{x} \in \mathcal{H}$ に対して，「$\boldsymbol{x}$ の V への直交射影」として定義される唯一の点 $P_V(\boldsymbol{x})$ は

$$P_V(\boldsymbol{x}) = P_V(\mathbf{0}) + (\boldsymbol{x} - P_M(\boldsymbol{x})) = \boldsymbol{x} + \sum_{i=1}^{n} (\lambda_i - \mu_i) \boldsymbol{y}_i \tag{5.22}$$

のように表せる．ただし，$(\lambda_1, \cdots, \lambda_n) \in \boldsymbol{R}^n$ は線形方程式 (5.21) の任意の解であり，$(\mu_1, \cdots, \mu_n) \in \boldsymbol{R}^n$ は正規方程式

$$G(\mu_1, \cdots, \mu_n)^t = (\langle \boldsymbol{x}, \boldsymbol{y}_1 \rangle, \cdots, \langle \boldsymbol{x}, \boldsymbol{y}_n \rangle)^t \tag{5.23}$$

の任意の解である [注：正規方程式 (5.23) の解の存在性は，定理 5.3 で保証されている]．

【証明】 (a) 1つの点 $\boldsymbol{v} \in V$ を固定するとき，任意の $\boldsymbol{p} \in (\mathrm{span}\{\boldsymbol{y}_1, \cdots, \boldsymbol{y}_n\})^{\perp}$ に対して，

$$\langle \boldsymbol{v}+\boldsymbol{p}, \boldsymbol{y}_k \rangle = \langle \boldsymbol{v}, \boldsymbol{y}_k \rangle + \langle \boldsymbol{p}, \boldsymbol{y}_k \rangle = \langle \boldsymbol{v}, \boldsymbol{y}_k \rangle = c_k \quad (k=1,2,\cdots,n)$$

を満足するので，$\boldsymbol{v}+\boldsymbol{p} \in V$ すなわち $\boldsymbol{v}+M^{\perp} \subset V$ が成立する．逆に，任意の $\boldsymbol{x} \in V$ が与えられるとき，「$\langle \boldsymbol{x}, \boldsymbol{y}_k \rangle = c_k\ (k=1,2,\cdots,n)$」となるので，「$\langle \boldsymbol{x}-\boldsymbol{v}, \boldsymbol{y}_k \rangle = 0\ (k=1,2,\cdots,n)$」となり，$\boldsymbol{x}-\boldsymbol{v} \in M^{\perp}$．したがって，$V \subset \boldsymbol{v}+M^{\perp}$ が成立する．以上で，$V = \boldsymbol{v}+M^{\perp}$ が示された．

(b) V は，$M^{\perp}$ のシフトとして定義された線形多様体なので，定理 5.4 より最小ノルム解 $P_V(\mathbf{0}) \in V$ の一意存在性が保証され，さらに $P_V(\mathbf{0})$ は $M^{\perp}$ に直交する V 中の唯一のベクトルであることも保証されている．一方，$P_V(\mathbf{0}) \in (M^{\perp})^{\perp} = M$ (定理 3.2 と系 5.2(c) 参照) であるから，$P_V(\mathbf{0}) = \sum_{k=1}^{n} \lambda_k \boldsymbol{y}_k \in M \cap V$ となる線形結合係数 $\lambda_k \in \boldsymbol{R}\ (k=1,2,\cdots,n)$ の存在も保証される．したがって，方程式 (5.21) の解は必ず存在し，いずれの解 $(\lambda_1, \cdots, \lambda_n) \in \boldsymbol{R}^n$ を $\{\boldsymbol{y}_k\}_{k=1}^{n}$ の線形結合係数に選んでも唯一の最小ノルム解 $\boldsymbol{z}^* = \sum_{k=1}^{n} \lambda_k \boldsymbol{y}_k \in V$ を与えることがわかる．

(c) 定理 5.4 の式 (5.19) と $(M^{\perp})^{\perp} = M$ より，$P_M(\boldsymbol{x})$ の表現を与えれば十分である．定理 5.3 より，正規方程式 (5.23) の任意の解 $(\mu_1, \cdots, \mu_n)$ を用いて，$P_M(\boldsymbol{x}) = \sum_{i=1}^{n} \mu_i \boldsymbol{y}_i$ と表せるので，$P_V(\boldsymbol{x})$ は，式 (5.22) によって表現できることがわかる． ■

■ 例題 5.2 (最小分散不偏推定問題)

未知ベクトル $\boldsymbol{b} \in \boldsymbol{R}^n$ が加法雑音ベクトル (確率変数ベクトル) $\boldsymbol{\varepsilon} \in \boldsymbol{R}^m$ を伴って既知の線形写像 $A : \boldsymbol{R}^n \to \boldsymbol{R}^m$ によって観測される状況

$$\boldsymbol{y} = A(\boldsymbol{b}) + \boldsymbol{\varepsilon} \tag{5.24}$$

を考える．ただし，雑音ベクトル $\boldsymbol{\varepsilon}$ は確率変数ベクトルであり，平均

$$E(\boldsymbol{\varepsilon}) = (0, 0, \cdots, 0)^t$$

と正則な共分散行列

$$E(\boldsymbol{\varepsilon}\boldsymbol{\varepsilon}^t) = Q \in \boldsymbol{R}^{m \times m}$$

をもち，A は $m \times n$ 行列としてみたとき，n 個の 1 次独立な列ベクトルからなるものと仮定する．このとき，

$$U_B := \{\Psi : \boldsymbol{R}^m \to \boldsymbol{R}^n \mid \Psi \text{は線形写像ですべての}\ \boldsymbol{b} \in \boldsymbol{R}^n \text{に対して}$$
$$E[\Psi(A(\boldsymbol{b}) + \boldsymbol{\varepsilon})] = \boldsymbol{b} \text{ を満たす} \} \tag{5.25}$$

に所属する Ψ は不偏推定行列 (あるいは不偏推定法：unbiased estimator)

であるという．さらに，

$$E\left(\|\Psi_{\rm opt}(\boldsymbol{y})-\boldsymbol{b}\|_{(n)}^2\right) \le E\left(\|\Psi(\boldsymbol{y})-\boldsymbol{b}\|_{(n)}^2\right) \quad (\forall \Psi \in U_B) \tag{5.26}$$

を満たす $\Psi_{\rm opt} \in U_B$ は 最小分散不偏推定行列 (あるいは最小分散不偏推定法：minimum-variance unbiased estimator / Best Linear Unbiased Estimator (BLUE)) という (ただし，式 (5.26) で $\|\cdot\|_{(n)}$ はユークリッド空間 $\boldsymbol{R}^n$ のノルムを表す)[10)]．このとき，以下を示せ．

(a)　任意の線形写像 $\Psi : \boldsymbol{R}^m \to \boldsymbol{R}^n$ に対して，

$$\begin{aligned} E\left(\|\Psi(\boldsymbol{y})-\boldsymbol{b}\|_{(n)}^2\right) &= E\left(\|\Psi(A\boldsymbol{b}+\boldsymbol{\varepsilon})-\boldsymbol{b}\|_{(n)}^2\right) \\ &= \|(\Psi A - I)\boldsymbol{b}\|_{(n)}^2 + \mathrm{trace}(\Psi Q \Psi^t) \end{aligned} \tag{5.27}$$

が成立する ($I \in \boldsymbol{R}^{n\times n}$は単位行列)．

(b)
$$\Psi \in U_B \Leftrightarrow \Psi A = I$$
から $U_B \neq \emptyset$ が保証され，

「条件 (5.26) を満たす$\Psi_{\rm opt} \in U_B$を求めよ」$\Leftrightarrow$

「条件$\Psi A = I$ のもとで $\mathrm{trace}(\Psi Q \Psi^t)$ を最小化せよ」

となる．

(c)　$n \times n$ 行列 $A^t Q^{-1} A$ は正則となる．

(d)　$\Psi_{\rm opt} \in U_B$ の正体は

$$\Psi_{\rm opt} = \left(A^t Q^{-1} A\right)^{-1} A^t Q^{-1}$$

によって与えられる．また，

$$E\left[\{\Psi_{\rm opt}(\boldsymbol{y})-\boldsymbol{b}\}\{\Psi_{\rm opt}(\boldsymbol{y})-\boldsymbol{b}\}^t\right] = (A^t Q^{-1} A)^{-1}$$

が成立する．

【解答】　(a)　$E(\boldsymbol{\varepsilon}) = \boldsymbol{0}$ に注意すると，

$$\begin{aligned} &E\left(\|\Psi(A\boldsymbol{b}+\boldsymbol{\varepsilon})-\boldsymbol{b}\|_{(n)}^2\right) \\ &= E\left(\|\Psi(A\boldsymbol{b})+\Psi(\boldsymbol{\varepsilon})-\boldsymbol{b}\|_{(n)}^2\right) \\ &= E\left[\{\Psi(A\boldsymbol{b})-\boldsymbol{b}\}^t\{\Psi(A\boldsymbol{b})-\boldsymbol{b}\}\right] + E\left[\{\Psi(A\boldsymbol{b})-\boldsymbol{b}\}^t\{\Psi(\boldsymbol{\varepsilon})\}\right] \\ &\quad + E\left[\{\Psi(\boldsymbol{\varepsilon})\}^t\{\Psi(A\boldsymbol{b})-\boldsymbol{b}\}\right] + E\left[(\Psi\boldsymbol{\varepsilon})^t(\Psi\boldsymbol{\varepsilon})\right] \\ &= E\left(\|\Psi(A\boldsymbol{b})-\boldsymbol{b}\|_{(n)}^2\right) + E\left[(\Psi\boldsymbol{\varepsilon})^t(\Psi\boldsymbol{\varepsilon})\right] \end{aligned}$$

---

10) 線形写像 $A : \boldsymbol{R}^n \to \boldsymbol{R}^m$, $\Psi : \boldsymbol{R}^m \to \boldsymbol{R}^n$ はいずれも行列をかける操作に対応するので，各々に対応する行列と同一視して考える．

$$= \|\Psi A\boldsymbol{b} - \boldsymbol{b}\|_{(n)}^2 + \mathrm{trace}\left(\Psi Q \Psi^t\right)$$

となる．

(b) $\mathrm{rank}(A) = n$ から $U_B \neq \emptyset$ が保証される．残りの主張は (a) の結果から明らかである．

(c) 関数 $\langle\cdot,\cdot\rangle_{Q^{-1}} : \boldsymbol{R}^m \times \boldsymbol{R}^m \to \boldsymbol{R}$ を

$$\langle \boldsymbol{x}_1, \boldsymbol{x}_2 \rangle_{Q^{-1}} := \boldsymbol{x}_1^t Q^{-1} \boldsymbol{x}_2 \tag{5.28}$$

のように定義すると，Q の正定値性 ($\Leftrightarrow$ すべての固有値が正であること) より Q^{-1} も正定値となるので (なぜなら Q^{-1} の固有値は Q の固有値の逆数となるので)，$\langle\cdot,\cdot\rangle_{Q^{-1}}$ は $\boldsymbol{R}^m$ の内積としての条件 (定義 3.6 参照) を満たす (4 章の章末問題 1 参照)．また，行列 $A^t Q^{-1} A$ は，A の n 個の列ベクトルに対する内積 $\langle\cdot,\cdot\rangle_{Q^{-1}}$ の下でのグラム行列であることも容易に確かめられる．ここで，定理 5.3 の第 2 の主張から，A の列ベクトルの 1 次独立性 が $A^t Q^{-1} A$ の正則性を保証していることもわかる．

(d) Ψ の第 i 行ベクトルを $\boldsymbol{\psi}_i^t$ $(i = 1, 2, \cdots, n)$, $A \in \boldsymbol{R}^{m \times n}$ の第 j 番目の列ベクトルを $\boldsymbol{a}_j$ $(j = 1, 2, \cdots, n)$ と表すと，$\langle \boldsymbol{x}_1, \boldsymbol{x}_2 \rangle_Q := \boldsymbol{x}_1^t Q \boldsymbol{x}_2$ $(\boldsymbol{x}_1, \boldsymbol{x}_2 \in \boldsymbol{R}^m)$ で定義される内積 $\langle\cdot,\cdot\rangle_Q$ とこの内積から誘導されるノルム $\|\boldsymbol{x}\|_Q^2 := \langle \boldsymbol{x}, \boldsymbol{x} \rangle_Q$ を用いて，

$$\mathrm{trace}(\Psi Q \Psi^t) = \sum_{i=1}^{n} \boldsymbol{\psi}_i^t Q \boldsymbol{\psi}_i = \sum_{i=1}^{n} \|\boldsymbol{\psi}_i\|_Q^2$$

となる．したがって，(b) から $\Psi_{\mathrm{opt}} \in U_B$ を求める問題は

$$\left.\begin{array}{l} \langle \boldsymbol{\psi}_i, Q^{-1}\boldsymbol{a}_j \rangle_Q = \delta_{ij} \quad (j = 1, 2, \cdots, n) \\ \text{の条件の下で} \\ \|\boldsymbol{\psi}_i\|_Q^2 \text{を最小化する} \boldsymbol{\psi}_i \text{を求めよ} \end{array}\right\} \quad (i = 1, 2, \cdots, n) \tag{5.29}$$

と言い換えられる [注：δ_{ij} はクロネッカー (Kronecker, 1823∼1891) のデルタ]．定理 5.5 に注意すれば，各 i に対して条件 [式 (5.29)] を満足する $\boldsymbol{\psi}_i$ は唯一存在することが保証されるので，これを $\boldsymbol{\psi}_i^*$ と表すことにすれば，

$$\boldsymbol{\psi}_i^* = \sum_{j=1}^{n} \mu_j^{(i)} Q^{-1} \boldsymbol{a}_j$$

ただし，$(\mu_1^{(i)}, \mu_2^{(i)}, \cdots, \mu_n^{(i)})^t \in \boldsymbol{R}^n$ は，内積 $\langle\cdot,\cdot\rangle_Q$ の下での方程式

$$\begin{aligned} \boldsymbol{e}_i &= (Q^{-1}A)^t Q (Q^{-1}A)(\mu_1^{(i)}, \mu_2^{(i)}, \cdots, \mu_n^{(i)})^t \\ &= (A^t Q^{-1} A)(\mu_1^{(i)}, \mu_2^{(i)}, \cdots, \mu_n^{(i)})^t \quad (i = 1, 2, \cdots, n) \end{aligned} \tag{5.30}$$

($\boldsymbol{e}_i$は単位行列 $I \in \boldsymbol{R}^{n \times n}$の第 i 列ベクトル) を満足することがわかる．

最後に，(c) の結果を式 (5.30) に適用して，

$$\boldsymbol{\psi}_i^* = Q^{-1}A(A^tQ^{-1}A)^{-1}\boldsymbol{e}_i \quad (i = 1, 2, \cdots, n)$$

すなわち

$$\Psi_{\mathrm{opt}}^t = Q^{-1}A(A^tQ^{-1}A)^{-1}$$

が得られる．なお，$\Psi_{\mathrm{opt}}A = I$ に注意すれば，

$$\begin{aligned}
&E\left[\{\Psi_{\mathrm{opt}}(\boldsymbol{y}) - \boldsymbol{b}\}\{\Psi_{\mathrm{opt}}(\boldsymbol{y}) - \boldsymbol{b}\}^t\right] \\
&= E\left[\{\Psi_{\mathrm{opt}}(A\boldsymbol{b} + \boldsymbol{\varepsilon}) - \boldsymbol{b}\}\{\Psi_{\mathrm{opt}}(A\boldsymbol{b} + \boldsymbol{\varepsilon}) - \boldsymbol{b}\}^t\right] \\
&= E\left[\{\Psi_{\mathrm{opt}}\boldsymbol{\varepsilon}\}\{\Psi_{\mathrm{opt}}\boldsymbol{\varepsilon}\}^t\right] \\
&= \Psi_{\mathrm{opt}}Q\Psi_{\mathrm{opt}}^t \\
&= \left\{\left(A^tQ^{-1}A\right)^{-1}A^tQ^{-1}\right\}Q\left\{Q^{-1}A(A^tQ^{-1}A)^{-1}\right\} \\
&= \left(A^tQ^{-1}A\right)^{-1}
\end{aligned}$$

であることも確かめられる． ■

定理 5.6 (ムーア (Moore, 1862〜1932)・ペンローズ (Penrose, 1931〜) の一般逆写像)

行列 $A \in \boldsymbol{R}^{m\times n}$ とベクトル $\boldsymbol{y} \in \boldsymbol{R}^m$ が与えられ，$\boldsymbol{R}^m$ のユークリッドノルムを $\|\cdot\|_{(m)}$，$\boldsymbol{R}^n$ のユークリッドノルムを $\|\cdot\|_{(n)}$ で表すとき，

(a) $S(\boldsymbol{y}) := \arg\min_{\boldsymbol{x}\in\boldsymbol{R}^n} \|A\boldsymbol{x} - \boldsymbol{y}\|_{(m)}^2$ は $\boldsymbol{R}^n$ の空でない線形多様体となり[11)]，

$$S(\boldsymbol{y}) = \{\boldsymbol{x} \in \boldsymbol{R}^n \mid A\boldsymbol{x} = P_{\mathcal{R}(A)}(\boldsymbol{y})\}$$

のように表現できる．

(b) 任意の $\boldsymbol{x} \in \boldsymbol{R}^n$ に対して，

$$\begin{aligned}
&\boldsymbol{x} \in S(\boldsymbol{y}) \\
&\Leftrightarrow A\boldsymbol{x} = P_{\mathcal{R}(A)}(\boldsymbol{y}) \\
&\Leftrightarrow \boldsymbol{y} - A\boldsymbol{x} \in \mathcal{R}(A)^{\perp} = \mathcal{N}(A^t) := \{\boldsymbol{z} \in \boldsymbol{R}^m \mid A^t\boldsymbol{z} = \boldsymbol{0}\} \\
&\Leftrightarrow A^tA\boldsymbol{x} = A^t\boldsymbol{y} \qquad (5.31)
\end{aligned}$$

(c) $S(\boldsymbol{y})$ の中で最小ノルムをもつベクトル $P_{S(\boldsymbol{y})}(\boldsymbol{0}) \in S(\boldsymbol{y})$ が唯一存在し，

---

11) 線形方程式 $A\boldsymbol{x} = \boldsymbol{y}$ を満足する解は，$\boldsymbol{y}$ が A の値域 $\mathcal{R}(A)$ (A の列ベクトルが張る「$\boldsymbol{R}^m$ の部分空間」) に含まれるとき，かつ，そのときに限って存在することに注意しよう．

$$\|P_{S(\boldsymbol{y})}(\boldsymbol{0})\|_{(n)} < \|\boldsymbol{x}\|_{(n)}, \quad \forall \boldsymbol{x} \in S(\boldsymbol{y}) \setminus \{P_{S(\boldsymbol{y})}(\boldsymbol{0})\} \tag{5.32}$$

が成立する．また，

$$\mathcal{N}(A^t A) := \{\boldsymbol{x} \in \boldsymbol{R}^n \mid A^t A\boldsymbol{x} = \boldsymbol{0}\} = \{\boldsymbol{x} \in \boldsymbol{R}^n \mid A\boldsymbol{x} = \boldsymbol{0}\} =: \mathcal{N}(A) \tag{5.33}$$

を用いると，$P_{S(\boldsymbol{y})}(\boldsymbol{0})$ は，

$$\{P_{S(\boldsymbol{y})}(\boldsymbol{0})\} = S(\boldsymbol{y}) \cap \mathcal{N}(A^t A)^{\perp} = S(\boldsymbol{y}) \cap \mathcal{N}(A)^{\perp} \tag{5.34}$$

を満たす唯一の点としても特徴づけられる．

(d)　任意に与えられた $\boldsymbol{y} \in \boldsymbol{R}^m$ に対して，条件 (5.32) を満たす $P_{S(\boldsymbol{y})}(\boldsymbol{0})$ を対応づける写像「$A^{\dagger} : \boldsymbol{R}^m \ni \boldsymbol{y} \mapsto P_{S(\boldsymbol{y})}(\boldsymbol{0}) \in \boldsymbol{R}^n$」は線形写像となり，$A : \boldsymbol{R}^n \to \boldsymbol{R}^m$ のムーア・ペンローズの一般逆写像と呼ばれている[12)]．

【証明】 (a)　A の列ベクトルを $\boldsymbol{a}_1, \boldsymbol{a}_2, \cdots, \boldsymbol{a}_n \in \boldsymbol{R}^m$, $\boldsymbol{x} = (x_1, x_2, \cdots, x_n)^t$ と表すとき，$\mathcal{R}(A) := \{A\boldsymbol{x} \in \boldsymbol{R}^m \mid \boldsymbol{x} \in \boldsymbol{R}^n\} = \mathrm{span}\{\boldsymbol{a}_1, \cdots, \boldsymbol{a}_n\}$ は，有限次元部分空間であるから閉部分空間となり (定理 3.2 参照)，$\boldsymbol{y} \in \boldsymbol{R}^m$ を

$$\|P_{\mathcal{R}(A)}(\boldsymbol{y}) - \boldsymbol{y}\|_{(m)} = \min_{\widehat{\boldsymbol{y}} \in \mathcal{R}(A)} \|\widehat{\boldsymbol{y}} - \boldsymbol{y}\|_{(m)}$$

の意味で最良近似する唯一のベクトルとして，$P_{\mathcal{R}(A)}(\boldsymbol{y}) \in \mathcal{R}(A)$ が存在する．$P_{\mathcal{R}(A)}(\boldsymbol{y})$ は，$\boldsymbol{a}_1, \cdots, \boldsymbol{a}_n$ の線形結合によって表現可能であり，

$$S(\boldsymbol{y}) = \left\{ \boldsymbol{x} = (x_1, \cdots, x_n)^t \in \boldsymbol{R}^n \;\middle|\; \sum_{i=1}^{n} x_i \boldsymbol{a}_i = P_{\mathcal{R}(A)}(\boldsymbol{y}) \right\}$$

は，線形方程式の空でない解集合となる．定理 5.5 より，$S(\boldsymbol{y})$ が $\boldsymbol{R}^n$ の線形多様体となることは明らか．

(b)　(a) と系 5.2 より明らか．

(c)　定理 5.5 より，線形多様体 $S(\boldsymbol{y})$ の中で式 (5.32) を達成するベクトル $P_{S(\boldsymbol{y})}(\boldsymbol{0})$ の一意存在性と「$\{P_{S(\boldsymbol{y})}(\boldsymbol{0})\} = S(\boldsymbol{y}) \cap \mathcal{N}(A^t A)^{\perp}$」の成立が確かめられるので，式 (5.33) を確認すれば十分．まず，「$\mathcal{N}(A) \subset \mathcal{N}(A^t A)$」は明らか．また，任意の $\boldsymbol{z} \in \mathcal{N}(A^t A)$ に対して，

$$0 = \langle A^t A\boldsymbol{z}, \boldsymbol{z} \rangle_{(n)} = \langle A\boldsymbol{z}, A\boldsymbol{z} \rangle_{(m)} = \|A\boldsymbol{z}\|_{(m)}^2$$

となるので，$\boldsymbol{z} \in \mathcal{N}(A)$ でなければならず，「$\mathcal{N}(A) \supset \mathcal{N}(A^t A)$」も示された．

---

12) $A^{\dagger}$ は，A の逆写像 A^{-1} が定義できない場合にも定義できるため，数理科学で重要な役割を演じている．なお，ムーア・ペンローズ型以外にも A^{-1} の代用として数多くの「一般逆写像」が提案され，用途に応じて広く利用されている．

(d)　(c) より，任意の $\boldsymbol{y}_1, \boldsymbol{y}_2 \in \boldsymbol{R}^m$ と任意の $\alpha_1, \alpha_2 \in \boldsymbol{R}$ に対して，

$$\{A^\dagger(\alpha_1\boldsymbol{y}_1 + \alpha_2\boldsymbol{y}_2)\} = S(\alpha_1\boldsymbol{y}_1 + \alpha_2\boldsymbol{y}_2) \cap \mathcal{N}(A)^\perp$$

が成立するので，$A^\dagger : \boldsymbol{R}^m \to \boldsymbol{R}^n$ の線形性を示すには，

$$\alpha_1 A^\dagger(\boldsymbol{y}_1) + \alpha_2 A^\dagger(\boldsymbol{y}_2) \in S(\alpha_1\boldsymbol{y}_1 + \alpha_2\boldsymbol{y}_2) \cap \mathcal{N}(A)^\perp \tag{5.35}$$

を示せば十分である．まず，$\mathcal{N}(A)^\perp$ が部分空間であることと式 (5.34)「$\{A^\dagger(\boldsymbol{y}_i)\} = S(\boldsymbol{y}_i) \cap \mathcal{N}(A)^\perp$ $(i = 1, 2)$」から，

$$\alpha_1 A^\dagger(\boldsymbol{y}_1) + \alpha_2 A^\dagger(\boldsymbol{y}_2) \in \mathcal{N}(A)^\perp$$

が確かめられる．さらに，式 (5.31) に注意すると，

$$\begin{aligned} A^t A\left(\alpha_1 A^\dagger(\boldsymbol{y}_1) + \alpha_2 A^\dagger(\boldsymbol{y}_2)\right) &= \alpha_1 A^t A\left(A^\dagger(\boldsymbol{y}_1)\right) + \alpha_2 A^t A\left(A^\dagger(\boldsymbol{y}_2)\right) \\ &= \alpha_1 A^t(\boldsymbol{y}_1) + \alpha_2 A^t(\boldsymbol{y}_2) \\ &= A^t(\alpha_1\boldsymbol{y}_1 + \alpha_2\boldsymbol{y}_2) \end{aligned}$$

となることもわかり，

$$\alpha_1 A^\dagger(\boldsymbol{y}_1) + \alpha_2 A^\dagger(\boldsymbol{y}_2) \in S(\alpha_1\boldsymbol{y}_1 + \alpha_2\boldsymbol{y}_2)$$

も確かめられる．■

定理 5.7 (ムーア・ペンローズの一般逆写像の特異値分解表現)

行列 $A \in \boldsymbol{R}^{m\times n}$ $(\mathrm{rank}(A) = r)$ の特異値分解 (付録：定理 A.6 参照) が直交行列 $U = [\boldsymbol{u}_1 \cdots \boldsymbol{u}_m] \in \boldsymbol{R}^{m\times m}$, $V = [\boldsymbol{v}_1 \cdots \boldsymbol{v}_n] \in \boldsymbol{R}^{n\times n}$ を用いて，

$$A = U\Sigma V^t = \sum_{i=1}^{r} \sigma_i \boldsymbol{u}_i \boldsymbol{v}_i^t \tag{5.36}$$

のように与えられるとき，ムーア・ペンローズの一般逆写像 $A^\dagger : \boldsymbol{R}^m \to \boldsymbol{R}^n$ は

$$A^\dagger = \sum_{i=1}^{r} \frac{1}{\sigma_i} \boldsymbol{v}_i \boldsymbol{u}_i^t = V \left[\begin{array}{ccc:c} 1/\sigma_1 & & 0 & \\ & \ddots & & O \\ 0 & & 1/\sigma_r & \\ \hdashline & O & & O \end{array}\right] U^t \tag{5.37}$$

と行列表現[13]され，任意の $\boldsymbol{y} \in \boldsymbol{R}^m$ に対して，

[13] 定理 5.6(d) より $A^\dagger$ は行列の乗算で表現可能．

$$\left.\begin{aligned} \|A\left(A^{\dagger}\boldsymbol{y}\right)-\boldsymbol{y}\|_{(m)}^2 &= \sum_{i=r+1}^{m}\left(\boldsymbol{u}_i^t\boldsymbol{y}\right)^2 \\ \|A^{\dagger}\boldsymbol{y}\|_{(n)}^2 &= \sum_{i=1}^{r}\left(\frac{\boldsymbol{u}_i^t\boldsymbol{y}}{\sigma_i}\right)^2 \end{aligned}\right\} \tag{5.38}$$

を満たす.

【証明】 任意の $\boldsymbol{x}\in\boldsymbol{R}^n$ に対して，$V^t\boldsymbol{x} =: (\alpha_1,\cdots,\alpha_n)^t$ とすると，ベクトルに直交行列をかけてもユークリッドノルムは不変なので，

$$\begin{aligned} \|A\boldsymbol{x}-\boldsymbol{y}\|_{(m)}^2 &= \|(U^tAV)(V^t\boldsymbol{x})-U^t\boldsymbol{y}\|_{(m)}^2 \\ &= \|\Sigma V^t\boldsymbol{x}-U^t\boldsymbol{y}\|_{(m)}^2 \\ &= \sum_{i=1}^{r}\left(\sigma_i\alpha_i-\boldsymbol{u}_i^t\boldsymbol{y}\right)^2+\sum_{i=r+1}^{m}\left(\boldsymbol{u}_i^t\boldsymbol{y}\right)^2 \end{aligned} \tag{5.39}$$

$$\|\boldsymbol{x}\|_{(n)}^2 = \|V^t\boldsymbol{x}\|_{(n)}^2 = \sum_{i=1}^{n}\alpha_i^2 \tag{5.40}$$

となり，式 (5.39) より，

$$\boldsymbol{x}\in S(\boldsymbol{y}) := \arg\min_{\boldsymbol{x}\in\boldsymbol{R}^n}\|A\boldsymbol{x}-\boldsymbol{y}\|_{(m)}^2 \Leftrightarrow \alpha_i = \frac{\boldsymbol{u}_i^t\boldsymbol{y}}{\sigma_i} \quad (i=1,\cdots,r)$$

が確かめられる．さらに，式 (5.40) より，

$$\begin{aligned} &\boldsymbol{x} = A^{\dagger}\boldsymbol{y} = P_{S(\boldsymbol{y})}(\boldsymbol{0}) \\ &\Leftrightarrow V^t\boldsymbol{x} = \left(\frac{\boldsymbol{u}_1^t\boldsymbol{y}}{\sigma_1},\cdots,\frac{\boldsymbol{u}_r^t\boldsymbol{y}}{\sigma_r},0,\cdots,0\right)^t \\ &\Leftrightarrow \boldsymbol{x} = V\left(\frac{\boldsymbol{u}_1^t\boldsymbol{y}}{\sigma_1},\cdots,\frac{\boldsymbol{u}_r^t\boldsymbol{y}}{\sigma_r},0,\cdots,0\right)^t = \left(\sum_{i=1}^{r}\frac{1}{\sigma_i}\boldsymbol{v}_i\boldsymbol{u}_i^t\right)\boldsymbol{y} \end{aligned}$$

となり，式 (5.37) と式 (5.38) の成立も確認される． ■

5.3　ノルム空間上の写像の微分

1 変数実数値関数の微分の定義から復習しておこう．開集合 $\mathcal{D} \subset \boldsymbol{R}$ を定義域とする実数値関数 $f : \mathcal{D} \to \boldsymbol{R}$ を考える．点 $\xi \in \mathcal{D}$ において，

$$E_\xi := \{h \in \boldsymbol{R} \setminus \{0\} \mid \xi + h \in \mathcal{D}\} \tag{5.41}$$

を定義域とする実数値関数

$$Q_\xi : h \mapsto \frac{f(\xi + h) - f(\xi)}{h} \tag{5.42}$$

を定義することができる．特に，$h \to 0$ のときの $Q_\xi(h)$ の極限

$$\lim_{h \to 0} Q_\xi(h)$$

が有限確定な実数値として存在するとき [注：存在するならば唯一である．性質 2.4(b) 参照]，f は ξ で微分可能であるといい，この極限値を f の ξ における微分係数と呼び，$f'(\xi) \in \boldsymbol{R}$ で表す．すなわち

$$\lim_{h \to 0} \left| \frac{f(\xi + h) - f(\xi)}{h} - A_\xi \right| = 0 \tag{5.43}$$

となる $A_\xi \in \boldsymbol{R}$ が存在するとき，これを $f'(\xi)$ として定義したのであった．f が集合 $S \subset D$ のすべての点で微分可能であるとき，f は S で微分可能であるといい，関数 $f' : S \to \boldsymbol{R}, \xi \mapsto f'(\xi)$ を f の導関数 (derivative) という．

注意 1　式 (5.43) の意味は，任意の正数 $\varepsilon > 0$ に対して，ある $\delta > 0$ が存在し，

$$h \in E_\xi \cap B(0, \delta) \ \text{ならば}\ \left| \frac{f(\xi + h) - f(\xi)}{h} - A_\xi \right| < \varepsilon \tag{5.44}$$

ということである．□

性質5.1

関数 $f : \mathcal{D}(\subset \boldsymbol{R}) \to \boldsymbol{R}$ の $\xi \in \mathcal{D}$ における微分係数について，以下が成立する．

(a)　(微分係数の一意性)　f が ξ で微分可能であるとき，微分係数 $f'(\xi) \in \boldsymbol{R}$ は唯一の値として決まる．

(b)　(特別な線形近似関数による特徴づけ)　$\xi \in \mathcal{D}$ から $\xi + h \in \mathcal{D}$ への変化に応じた「関数値の増分：$f(\xi + h) - f(\xi)$」を傾き $\tau \in \boldsymbol{R}$ を用いて定義された線形な関数 $\mathcal{L}_\tau : h \mapsto \tau h \in \boldsymbol{R}$ で近似する問題を考える．近似誤差を

$$\rho_\tau(h) := \{f(\xi + h) - f(\xi)\} - \tau h \quad (\forall h \in E_\xi)$$

とするとき，

$$「f\text{ は}\xi\text{で微分可能}」\Leftrightarrow「\lim_{h\to 0}\frac{\rho_\tau(h)}{|h|}=0\text{ となる}\tau\in\boldsymbol{R}\text{ が存在する}」$$

が成立する．さらに，「f は ξ で微分可能」であるとき，「微分係数 $f'(\xi)$ の正体」は，「$\lim_{h\to 0}\dfrac{\rho_\tau(h)}{|h|}=0$ を満たす τ」に一致する．

(c)　f が ξ で微分可能であるとき，f は，ξ で連続となる．

【証明】 (a)　性質 2.4(b) の「極限の一意性」より明らか．

(b)　ほとんど明らかであるが，要するに

$$\begin{aligned}&「f\text{ は}\xi\text{で微分可能}」\\ \Leftrightarrow&「\text{式 (5.43) を満たす } A_\xi\in\boldsymbol{R}\text{ が存在する}」\\ \Leftrightarrow&「\lim_{h\to 0}\left|\frac{\rho_{A_\xi}(h)}{h}\right|=0\text{ となる } A_\xi\in\boldsymbol{R}\text{ が存在する}」\\ \Leftrightarrow&「\lim_{h\to 0}\frac{\rho_{A_\xi}(h)}{|h|}=0\text{ となる } A_\xi\in\boldsymbol{R}\text{ が存在する}」\end{aligned}$$

ということになる．

(c)　簡単に書くと，

$$\lim_{h\to 0}(f(\xi+h)-f(\xi))=\lim_{h\to 0}\frac{f(\xi+h)-f(\xi)}{h}\cdot h=f'(\xi)\lim_{h\to 0}h=0$$

ということだが，後の議論を考慮し，定義 2.8 に沿ってやや丁寧に示しておく．

(b) の結果から，ある $\delta_1>0$ が存在し，

$$h\in B(0,\delta_1)\cap E_\xi \text{ ならば } \left|\frac{\rho_{f'(\xi)}(h)}{h}\right|<1$$

となるので，$h\in B(0,\delta_1)\cap E_\xi$ ならば，

$$\begin{aligned}|f(\xi+h)-f(\xi)|&\le\left(\left|\frac{\rho_{f'(\xi)}(h)}{h}\right|+|f'(\xi)|\right)|h|\\&\le(1+|f'(\xi)|)|h|\end{aligned}$$

したがって，任意の $\varepsilon>0$ に対して，

$$\delta:=\min\left[\delta_1,\frac{\varepsilon}{1+|f'(\xi)|}\right]$$

とすれば，

$$h\in B(0,\delta)\cap E_\xi \text{ ならば } |f(\xi+h)-f(\xi)|\le(1+|f'(\xi)|)|h|<\varepsilon$$

となり，f は，ξ で連続となる．■

参考 **「微分係数」のイメージ**

「$\lim_{h \to 0} \frac{\rho_\tau(h)}{|h|} = 0$」は,「『増分 $f(\xi+h)-f(\xi)$ の線形関数 $\mathcal{L}_\tau(h)$ による近似誤差 $\rho_\tau(h)$』が,h が 0 に近づくにつれ,($h \to 0$ となるスピードに比べて) 圧倒的に速く 0 に近づいていく特別な状況が実現されている」ことを意味している.このような特別な性質をもつ線形近似 $\mathcal{L}_\tau(h)$ が存在することが,f が ξ で微分可能であることにほかならない.この特別な線形近似を実現する唯一の「傾き:τ」が「ξ における f の微分係数の正体」である. □

注意 2 **(微分係数と片側微分係数)** (a) f の微分を定義する際に,開集合 $\mathcal{D} \subset \boldsymbol{R}$ を定義域とした理由をはっきりさせておこう.$\mathcal{D}$ が開集合であるとき,$\xi \in \mathcal{D}$ を中心とする正の半径 r をもつ開球 $B(\xi, r)$ (この場合,開区間 $(\xi - r, \xi + r)$ にほかならない) が存在し,$B(\xi, r) \subset \mathcal{D}$ となる.これは,式 (5.43) の微分可能性の定義で「$h \to 0$」に要請されている条件を満たすのに好都合なのである.『h の 0 への近づき方は,プラス側から 0 に近づく場合,マイナス側から 0 に近づく場合,あるいは,両側を行ったり来たりしながら 0 に近づく場合など,多種多様である.これらのすべての近づき方が 0 の近傍で実現できるように「$B(\xi, r) \subset \mathcal{D}$ $(\exists r > 0)$」が仮定されているのである.また,これらのいずれの近づき方についても $Q_\xi(h)$ は共通の A_ξ に収束すること』が微分可能性の条件に要請されているのである.

(b) f の定義域が $[\xi, \infty) \cap \mathcal{D}$ に限定される場合,式 (5.42) の Q_ξ の定義域を $E_\xi \cap (0, \infty)$ とすることにより,極限 $\lim_{h \to 0} Q_\xi(h)$ を考えることができる.この極限が存在するとき,f の ξ における「右側微分係数」と呼び,$f'_+(\xi)$ で表す.式 (5.44) に対応する表現は,任意の正数 $\varepsilon > 0$ に対して,ある $\delta > 0$ が存在し,

$$h \in E_\xi \cap (0, \infty) \cap B(0, \delta) \text{ ならば } \left| \frac{f(\xi+h) - f(\xi)}{h} - f'_+(\xi) \right| < \varepsilon$$

となる.「左側微分係数:$f'_-(\xi)$」の定義も同様である.右側,左側の微分係数を併せて「片側微分係数」という. □

性質 5.2 (ロル (Rolle, 1652~1719) の定理,平均値の定理)

閉区間 $[a, b] \subset \boldsymbol{R}$ で定義された実数値関数 $f : [a, b] \to \boldsymbol{R}$ が $[a, b]$ で連続で,開区間 (a, b) で微分可能であるとき,以下が成立する.

(a) (ロルの定理) $f(a) = f(b)$ のとき,適当な $\xi \in (a, b)$ が存在し,

$$f'(\xi) = 0$$

となる．

(b) (平均値の定理) 適当な $\xi \in (a,b)$ が存在し，

$$\frac{f(b)-f(a)}{b-a} = f'(\xi)$$

となる．

【証明】 (a) 定理 2.3(b)(ハイネ・ボレルの被覆定理) より，閉区間 $[a,b]$ は，$\boldsymbol{R}$ のコンパクト集合であるから，連続関数 $f(x)$ は，その最大値，最小値を各々 $[a,b]$ の点でとる (定理 2.5 参照)．

(i) 最大値と最小値がともに $f(a)=f(b)$ であるとすると，f は，$[a,b]$ で定数関数となり，微分係数の定義より，任意の $\xi \in (a,b)$ で $f'(\xi)=0$ となる．

(ii) (i) 以外の場合には，a,b 以外の点で最大値か最小値をとるので，ここでは，$\xi \in (a,b)$ で f の最大値

$$f(\xi) = \max_{x\in[a,b]} f(x) \neq f(a) = f(b)$$

を達成していると仮定しよう．明らかに f は，ξ で微分可能である．さて，本書の **注意 2** (a) より，$h \in (0, b-\xi)$ に限定して，$h \to 0$ としても

$$f'(\xi) = \lim_{h\to 0} \frac{f(\xi+h)-f(\xi)}{h} \leq 0$$

を得る (最後の不等式は，「$f(\xi+h)-f(\xi) \leq 0,\ \forall h \in (0, b-\xi)$」による)．同様に，$h \in (a-\xi, 0)$ に限定して，$h \to 0$ としても

$$f'(\xi) = \lim_{h\to 0} \frac{f(\xi+h)-f(\xi)}{h} \geq 0$$

を得るから，$f'(\xi)=0$ でなければならない．

$$f(\xi) = \min_{x\in[a,b]} f(x) \neq f(a) = f(b)$$

の場合も同様に示される．

(b) 関数

$$F(x) = f(x) - f(a) - \frac{f(b)-f(a)}{b-a}(x-a)$$

は，$[a,b]$ で連続で，(a,b) で微分可能となり，任意の $x \in (a,b)$ で微分

$$F'(x) = f'(x) - \frac{f(b)-f(a)}{b-a}$$

をもつ．さらに，$F(a)=F(b)$ となるので，(a) の結果「ロルの定理」を $F(x)$ に適用することができる．これによると，ある $\xi \in (a,b)$ が存在し，

$$F'(\xi) = f'(\xi) - \frac{f(b)-f(a)}{b-a} = 0$$

となる． ■

「1 変数実数値関数の微分」は，「多変数実関数の微分」に一般化される (付録 3 参照)．ここでは，「ノルム空間に定義された写像の微分 (ガトー (Gâteaux, 1889～1914) 微分，フレッシェ (Fréchet, 1878～1973) 微分)」を学ぶ．これらの微分は，最適性に関する議論をするとき，都合のよい概念である．はじめは難解な定義にみえるかもしれないが，基本的な考え方は，性質 5.1(b) と何ら変わらない．

まず，議論に便利な記法を導入しておく．

定義 5.1 (ランダウ (Landau, 1908～1968) の記法)

X, Y を各々ノルム $\|\cdot\|_X, \|\cdot\|_Y$ が定義されたノルム空間とし，適当な開球 $B_X(0,r) \subset X$ で定義された写像 $\rho : B_X(0,r) \to Y$ について，

(a) $\displaystyle\lim_{h\to 0} \frac{\rho(h)}{\|h\|_X} = 0$ となるとき，$\rho(h) = o(\|h\|_X)$ と表す．

(b) $\displaystyle\lim_{h\to 0} \rho(h) = 0$ となるとき，$\rho(h) = o(1)$ と表す．

定義 5.2 (ガトー微分とフレッシェ微分)

ノルム空間 X の開集合 $D \subset X$ から，ノルム空間 Y への写像 $\Phi : D \to Y$ を考える．

(a) (ガトー微分) $\xi \in D$ において，有界線形写像

$$A_\xi : X \ni h \mapsto A_\xi(h) \in Y$$

(すなわち，$A_\xi \in \mathcal{B}(X,Y)$ [定理 3.4 より線形写像については「有界性」$\Leftrightarrow$「連続性」であることに注意]) が存在し，

$$\lim_{\alpha\to 0} \left\| \frac{1}{\alpha} \left[\Phi(\xi+\alpha h) - \Phi(\xi)\right] - A_\xi(h) \right\|_Y = 0 \quad (\forall h \in X) \tag{5.45}$$

となるとき，写像 Φ は ξ で**ガトー微分可能** (Gâteaux differentiable) であるという [注：D は開集合なので，任意の $h \in X$ に対して，十分小さな絶対値をもつ $\alpha \in \boldsymbol{R}$ を選ぶことにより，$\xi + \alpha h \in D$ が保証される]．線形写像 A_ξ を Φ の ξ における**ガトー微分** (Gâteaux differential) といい，$h \in X$ における値を $\delta_G\Phi(\xi; h) := A_\xi(h)$ と表す．すなわち，$\Phi : D \subset X \to Y$ の $\xi \in D$ におけるガトー微分とは，X から Y への有界線形写像 $\Phi'(\xi) : h \mapsto \delta_G\Phi(\xi; h) \in Y$ のことである．

さらに，すべての $\xi \in D$ でガトー微分 $\Phi'(\xi)$ が存在するとき，写像

$$\Phi' : D \ni \xi \mapsto A_\xi \in \mathcal{B}(X,Y)$$

を Φ の D 上の**ガトー導関数** (Gâteaux derivative) という．

(b) (フレッシェ微分) $\xi \in D$ において

$$\lim_{\|h\|_X \to 0} \frac{\|\Phi(\xi+h)-\Phi(\xi)-A_\xi(h)\|_Y}{\|h\|_X} = 0 \tag{5.46}$$

となる有界線形写像

$$A_\xi : X \ni h \to A_\xi(h) \in Y$$

が存在するとき，写像 Φ は ξ で**フレッシェ微分可能** (Fréchet differentiable) であるという [注：D は開集合なので，$h \in X$ が十分小さなノルム $\|h\|_X$ をもてば，$\xi + h \in D$ が保証されるので，(5.46) は意味をもつ]．線形写像 A_ξ を Φ の ξ における**フレッシェ微分** (Fréchet differential) といい，$h \in X$ における値を $\delta\Phi(\xi;h) := A_\xi(h)$ と表す．すなわち，$\Phi : D \subset X \to Y$ の $\xi \in D$ におけるフレッシェ微分とは，X から Y への連続な線形写像 $\Phi'(\xi) : h \mapsto \delta\Phi(\xi;h) \in Y$ のことである．

特に，$X = \mathcal{H}, Y = \boldsymbol{R}$ の場合を考えれば，フレッシェ微分は「ベクトル $\Phi'(\xi) \in \mathcal{H}$ と $h \in \mathcal{H}$ の内積[14]」を「変化量 $\Phi(\xi+h)-\Phi(\xi)$ の近似値」として採用しており，点 $(\xi, \Phi(\xi)) \in \mathcal{H} \times \boldsymbol{R}$ で曲面 $\{(x, \Phi(x)) \mid x \in \mathcal{H}\}$ に接した接平面上の高さの変化量に対応している．ちなみに「$-\Phi'(\xi)$ の方向」は「点 ξ における Φ の最急降下方向 (steepest descent direction)」と呼ばれているが，これは，$\|h\| = \|\Phi'(\xi)\|$ を満たすすべての $h \in \mathcal{H}$ に対して，

$$-\|\Phi'(\xi)\|^2 = \langle \Phi'(\xi), -\Phi'(\xi) \rangle \leq \langle \Phi'(\xi), h \rangle \leq \langle \Phi'(\xi), \Phi'(\xi) \rangle = \|\Phi'(\xi)\|^2$$

となるからである[15]．言い換えると $\mathcal{H}$ の上で「$\Phi'(\xi)$ の方向」は「接平面上の"最急上昇方向"＝"最急降下方向 ($-\Phi'(\xi)$ 方向) の反対方向"」となっている (図 5.4 参照)．

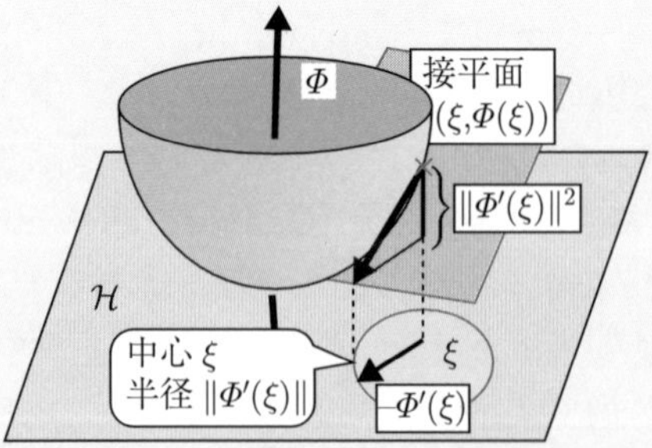

図 5.4　フレッシェ微分，接平面，最急降下方向

さらに，すべての $\xi \in D$ でフレッシェ微分 A_ξ が存在するとき，写像

---

[14] ヒルベルト空間の有界線形汎関数は内積で表現できる (定理 6.1 参照)．

[15] コーシー・シュワルツの不等式から確認できる．

$$\Phi' : D \ni \xi \mapsto A_\xi \in \mathcal{B}(X,Y)$$

を Φ の D 上の**フレッシェ導関数** (Fréchet derivative) という.

(c) (高階微分/高階導関数) 高階微分についてもガトー微分またはフレッシェ微分の意味で同様に定義することができる. 例えば, $\Phi' : D \to \mathcal{B}(X,Y)$ が開集合 $\widetilde{D}(\subset D \subset X)$ で微分可能なとき, $\Phi''(\xi) \in \mathcal{B}(X, \mathcal{B}(X,Y))$ $(\xi \in \widetilde{D})$ は, ξ における Φ' (Φ の導関数) の微分として定義され, 高階導関数も $\Phi'' : \widetilde{D} \ni \xi \mapsto \Phi''(\xi) \in \mathcal{B}(X, \mathcal{B}(X,Y))$ として定義される.

注意 3 写像 $\Phi : D \subset X \to Y$ の微分可能性に関する条件として, 定義 5.2 に登場した式 (5.45), 式 (5.46) はランダウの記法を用いて表すと, 次のようになる.

(a) (ガトー微分)

$$\text{式 (5.45)} \iff \Phi(\xi + \alpha h) - \Phi(\xi) = \alpha A_\xi(h) + o(\alpha) \quad (\forall h \in X) \tag{5.47}$$

(b) (フレッシェ微分)

$$\text{式 (5.46)} \iff \Phi(\xi + h) - \Phi(\xi) = A_\xi(h) + o(\|h\|_X) \tag{5.48}$$

□

性質5.3

(a) (微分演算の線形性) ノルム空間 X の開集合 $D \subset X$ から, ノルム空間 Y への 2 つの写像 $\Phi_i : D \to Y$ $(i = 1, 2)$ の各々が $\xi \in D$ でガトー微分可能であれば, 任意の $c_1, c_2 \in \boldsymbol{R}$ に対して, 写像 $c_1\Phi_1 + c_2\Phi_2 : D \to Y$ も ξ でガトー微分可能となり,

$$(c_1\Phi_1 + c_2\Phi_2)'(\xi) = c_1\Phi_1'(\xi) + c_2\Phi_2'(\xi)$$

が成立する. 以上の主張は,「ガトー微分」を「フレッシェ微分」に置き換えてもそのまま成立する.

(b) (合成写像の微分 : 連鎖律 (chain rule)) 「ノルム空間 X の開集合 $D_1 \subset X$ から, ノルム空間 Y への写像 $\Phi_1 : D_1 \to Y$」と「ノルム空間 Y の開集合 $D_2 \subset Y$ からノルム空間 Z への写像 $\Phi_2 : D_2 \to Z$」が $\Phi_1(D_1) := \{\Phi_1(x) \mid x \in D_1\} \subset D_2$ を満たしているとする.

(i) Φ_1 が $\xi \in D_1$ でフレッシェ微分 $\Phi_1'(\xi) \in \mathcal{B}(X,Y)$ をもち, Φ_2 が $\Phi_1(\xi) \in D_2$ でフレッシェ微分 $\Phi_2'(\Phi_1(\xi)) \in \mathcal{B}(Y,Z)$ をもつとき, 合

成写像 $\Psi := \Phi_2 \circ \Phi_1 : D_1 \to Z$ も ξ でフレッシェ微分可能となり，

$$\Psi'(\xi) = \Phi_2'\left(\Phi_1(\xi)\right)\Phi_1'(\xi) \in \mathcal{B}(X,Z) \tag{5.49}$$

となる．

(ii)　(i) で微分 $\Phi_1'(\xi) \in B(X,Y)$ がガトー微分であり，$\Phi_2'(\Phi_1(\xi)) \in \mathcal{B}(Y,Z)$ がフレッシェ微分であるとき，合成写像 Ψ は，ξ でガトー微分可能となり，ガトー微分 $\Psi'(\xi)$ は式 (5.49) (ただし，$\Phi_1'(\xi)$ は Φ_1 のガトー微分) で与えられる．

【証明】 (a)　$\Phi_i(\xi+\alpha h) - \Phi_i(\xi)$ を式 (5.47), (5.48) の形に表現し，これを用いて，各々に c_1, c_2 をかけた後，足し合わせれば容易に確認できる．

(b)　(i)　Φ_2 は，$\Phi_1(\xi)$ でフレッシェ微分可能なので

$$\Phi_2\left(\Phi_1(\xi)+h\right) = \Phi_2\left(\Phi_1(\xi)\right) + \left(\Phi_2'\left(\Phi_1(\xi)\right)\right)(h) + \|h\|_Y r_2(h)$$

(ただし，$\displaystyle\lim_{\|h\|_Y \to 0} r_2(h) = 0$) が成立する．また，

$$h := \Phi_1(\xi+k) - \Phi_1(\xi) = \left(\Phi_1'(\xi)\right)(k) + \|k\|_X r_1(k) \tag{5.50}$$

(ただし，$\displaystyle\lim_{\|k\|_X \to 0} r_1(k) = 0$) も成立するので，これらを併せて，

$$\begin{aligned}
&\Phi_2\left(\Phi_1(\xi+k)\right) - \Phi_2\left(\Phi_1(\xi)\right)\\
&= \left(\Phi_2'\left(\Phi_1(\xi)\right)\right)\left(\Phi_1(\xi+k) - \Phi_1(\xi)\right)\\
&\quad + \left\|\Phi_1(\xi+k) - \Phi_1(\xi)\right\|_Y r_2\left(\Phi_1(\xi+k) - \Phi_1(\xi)\right)\\
&= \left(\Phi_2'\left(\Phi_1(\xi)\right)\right)\left(\left(\Phi_1'(\xi)\right)(k) + \|k\|_X r_1(k)\right)\\
&\quad + \left\|\left(\Phi_1'(\xi)\right)(k) + \|k\|_X r_1(k)\right\|_Y r_2\left(\left(\Phi_1'(\xi)\right)(k) + \|k\|_X r_1(k)\right)
\end{aligned}$$

すなわち

$$\begin{aligned}
&\Phi_2\left(\Phi_1(\xi+k)\right) - \Phi_2\left(\Phi_1(\xi)\right) - \left(\Phi_2'\left(\Phi_1(\xi)\right)\right)\left(\left(\Phi_1'(\xi)\right)(k)\right)\\
&= \left(\Phi_2'\left(\Phi_1(\xi)\right)\right)\left(\|k\|_X r_1(k)\right)\\
&\quad + \left\|\left(\Phi_1'(\xi)\right)(k) + \|k\|_X r_1(k)\right\|_Y r_2\left(\left(\Phi_1'(\xi)\right)(k) + \|k\|_X r_1(k)\right)
\end{aligned} \tag{5.51}$$

を得る．式 (5.51) の右辺は

$$\begin{aligned}
&\|\,\text{式 (5.51) の右辺}\,\|_Z\\
&\le \left\|\Phi_2'\left(\Phi_1(\xi)\right)\right\|_{\mathcal{B}(Y,Z)} \|k\|_X \left\|r_1(k)\right\|_Y\\
&\quad + \|k\|_X \left(\left\|\Phi_1'(\xi)\right\|_{\mathcal{B}(X,Y)} + \|r_1(k)\|_Y\right) \left\|r_2\left(\left(\Phi_1'(\xi)\right)(k) + \|k\|_X r_1(k)\right)\right\|_Z
\end{aligned}$$

のように評価されるので

$$\lim_{\|k\|_X \to 0} \frac{\|\, 式\,(5.51)\, の右辺\, \|_Z}{\|k\|_X} = 0$$

となり，(i) の主張が確かめられる．

(ii) 式 (5.50) のかわりに，

$$h := \Phi_1(\xi + \alpha k) - \Phi_1(\xi) = \alpha\left(\Phi_1'(\xi)\right)(k) + |\alpha| r_1^G(\alpha)$$

(ただし，$\lim_{|\alpha| \to 0} r_1^G(\alpha) = 0$) を用いることにより，(i) と同様に確認できる．■

定理 5.8 (ガトー微分とフレッシェ微分の基本性質 I)

ノルム空間 X の開集合 $D \subset X$ から，ノルム空間 Y への写像 $\Phi : D \to Y$ について，

(a) Φ が $\xi \in D$ でフレッシェ微分可能ならば，Φ は ξ で連続である．

(b) Φ が $\xi \in D$ でフレッシェ微分可能ならば，ガトー微分可能でもあり，ガトー微分はフレッシェ微分に一致する．すなわち

$$\delta_G \Phi(\xi; h) = \delta\Phi(\xi; h) \quad (\forall h \in X)$$

が成立する．

【証明】 (a) 式 (5.46) より，

$$\|\Phi(\xi + h) - \Phi(\xi) - A_\xi(h)\|_Y \to 0 \quad (\|h\|_X \to 0)$$

となる有界線形写像 $A_\xi : X \to Y$ が存在し，

$$\|A_\xi(h)\|_Y \to 0 \quad (\|h\|_X \to 0)$$

となるので，

$$\begin{aligned} &\|\Phi(\xi + h) - \Phi(\xi)\|_Y \\ &\le \|\Phi(\xi + h) - \Phi(\xi) - A_\xi(h)\|_Y + \|A_\xi(h)\|_Y \to 0 \quad (\|h\|_X \to 0) \end{aligned}$$

が成立し，Φ の ξ での連続性が示された．

(b) ξ における Φ のフレッシェ微分 $A_\xi : X \to Y$ を用いると，任意の $k \in X \backslash \{0\}$ と $\alpha \in \boldsymbol{R} \setminus \{0\}$ に対して，

$$\begin{aligned} &\left\| \frac{1}{\alpha}\left[\Phi(\xi + \alpha k) - \Phi(\xi)\right] - A_\xi(k) \right\|_Y \\ &= \|k\|_X \frac{\|\Phi(\xi + \alpha k) - \Phi(\xi) - \alpha A_\xi(k)\|_Y}{|\alpha|\|k\|_X} \\ &= \|k\|_X \frac{\|\Phi(\xi + \alpha k) - \Phi(\xi) - A_\xi(\alpha k)\|_Y}{\|\alpha k\|_X} \to 0 \quad (\alpha \to 0) \end{aligned}$$

となり，A_ξ はガトー微分でもあることが確かめられる． ■

補題 5.1 (平均値の定理の一般化)

X をノルム $\|\cdot\|_X$ が定義されたノルム空間，Y を内積 $\langle\cdot,\cdot\rangle_Y$ とこれから誘導されたノルム $\|\cdot\|_Y$ をもつ内積空間とする．

(a) 連続な写像 $f:[a,b]\to Y$ がすべての $t\in(a,b)$ で微分可能，すなわち

$$\lim_{\alpha\to 0}\left\|\frac{f(t+\alpha)-f(t)}{\alpha}-f'(t)\right\|_Y=0$$

となる導関数 $f':(a,b)\to Y$ が存在しているとき，

$$\|f(b)-f(a)\|_Y\le(b-a)\sup_{a<t<b}\|f'(t)\|_Y \tag{5.52}$$

$$\|f(b)-f(a)-(b-a)v\|_Y\le(b-a)\sup_{a<t<b}\|f'(t)-v\|_Y \quad (\forall v\in Y) \tag{5.53}$$

が成立する．

(b) $D(\subset X)$ を開集合とし，写像 $\Phi:D\to Y$ は，任意の $x\in D$ でガトー微分 $\Phi'(x):X\to Y$ をもつとする．$\xi\in D$ と $h\in X$ が $\{\xi+\alpha h\mid 0\le\alpha\le 1\}\subset D$ のように与えられるとき，

$$\|\Phi(\xi+h)-\Phi(\xi)\|_Y\le\|h\|_X\sup_{0<t<1}\|\Phi'(\xi+th)\|_{\mathcal{B}(X,Y)} \tag{5.54}$$

$$\begin{aligned}&\|\Phi(\xi+h)-\Phi(\xi)-\Phi'(\xi)h\|_Y\\ &\le\|h\|_X\sup_{0<t<1}\|\Phi'(\xi+th)-\Phi'(\xi)\|_{\mathcal{B}(X,Y)}\end{aligned} \tag{5.55}$$

が成立する[16]．

【証明】 (a) $g\in S:=\{v\in Y\mid \|v\|_Y=1\}$ に対して，

$$d_g(t):=\langle g,f(t)\rangle_Y \quad (a<t<b)$$

とおくと，任意の $\alpha\ne 0$ に対して，

$$\frac{d_g(t+\alpha)-d_g(t)}{\alpha}=\frac{\langle g,f(t+\alpha)\rangle_Y-\langle g,f(t)\rangle_Y}{\alpha}=\left\langle g,\frac{f(t+\alpha)-f(t)}{\alpha}\right\rangle_Y$$

となる．「f の微分可能性」と「内積の連続性 (補題 3.1(a))」に注意して $\alpha\to 0$

[16] $\|\Phi'(\xi+th)\|_{\mathcal{B}(X,Y)}$, $\|\Phi'(\xi+th)-\Phi'(\xi)\|_{\mathcal{B}(X,Y)}$ は，有界線形写像全体からなるノルム空間 $\mathcal{B}(X,Y)$ に定義されたノルム (つまり作用素ノルム) であることに注意されたい．

とすれば，関数 $d_g:(a,b)\to \boldsymbol{R}$ も微分可能で，$d_g'(t)=\langle g,f'(t)\rangle_Y$ となることが確かめられる．コーシー・シュワルツの不等式の系 (性質 3.3(b)) と平均値の定理 (性質 5.2(b)) を順に用いると，g に依存した $t_0\in(a,b)$ に対して，

$$\begin{aligned}\|f(b)-f(a)\|_Y &= \sup_{g\in S}\langle g,f(b)-f(a)\rangle_Y = \sup_{g\in S}(d_g(b)-d_g(a))\\ &\le \sup_{g\in S}(b-a)d_g'(t_0) = \sup_{g\in S}(b-a)\langle g,f'(t_0)\rangle_Y\\ &\le \sup_{g\in S}(b-a)\|g\|_Y\|f'(t_0)\|_Y\end{aligned}$$

となり，不等式 (5.52) が成立する．また，$v\in Y$ を任意に固定して定義される関数 $F(t):=f(t)-f(a)-(t-a)v$ は，$[a,b]$ で連続かつ (a,b) で微分可能で「$F'(t)=f'(t)-v$」となることは容易に確かめられる．これに不等式 (5.52) を適用すれば，

$$\begin{aligned}\|F(b)-F(a)\|_Y &= \|f(b)-f(a)-(b-a)v\|_Y\\ &\le (b-a)\sup_{a<t<b}\|F'(t)\|_Y\\ &= (b-a)\sup_{a<t<b}\|f'(t)-v\|_Y\end{aligned}$$

を得る．

(b)　D は開集合なので，$\{\xi+th\mid t\in(a,b)\}\subset D$ となる開区間 (a,b) $(\supset[0,1])$ が存在する．写像 $\phi_h:(a,b)\to Y$ を $\phi_h(t):=\Phi(\xi+th)$ によって定義すると，Φ のガトー微分可能性より，任意の $t\in(a,b)$ と十分小さな $\alpha\ne 0$ に対して，

$$\begin{aligned}\phi_h(t+\alpha)-\phi_h(t) &= \Phi(\xi+(t+\alpha)h)-\Phi(\xi+th)\\ &= \alpha\Phi'(\xi+th)h+o(\alpha)\end{aligned}$$

が保証され，ϕ_h は，$t\in(a,b)$ で微分可能で導関数 $\phi_h'(t)=\Phi'(\xi+th)h$ をもつことがわかる (したがって，ϕ_h は $[0,1](\subset(a,b))$ で連続かつ微分可能)．ここで，ϕ_h に不等式 (5.52) を適用すると直ちに，

$$\begin{aligned}&\|\Phi(\xi+h)-\Phi(\xi)\|_Y = \|\phi_h(1)-\phi_h(0)\|_Y\\ &\le \sup_{0<t<1}\|\phi_h'(t)\|_Y = \sup_{0<t<1}\left\|\Phi'(\xi+th)h\right\|_Y\\ &\le \|h\|_X\sup_{0<t<1}\left\|\Phi'(\xi+th)\right\|_{\mathcal{B}(X,Y)}\end{aligned}$$

が得られる．さらに，ϕ_h に不等式 (5.53) を適用すると，

$$\begin{aligned}&\left\|\Phi(\xi+h)-\Phi(\xi)-\Phi'(\xi)h\right\|_Y = \left\|\phi_h(1)-\phi_h(0)-\phi_h'(0)\right\|_Y\\ &\le \sup_{0<t<1}\left\|\phi_h'(t)-\phi_h'(0)\right\|_Y = \sup_{0<t<1}\left\|\Phi'(\xi+th)h-\Phi'(\xi)h\right\|_Y\end{aligned}$$

$$\leq \|h\|_X \sup_{0<t<1} \left\|\Phi'(\xi+th) - \Phi'(\xi)\right\|_{\mathcal{B}(X,Y)}$$

となることも確かめられる. ■

定理 5.9 (ガトー微分とフレッシェ微分の基本性質 II)

ノルム空間 X の開集合 $D \subset X$ から, 内積空間 Y への写像 $\Phi: D \to Y$ が D で連続なガトー導関数 $\Phi': D \to \mathcal{B}(X,Y)$ をもつとき, Φ は, 任意の $\xi \in D$ でフレッシェ微分可能となり,

$$\delta\Phi(\xi; h) = \delta_G\Phi(\xi; h) \quad (\forall h \in X)$$

となる.

【証明】 D は開集合で, ガトー導関数 Φ' は連続なので, 任意の $\varepsilon > 0$ に対して, 十分小さな開球 $B_X(0,\delta) := \{h \in X \mid \|h\| < \delta\}$ が存在し,

$$B_X(\xi,\delta) := \{\xi + h \in X \mid h \in B_X(0,\delta)\} \subset D$$

$$「h \in B_X(0,\delta)」 \Rightarrow 「\left\|\Phi'(\xi+h) - \Phi'(\xi)\right\|_{\mathcal{B}(X,Y)} < \varepsilon」$$

となることに注意する. また, 任意の $h \in B_X(0,\delta)$ に対して不等式 (5.55) が適用でき,

$$\left\|\Phi(\xi+h) - \Phi(\xi) - \Phi'(\xi)h\right\|_Y \leq \|h\|_X \sup_{0<t<1} \left\|\Phi'(\xi+th) - \Phi'(\xi)\right\|_{\mathcal{B}(X,Y)}$$

が成立する. したがって,

$$「h \in B_X(0,\delta) \setminus \{0\}」$$

$$\Rightarrow 「\frac{\left\|\Phi(\xi+h) - \Phi(\xi) - \Phi'(\xi)h\right\|_Y}{\|h\|_X} \leq \sup_{0<t<1} \left\|\Phi'(\xi+th) - \Phi'(\xi)\right\|_{\mathcal{B}(X,Y)} \leq \varepsilon」$$

が成立し, Φ のガトー微分 $\Phi'(\xi) \in \mathcal{B}(X,Y)$ は, フレッシェ微分の条件も満たすことが示された. ■

■ 例題 5.3

(a) $X = \boldsymbol{R}^n$ 上に定義された実数値関数 $f(\boldsymbol{x}) = f(x_1, x_2, \cdots, x_n)$ が各変数 $x_i \in \boldsymbol{R}$ $(i = 1, 2, \cdots, n)$ に関して連続な偏導関数をもっているとする. このとき, f はすべての $\boldsymbol{\xi} = (\xi_1, \cdots, \xi_n)^t \in X$ でフレッシェ微分可能となり, フレッシェ微分の正体は

$$\delta f(\boldsymbol{\xi}; \boldsymbol{h}) = \sum_{i=1}^{n} \left(\frac{\partial f}{\partial x_i}(\boldsymbol{\xi})\right) h_i \quad (\forall \boldsymbol{h} = (h_1, \cdots, h_n)^t \in \boldsymbol{R}^n) \tag{5.56}$$

となる (f の全微分にほかならない) ことを示せ.

(b) $X = \boldsymbol{R}^n$ 上に定義された実数値関数 $\varPhi_k(\boldsymbol{x}) = \varPhi_k(x_1, x_2, \cdots, x_n)$ $(k = 1, 2, \cdots, m)$ が各変数 $x_i \in \boldsymbol{R}$ $(i = 1, 2, \cdots, n)$ に関して連続な偏微分をもっているとする．いま，$X = \boldsymbol{R}^n$ から $Y = \boldsymbol{R}^m$ への写像 $\varPhi : X \to Y$ を

$$\varPhi(\boldsymbol{x}) = \begin{bmatrix} \varPhi_1(\boldsymbol{x}) \\ \varPhi_2(\boldsymbol{x}) \\ \vdots \\ \varPhi_m(\boldsymbol{x}) \end{bmatrix}$$

のように定義すると，$\varPhi$ はすべての $\boldsymbol{\xi} = (\xi_1, \cdots, \xi_n) \in X$ でフレッシェ微分可能となり，フレッシェ微分の正体は

$$\delta\varPhi(\boldsymbol{\xi}; \boldsymbol{h}) = \begin{bmatrix} \dfrac{\partial \varPhi_1}{\partial x_1}(\boldsymbol{\xi}) & \dfrac{\partial \varPhi_1}{\partial x_2}(\boldsymbol{\xi}) & \cdots & \dfrac{\partial \varPhi_1}{\partial x_n}(\boldsymbol{\xi}) \\ \dfrac{\partial \varPhi_2}{\partial x_1}(\boldsymbol{\xi}) & \dfrac{\partial \varPhi_2}{\partial x_2}(\boldsymbol{\xi}) & \cdots & \dfrac{\partial \varPhi_2}{\partial x_n}(\boldsymbol{\xi}) \\ \vdots & \vdots & \ddots & \vdots \\ \dfrac{\partial \varPhi_m}{\partial x_1}(\boldsymbol{\xi}) & \dfrac{\partial \varPhi_m}{\partial x_2}(\boldsymbol{\xi}) & \cdots & \dfrac{\partial \varPhi_m}{\partial x_n}(\boldsymbol{\xi}) \end{bmatrix} \begin{bmatrix} h_1 \\ h_2 \\ \vdots \\ h_n \end{bmatrix}$$

$$=: J(\boldsymbol{\xi})\boldsymbol{h} \quad (\forall \boldsymbol{h} = (h_1, \cdots, h_n)^t \in \boldsymbol{R}^n) \tag{5.57}$$

となることを示せ (行列

$$J(\boldsymbol{\xi}) := \left(\frac{\partial \varPhi_i}{\partial x_j}(\boldsymbol{\xi}) \right) \in \boldsymbol{R}^{m \times n}$$

を $\varPhi$ の $\boldsymbol{\xi}$ におけるヤコビ (Jacobi, 1804~1851) 行列という).

(c) ヒルベルト空間 $\mathcal{H}$ 上の自己共役作用素 $A : \mathcal{H} \to \mathcal{H}$(系 4.1，定理 5.2，定義 6.1 参照) を用いて実数値関数 $f : \mathcal{H} \ni x \mapsto \langle A(x), x \rangle \in \boldsymbol{R}$ を定義するとき，関数 f は任意の $\xi \in \mathcal{H}$ でフレッシェ微分可能となり，

$$\delta f(\xi; h) = \langle 2A(\xi), h \rangle \quad (\forall h \in \mathcal{H})$$

となることを示せ.

【解答】 (a) 任意の $\boldsymbol{h} = (h_1, \cdots, h_n)^t \in \boldsymbol{R}^n$ に対して，平均値の定理 (性質 5.2(b)) より，ある $\theta_i \in (0, 1)$ $(i = 1, 2, \cdots, n)$ が存在し

$$f(\xi_1 + h_1,\ \xi_2 + h_2, \cdots, \xi_n + h_n) - f(\xi_1, \cdots, \xi_n)$$

$$= \{f(\xi_1 + h_1,\ \xi_2 + h_2, \cdots, \xi_n + h_n) - f(\xi_1,\ \xi_2 + h_2, \cdots, \xi_n + h_n)\}$$

$$
\begin{aligned}
&+\{f(\xi_1,\ \xi_2+h_2,\cdots,\xi_n+h_n)-f(\xi_1,\ \xi_2,\ \xi_3+h_3,\cdots,\xi_n+h_n)\}\\
&\qquad\qquad\cdots\\
&+\{f(\xi_1,\cdots,\xi_{n-1},\ \xi_n+h_n)-f(\xi_1,\cdots,\xi_n)\}\\
=&\,h_1\frac{\partial f}{\partial x_1}(\xi_1+\theta_1 h_1,\ \xi_2+h_2,\cdots,\xi_n+h_n)\\
&+h_2\frac{\partial f}{\partial x_2}(\xi_1,\ \xi_2+\theta_2 h_2,\ \xi_3+h_3,\cdots,\xi_n+h_n)\\
&\qquad\qquad\cdots\\
&+h_n\frac{\partial f}{\partial x_n}(\xi_1,\ \xi_2,\cdots,\xi_{n-1},\ \xi_n+\theta_n h_n)
\end{aligned}
\tag{5.58}
$$

と表せる．また，任意の $i\in\{1,2,\cdots,n\}$ に対して，

$$
\begin{aligned}
&\frac{\partial f}{\partial x_i}(\xi_1,\cdots,\xi_{i-1},\ \xi_i+\theta_i h_i,\ \xi_{i+1}+h_{i+1},\cdots,\xi_n+h_n)\\
&=\frac{\partial f}{\partial x_i}(\xi_1,\cdots,\xi_n)+\varepsilon_i(\boldsymbol{h})
\end{aligned}
$$

と表せば，(5.58) は

$$
\begin{aligned}
&f(\xi_1+h_1,\ \xi_2+h_2,\cdots,\xi_n+h_n)-f(\xi_1,\cdots,\xi_n)\\
&=\sum_{i=1}^{n}h_i\left(\frac{\partial f}{\partial x_i}(\xi_1,\cdots,\xi_n)+\varepsilon_i(\boldsymbol{h})\right)\\
&=\sum_{i=1}^{n}h_i\frac{\partial f}{\partial x_i}(\xi_1,\cdots,\xi_n)+\sum_{i=1}^{n}h_i\varepsilon_i(\boldsymbol{h})
\end{aligned}
\tag{5.59}
$$

のように表現できる．さらに偏微分の連続性から，

$$
\varepsilon_i(\boldsymbol{h})\to 0 \quad (\|\boldsymbol{h}\|\to 0)
$$

が成立することに注意すると，

$$
\frac{\left|\displaystyle\sum_{i=1}^{n}h_i\varepsilon_i(\boldsymbol{h})\right|}{\|\boldsymbol{h}\|}\le\sum_{i=1}^{n}|\varepsilon_i(\boldsymbol{h})|\to 0 \quad (\|\boldsymbol{h}\|\to 0)
$$

も成立し，式 (5.59) は f が $\boldsymbol{\xi}$ でフレッシェ微分可能であり，(5.56) がフレッシェ微分を与えることを示している．

(b) (a) の結果を利用すると，

$$
\|\Phi(\boldsymbol{\xi}+\boldsymbol{h})-\Phi(\boldsymbol{\xi})-\delta\Phi(\boldsymbol{\xi};\boldsymbol{h})\|^2
$$

$$= \sum_{k=1}^{m} \left| \varPhi_k(\boldsymbol{\xi}+\boldsymbol{h}) - \varPhi_k(\boldsymbol{\xi}) - \sum_{i=1}^{n} h_i \frac{\partial \varPhi_k}{\partial x_i}(\boldsymbol{\xi}) \right|^2 = o(\|\boldsymbol{h}\|)$$

となることは明らかであり，$\boldsymbol{\varPhi}$ が $\boldsymbol{\xi}$ でフレッシェ微分可能であり，(5.57) がフレッシェ微分を与えることを示している．

(c) A と内積の線形性より，任意の $\xi \in \mathcal{H}$ と $h \in \mathcal{H} \setminus \{0\}$ に対して，

$$\begin{aligned}\varDelta(h) &:= f(\xi+h) - f(\xi) = \langle A(\xi+h), \xi+h \rangle - \langle A(\xi), \xi \rangle \\ &= \langle A(\xi), h \rangle + \langle A(h), \xi \rangle + \langle A(h), h \rangle\end{aligned}$$

となる．また，$\langle A(h), \xi \rangle = \langle A(\xi), h \rangle$ に注意すると，

$$\varDelta(h) - \langle 2A(\xi), h \rangle = \langle A(h), h \rangle$$

となるので，

$$\begin{aligned}0 &\le \frac{|\varDelta(h) - \langle 2A(\xi), h \rangle|}{\|h\|} = \frac{|\langle A(h), h \rangle|}{\|h\|} \\ &\le \frac{\|A(h)\|\|h\|}{\|h\|} \le \|A\|\|h\| \to 0 \quad (\|h\| \to 0)\end{aligned}$$

となり，

$$\delta f(\xi; h) = \langle 2A(\xi), h \rangle$$

の成立が確かめられた． ■

複素関数の微分可能性についても触れておこう．複素数全体の集合 $\boldsymbol{C} = \{x + iy \mid (x, y) \in \boldsymbol{R}^2\}$ (ただし，i は $i^2 = -1$ を満たす虚数単位[17]と呼ばれる複素数)．また，任意の複素数 $z_k = x_k + iy_k \in \boldsymbol{C}$ (ただし，$x_k, y_k \in \boldsymbol{R}$, $k = 1, 2$) に対して，

$$z_1 + z_2 = (x_1 + x_2) + i(y_1 + y_2)$$

また，任意の $\alpha \in \boldsymbol{R}$ に対して，

$$\alpha z_1 = \alpha x_1 + i\alpha y_1$$

なので，自明な写像

$$\phi : \boldsymbol{C} \ni x + iy \mapsto (x, y) \in \boldsymbol{R}^2$$

を介して，

$$|x + iy| = \sqrt{x^2 + y^2} = \|\phi(x + iy)\|$$

となり，$(\boldsymbol{C}, |\cdot|)$ は，ノルム空間として 2 次元ユークリッド空間 $(\boldsymbol{R}^2, \|\cdot\|)$ と同一視できる．実際に，複素数列の収束も

---

17) 電気情報工学の分野では i は電流を表すのに利用されてきた経緯があるため，i のかわりに j が虚数単位として用いられている．

「複素数列 $z_n := x_n + iy_n \in \boldsymbol{C}$ $(n = 1, 2, \cdots)$ が

$\alpha = \alpha_1 + i\alpha_2 \in \boldsymbol{C}$ に収束する」

⇔「点列 $(x_n, y_n) \in \boldsymbol{R}^2$ $(n = 1, 2, \cdots)$ が $(\alpha_1, \alpha_2) \in \boldsymbol{R}^2$ に収束する」

によって定義される．さらに，$\boldsymbol{C}$ の開集合も

「$\mathcal{D}_{\boldsymbol{C}} (\subset \boldsymbol{C})$ が $\boldsymbol{C}$ の開集合」

⇔「$\mathcal{D}_{\boldsymbol{R}^2} := \{\phi(z) \in \boldsymbol{R}^2 \mid z \in \mathcal{D}_{\boldsymbol{C}}\}$ が $\boldsymbol{R}^2$ の開集合」

によって定義される．ここで，$\boldsymbol{C}$ の開集合 $\mathcal{D}_{\boldsymbol{C}}$ 上で複素関数 $f : \mathcal{D}_{\boldsymbol{C}} \to \boldsymbol{C}$ を

$$f : \mathcal{D}_{\boldsymbol{C}} \ni x + iy \mapsto f(x + iy) := f_1(x, y) + i f_2(x, y) \in \boldsymbol{C}$$

のように表すとき，これに対応した写像

$$F : \mathcal{D}_{\boldsymbol{R}^2} \ni (x, y) \mapsto (f_1(x, y), f_2(x, y)) \in \boldsymbol{R}^2$$

を定義する．$\xi \in \mathcal{D}_{\boldsymbol{C}}$ に対して，「$z(= x + iy) \to \xi(= \xi_1 + i\xi_2)$ のときの複素関数 $f(z)$ の極限」については，

「$\displaystyle\lim_{z \to \xi} f(z) = \alpha = \alpha_1 + i\alpha_2 \in \boldsymbol{C}$」

⇔「$\displaystyle\lim_{(x,y) \to (\xi_1, \xi_2)} F(x, y) = (\alpha_1, \alpha_2) \in \boldsymbol{R}^2$」

のように写像 F の極限値 (定義 2.7, 2 章の **例 4** (b) 参照) と同一視することによって定義される．また,「複素関数 $f : (\boldsymbol{C} \supset) \mathcal{D}_{\boldsymbol{C}} \to \boldsymbol{C}$ の微分可能性」は，以下のように定義される．「複素関数 $f : \mathcal{D}_{\boldsymbol{C}} \to \boldsymbol{C}$ の微分可能性」と「2 変数実関数のペア $f_k : \mathcal{D}_{\boldsymbol{R}^2} \to \boldsymbol{R}$ $(k = 1, 2)$ の微分可能性」のちがいをはっきりさせておこう．

定義 5.3 (複素関数の微分可能性)

$\xi \in \mathcal{D}_{\boldsymbol{C}}$ に対して，

$$E_\xi := \{h \in \boldsymbol{C} \setminus \{0\} \mid \xi + h \in \mathcal{D}_{\boldsymbol{C}}\}$$

を定義域とする複素関数

$$Q_\xi : h \mapsto \frac{f(\xi + h) - f(\xi)}{h} \quad (\text{複素数の除算を利用})$$

を定義することができる．特に，$h \to 0$ のときの $Q_\xi(h)$ の極限

$$\lim_{h \to 0} Q_\xi(h)$$

が複素数値として存在するとき [注：存在するなら一意に決まる．性質 2.4 参照]，f は ξ で微分可能であるといい，この極限値を複素関数 f の ξ における微分係数と呼び，$f'(\xi) \in \boldsymbol{C}$ で表す．すなわち

$$\lim_{h\to 0}\left|\frac{f(\xi+h)-f(\xi)}{h}-A_\xi\right|=0 \tag{5.60}$$

となる $A_\xi \in \boldsymbol{C}$ が存在するとき，これを $f'(\xi) := A_\xi$ とするのである．

明らかに，

「$A_\xi \in \boldsymbol{C}$ が条件 (5.60) を満たす」

$\Leftrightarrow$「$A_\xi \in \boldsymbol{C}$ が $f(\xi+h)-f(\xi)=A_\xi h+o(|h|)$ を満たす」

となっている．

定理 5.10 (複素関数の微分とコーシー・リーマンの関係式)

複素関数

$$f:(\boldsymbol{C}\supset)\ \mathcal{D}_{\boldsymbol{C}}\to\boldsymbol{C},$$

$$z=x+iy\mapsto f(z)=f_1(x,y)+if_2(x,y)$$

と

$$\xi=\xi_1+i\xi_2\in\mathcal{D}_{\boldsymbol{C}}$$

に対して，以下は等価である．

(a) 複素関数 $f(z)$ は ξ で微分可能で，微分係数 $f'(\xi)$ をもつ．

(b) 2 つの 2 変数実関数 $f_1:\mathcal{D}_{\boldsymbol{R}^2}\to\boldsymbol{R}$，$f_2:\mathcal{D}_{\boldsymbol{R}^2}\to\boldsymbol{R}$ は，ともに $(\xi_1,\xi_2)\in\mathcal{D}_{\boldsymbol{R}^2}$ で (全) 微分可能であり，

$$\left.\begin{aligned}\frac{\partial f_1}{\partial x}(\xi_1,\xi_2)&=\frac{\partial f_2}{\partial y}(\xi_1,\xi_2)\\ \frac{\partial f_1}{\partial y}(\xi_1,\xi_2)&=-\frac{\partial f_2}{\partial x}(\xi_1,\xi_2)\end{aligned}\right\}\tag{5.61}$$

を満たす．

式 (5.61) はコーシー・リーマンの関係式と呼ばれている．また，微分係数は

$$f'(\xi)=\frac{\partial f_1}{\partial x}(\xi_1,\xi_2)+i\frac{\partial f_2}{\partial x}(\xi_1,\xi_2)=\frac{\partial f_2}{\partial y}(\xi_1,\xi_2)-i\frac{\partial f_1}{\partial y}(\xi_1,\xi_2)$$

のように表せる．

【証明】 明らかに，

「点ξで式 (5.60) が成立」

$$\Leftrightarrow「\rho(h):=\frac{f(\xi+h)-f(\xi)}{h}-A_\xi\to 0\quad(h\to 0)」$$

$$\Leftrightarrow f(\xi+h)-f(\xi)=A_\xi h+\rho(h)h\quad(\text{ただし，}\quad \rho(h)h=o(|h|)) \tag{5.62}$$

となる．$f(x+iy)=f_1(x,y)+if_2(x,y)$，$A_\xi=a_1+ia_2$，$\xi=\xi_1+i\xi_2$，

$h = h_1 + ih_2$ とおくと，式 (5.62) は

「点ξで式 (5.60) が成立」

$$\Leftrightarrow \{f_1(\xi_1 + h_1, \xi_2 + h_2) + if_2(\xi_1 + h_1, \xi_2 + h_2)\} - \{f_1(\xi_1, \xi_2) + if_2(\xi_1, \xi_2)\}$$
$$= (a_1 + ia_2)(h_1 + ih_2) + \Re(\rho(h)h) + i\Im(\rho(h)h) \tag{5.63}$$

と表せる (ただし，$\Re$ は実部，$\Im$ は虚部を表す)．また，$|\Re(\rho(h)h)| \leq |\rho(h)h|$, $|\Im(\rho(h)h)| \leq |\rho(h)h|$ より，

$$\Re(\rho(h)h) = o(|h|) = o\left(\sqrt{h_1^2 + h_2^2}\right), \quad \Im(\rho(h)h) = o\left(\sqrt{h_1^2 + h_2^2}\right)$$

となることに注意して，式 (5.63) の両辺の実部と虚部を整理すると，

「点ξで式 (5.60) が成立」$\Leftrightarrow$

$$\begin{cases} f_1(\xi_1 + h_1, \xi_2 + h_2) - f_1(\xi_1, \xi_2) = a_1 h_1 - a_2 h_2 + o\left(\sqrt{h_1^2 + h_2^2}\right) \\ f_2(\xi_1 + h_1, \xi_2 + h_2) - f_2(\xi_1, \xi_2) = a_2 h_1 + a_1 h_2 + o\left(\sqrt{h_1^2 + h_2^2}\right) \end{cases} \tag{5.64}$$

が得られる．(5.64) は，2 つの 2 変数実関数 $f_k : \mathcal{D}_{\boldsymbol{R}^2} \to \boldsymbol{R}$ $(k = 1, 2)$ が $(\xi_1, \xi_2) \in \mathcal{D}_{\boldsymbol{R}^2}$ で (全) 微分可能であり (付録定義 A.3 を参照されたい)，その偏微分係数が

$$\frac{\partial f_1}{\partial x}(\xi_1, \xi_2) = a_1, \quad \frac{\partial f_1}{\partial y}(\xi_1, \xi_2) = -a_2$$
$$\frac{\partial f_2}{\partial x}(\xi_1, \xi_2) = a_2, \quad \frac{\partial f_2}{\partial y}(\xi_1, \xi_2) = a_1$$

によって与えられ，式 (5.61) に従うことを示している．■

注意 4 ある開集合 $\mathcal{D}_{\boldsymbol{C}} (\subset \boldsymbol{C})$ 上で定義された複素関数 $f : \mathcal{D}_{\boldsymbol{C}} \to \boldsymbol{C}$ が任意の点 $\xi \in \mathcal{D}_{\boldsymbol{C}}$ で (定義 5.3 の意味で) 微分可能であるとき，f は，$\mathcal{D}_{\boldsymbol{C}}$ 上で正則関数 (holomorphic function / analytic function) であるという．定理 5.10 からわかるように正則関数 f の実部 f_1 と虚部 f_2 は各々 2 変数実数値関数として微分可能となるばかりでなく，これらの関数は独立に変化することは許されず，コーシー・リーマンの関係式 [式 (5.61)] に従う．この制約は，「複素関数論 (正則関数の理論)」の豊かで美しい成果の源泉にほかならない．□

5章の問題

□**1** (**部分空間の階層と射影 1**) ヒルベルト空間 $\mathcal{H}$ の 2 つの閉部分空間 M_1, M_2 が $M_1 \subset M_2 \subset \mathcal{H}$ であるとき，任意の $\boldsymbol{x} \in \mathcal{H}$ に対して，

(a) $P_{M_1}(P_{M_2}(\boldsymbol{x})) = P_{M_1}(\boldsymbol{x})$

(b) $\|P_{M_1}(\boldsymbol{x})\| \leq \|P_{M_2}(\boldsymbol{x})\|$

となることを示せ．

□**2** (**部分空間の階層と射影 2**) ヒルベルト空間 $\mathcal{H}$ の可算個の閉部分空間 $M_n \subset \mathcal{H}$ $(n = 1, 2, \cdots)$ が与えられ，$M_n \supset M_{n+1}$ $(n = 1, 2, \cdots)$ となるとき，閉部分空間列 $(M_n)_{n=1}^{\infty}$ は単調減少 (monotone decreasing) であるという．このとき，これらの共通部分として定義される閉部分空間を

$$M_{-\infty} := \bigcap_{n=1}^{\infty} M_n$$

と記す．このとき，任意の $\boldsymbol{x} \in \mathcal{H}$ に対して，

$$\lim_{n \to \infty} P_{M_n}(\boldsymbol{x}) = P_{M_{-\infty}}(\boldsymbol{x})$$

が成立することを示せ．

□**3** (**部分空間の階層と射影 3**) ヒルベルト空間 $\mathcal{H}$ の可算個の閉部分空間 $M_n \subset \mathcal{H}$ $(n = 1, 2, \cdots)$ が与えられ，$M_n \subset M_{n+1}$ $(n = 1, 2, \cdots)$ となるとき，閉部分空間列 $(M_n)_{n=1}^{\infty}$ は単調増大 (monotone increasing) であるという．このとき，$\bigcup_{n=1}^{\infty} M_n$ も部分空間となるが，一般に閉集合である保証はない．そこで，この閉包で与えられる閉部分空間を

$$M_{\infty} := \overline{\left(\bigcup_{n=1}^{\infty} M_n\right)}$$

と記す．このとき，任意の $\boldsymbol{x} \in \mathcal{H}$ に対して，

$$\lim_{n \to \infty} P_{M_n}(\boldsymbol{x}) = P_{M_{\infty}}(\boldsymbol{x})$$

が成立することを示せ．

□**4** (**準非拡大写像の不動点集合の閉凸性**) 非線形写像 $T : \mathcal{H} \to \mathcal{H}$ の不動点集合 $\mathrm{Fix}(T) := \{z \in \mathcal{H} \mid T(z) = z\}$ が空でなく，

$$\|T(x) - z\| \leq \|x - z\| \quad (\forall x \in \mathcal{H}, \forall z \in \mathrm{Fix}(T))$$

を満足するとき，T は準非拡大写像 (quasi-nonexpansive mapping) であるという．

(a) 非拡大写像が不動点をもてば準非拡大写像になることを示せ．不動点をもたない非拡大写像の例をあげよ．

(b) 準非拡大写像 $T:\mathcal{H}\to\mathcal{H}$ の不動点集合 $\mathrm{Fix}(T)$ が

$$\mathrm{Fix}(T)=\bigcap_{y\in\mathcal{H}}\left\{x\in\mathcal{H}\mid\langle y-T(y),x\rangle\leq\frac{\|y\|^2-\|T(y)\|^2}{2}\right\}\tag{5.65}$$

のように無限個の閉半空間の共通部分集合として表現できることを以下の順に示せ [注：性質 3.2(c) から任意個の閉凸集合の共通部分集合は閉凸集合となるから，式 (5.65) の表現は，$\mathrm{Fix}(T)$ が閉凸集合であることを示している].

(i) 式 (5.65) の「$\subset$」の包含関係を証明せよ [ヒント：任意の $x\in\mathrm{Fix}(T)$ と任意の $y\in\mathcal{H}$ に対して成立する自明な不等式 $0\leq\|y-x\|^2-\|T(y)-x\|^2$ を整理してみよ].

(ii) 式 (5.65) の「$\supset$」の包含関係を証明せよ [ヒント：$x\in\mathcal{H}$ が「すべての y に対して，$2\langle y-T(y),x\rangle\leq\|y\|^2-\|T(y)\|^2$」を満たすとき，特に $y=x$ の場合に成り立つ関係を整理し，$\|T(x)-x\|\leq 0$ を導けばよい].

(c) 準非拡大写像 T の不動点集合 $\mathrm{Fix}(T)$ の濃度は，$|\mathrm{Fix}(T)|=1$ または $|\mathrm{Fix}(T)|\geq\aleph$ [注：$\dim(\mathcal{H})<\infty$ なら，$\mathrm{Fix}(T)=\aleph$] のいずれかの場合しかないことを示せ.

□**5** **(一般逆行列の表現)** $A\in\boldsymbol{R}^{m\times n}$ が $\mathrm{rank}(A)=m$ であるとき，定理 5.6 を用いて $A^\dagger=A^t(AA^t)^{-1}$ となることを示せ.

第6章

線形汎関数の表現と共役空間

本章ではまず，ヒルベルト空間上に定義された有界線形汎関数は，内積を使って一意に表現できること（リースの表現定理（定理 6.1））を学ぶ．次に，必ずしも完備でない内積空間上に定義された有界線形汎関数もコーシー列と内積を使って具体的に表現できることを紹介する（定理 6.3）．これにより，有界線形汎関数の姿と内積空間の共役空間の全体像がはっきりとみえるようになる．実は，内積空間の共役空間を構成するプロセスは 2 章の **注意 2** と 4 章の **例 1** で触れた「空間の完備化」の具体例にもなっている（定理 6.4）．さらに内積空間の例に絞り，関数解析の第 4 の corner stone——ハーン・バナッハの定理を学ぶ．最後に，共役作用素に関する基本的な性質を学ぶ．

6.1 線形汎関数と共役空間

定義 3.8 で述べたように，ノルム空間 X から $\boldsymbol{R}$ への有界線形写像を有界線形汎関数という．X 上の有界線形汎関数全体からなる集合を X^* と書く．定義 3.8 の表現を使えば，X^* は，$X^* = \mathcal{B}(X, \boldsymbol{R})$ となり，$\boldsymbol{R}$ の完備性から，X^* は作用素ノルム

$$\|f\| := \sup_{x \neq 0} \frac{|f(x)|}{\|x\|_X} = \sup_{\|x\|_X = 1} |f(x)| = \sup_{\|x\|_X \leq 1} |f(x)| \quad (f \in X^*)$$

が定義されたバナッハ空間になる[1)](定理 4.1 参照)．バナッハ空間 X^* を X の共役空間 (dual space) という (定義 4.2 参照)．

ノルム空間の共役空間について，次の基本的な補題が成り立つ．

補題 6.1

X をノルム空間，$f \in X^*$ とするとき，以下が成立する．

(a) $\mathcal{N}(f) := \{x \in X \mid f(x) = 0\}$ は X の閉部分空間である[2)]．

(b) $f \neq O$ (ただし, $O : X \to \boldsymbol{R}$ は零写像, すなわち, $O(x) = 0, \forall x \in X$) とし，$v_0 \notin \mathcal{N}(f)$ とすると，任意の $x \in X$ は，

$$x = u + \alpha v_0 \quad (u \in \mathcal{N}(f), \quad \alpha \in \boldsymbol{R}) \tag{6.1}$$

と一意に表される．このとき，$\alpha = f(x)/f(v_0)$ となる．

(c) $X = \mathcal{H}$ ($\mathcal{H}$ はヒルベルト空間), $f \neq O$ ならば，$(\mathcal{N}(f))^\perp$ は 1 次元である．

【証明】 (a) $\mathcal{N}(f)$ が線形部分空間になることは，f の線形性より明らか．また，f の連続性と $\{0\}$ が $\boldsymbol{R}$ の閉集合であることから，$\mathcal{N}(f) = f^{-1}(\{0\})$ は閉集合である (2 章の章末問題 3 の結果 (定理 2.2 の系) 参照)．

(b) $x \in X$ に対して，$u = x - (f(x)/f(v_0))\, v_0$ とおくと，$f(u) = 0$ となるので，式 (6.1) の形に分解できることがわかる．また，$x = u' + \alpha' v_0$ ($u' \in \mathcal{N}(f)$, $\alpha' \in \boldsymbol{R}$) という分解が存在すれば，$(\alpha' - \alpha)v_0 = u - u' \in \mathcal{N}(f)$ となるから，$\alpha' = \alpha$ と $u' = u$ でなければならず，式 (6.1) の形の分解の一意性が確かめられた．

(c) $f \neq O$ より，$y \in \mathcal{H} \setminus \mathcal{N}(f)$ が存在し，系 5.2 の直交分解より，$v_0 := y - P_{\mathcal{N}(f)}(y)$ について $v_0 \neq 0$ と $v_0 \in (\mathcal{N}(f))^\perp$ が成立する．この v_0 を用い

---

1) X が完備でなくても X^* は完備になる．

2) $\mathcal{N}(f)$ を「f の核空間 (kernel space または null space)」と呼ぶ．

て (6.1) の分解を考えると，任意の $v \in (\mathcal{N}(f))^\perp$ は $v = u' + \alpha' v_0$ ($u' \in \mathcal{N}(f)$, $\alpha' \in \boldsymbol{R}$) のように表せる．さらに，系 5.2 (直交分解の一意性) から，v の直交分解の唯一の表現は，$v = 0 + v$ ($0 \in \mathcal{N}(f)$, $v \in (\mathcal{N}(f))^\perp$) に限定されるため，$u' = 0$, $v = \alpha' v_0$ となっていなければならない．v は，$(\mathcal{N}(f))^\perp$ の中で任意に選べたので，$\dim\left((\mathcal{N}(f))^\perp\right) = 1$ が確認できた． ■

定理 6.1 (リース (Riesz, 1880~1956) の表現定理)

ヒルベルト空間 $\mathcal{H}$ の内積を $\langle x, y\rangle$ ($\forall x, y \in \mathcal{H}$) と記し，内積から誘導されたノルムを $\|x\|_{\mathcal{H}} := \sqrt{\langle x, x\rangle}$ ($\forall x \in \mathcal{H}$) と記すとき，以下が成立する．

(a)　任意の有界線形汎関数 $f \in \mathcal{H}^*$ に対して，ある $v_f \in \mathcal{H}$ が存在し，f は

$$f(x) = \langle x, v_f\rangle \quad (x \in \mathcal{H}) \tag{6.2}$$

のように表現できる[3)]．v_f は f から一意に定まり，$\|v_f\|_{\mathcal{H}} = \|f\|$ となる．

(b)　写像 $\Phi : \mathcal{H}^* \to \mathcal{H}, f \mapsto v_f$ ($v_f \in \mathcal{H}$ は，(a) で定義されたもの) は，全単射で等長 (すなわち，$\|f\| = \|v_f\|_{\mathcal{H}}$ ($\forall f \in \mathcal{H}^*$)) な線形写像となる[4)]．

【証明】　(a)　(i)　(v_f の存在性)　$f = O$ であれば，$v_f = 0$ とすればよい．$f \neq O$ のとき，補題 6.1(c) より，1 次元部分空間 $(\mathcal{N}(f))^\perp$ から，$v_0 \in (\mathcal{N}(f))^\perp$, $\|v_0\|_{\mathcal{H}} = 1$ となる単位ベクトルを選ぶことができ，任意の $x \in \mathcal{H}$ は

$$x = P_{\mathcal{N}(f)}(x) + P_{(\mathcal{N}(f))^\perp}(x) = P_{\mathcal{N}(f)}(x) + \langle x, v_0\rangle v_0$$

と表せる．これより，

$$\begin{aligned} f(x) &= f\left(P_{\mathcal{N}(f)}(x)\right) + \langle x, v_0\rangle f(v_0) \\ &= \langle x, v_0\rangle f(v_0) \\ &= \langle x, f(v_0) v_0\rangle \quad (\forall x \in \mathcal{H}) \end{aligned}$$

となり，$v_f := f(v_0) v_0$ が式 (6.2) の条件を満たすことが確認される．また，コーシー・シュワルツの不等式から，

$$|f(x)| = |\langle x, v_f\rangle| \leq \|x\|_{\mathcal{H}} \|v_f\|_{\mathcal{H}} \quad (\forall x \in \mathcal{H})$$

すなわち，$\|f\| \leq \|v_f\|_{\mathcal{H}}$ が保証される．さらに，自明な関係 $|f(v_f)| = \langle v_f, v_f\rangle = \|v_f\|_{\mathcal{H}}^2$ より，

---

3) この定理は補題 3.2 の一般化とみることもできる．

4) Φ を介して $\mathcal{H}^*$ と $\mathcal{H}$ はしばしば同一視される．

$$\|f\| = \sup_{x \neq 0} \frac{|f(x)|}{\|x\|_{\mathcal{H}}} = \|v_f\|_{\mathcal{H}}$$

も確認できる．

(ii) (v_f の一意性) $v_1, v_2 \in \mathcal{H}$ について，

$$f(x) = \langle x, v_1 \rangle = \langle x, v_2 \rangle \quad (\forall x \in \mathcal{H})$$

が成立しているとすれば，任意の $x \in \mathcal{H}$ に対して $\langle x, v_1 - v_2 \rangle = 0$ となるので，特に

$$0 = \langle v_1 - v_2, v_1 - v_2 \rangle = \|v_1 - v_2\|_{\mathcal{H}}^2$$

したがって，$v_1 = v_2$ でなければならない．

(b) 任意の $f, g \in \mathcal{H}^*$, $\alpha, \beta \in \boldsymbol{R}$ に対して，

$$\Phi(f) = v_f, \quad \Phi(g) = v_g, \quad \Phi(\alpha f + \beta g) = v_{\alpha f + \beta g}$$

とおけば，

$$\begin{aligned}
(\alpha f + \beta g)(x) &= \langle x, v_{\alpha f + \beta g} \rangle \quad (\forall x \in \mathcal{H}) \\
(\alpha f + \beta g)(x) &= \alpha f(x) + \beta g(x) \\
&= \alpha \langle x, v_f \rangle + \beta \langle x, v_g \rangle \\
&= \langle x, \alpha v_f + \beta v_g \rangle \quad (\forall x \in \mathcal{H})
\end{aligned}$$

となるから，

$$\Phi(\alpha f + \beta g) = v_{\alpha f + \beta g} = \alpha v_f + \beta v_g = \alpha \Phi(f) + \beta \Phi(g)$$

でなければならず，Φ は線形写像となる．また，(a) より，Φ は等長写像となっている．さらに $v \in \mathcal{H}$ を用いて，$J_v \in \mathcal{H}^*$ を

$$J_v(x) := \langle x, v \rangle \quad (\forall x \in \mathcal{H})$$

のように定義すると，

$$J : \mathcal{H} \to \mathcal{H}^*, \quad v \mapsto J_v$$

が，Φ の逆写像となるので，(b) の主張はすべて確認された． ■

6.2　内積空間上の線形汎関数の表現

リースの表現定理 (定理 6.1) でヒルベルト空間の共役空間の正体は明らかとなったが，ヒルベルト空間でないノルム空間の場合はどうなっているのだろう．簡単のため内積空間に限定し，その共役空間の姿を調べていくことにしよう．

以下，内積空間 X に定義された内積を $\langle x, y\rangle$ $(\forall x, y \in X)$ と記し，また，X のノルムには，内積から誘導されたノルム $\|x\|_X := \sqrt{\langle x, x\rangle}$ $(\forall x \in X)$ が定義されていると仮定する．

任意に選ばれた $x \in X$ を用いて，X 上の線形汎関数 $J_x : X \to \boldsymbol{R}$ を

$$J_x(y) := \langle y, x\rangle \quad (\forall y \in X) \tag{6.3}$$

のように定義すると 3 章の **例 1** より，$J_x \in X^* := \mathcal{B}(X, \boldsymbol{R})$ となり (ただし，X^* は，X の共役空間 (定義 4.2 参照)),

$$\|J_x\| := \sup_{\|y\|_X=1} |J_x(y)| = \|x\|_X \quad (\forall x \in X) \tag{6.4}$$

となる (3 章の **例 1** の式 (3.26) 参照)．さらに，$x \in X$ を $J_x \in X^*$ に対応づける写像

$$J : X \to X^*, \quad x \mapsto J_x \tag{6.5}$$

は，1 対 1 の線形写像であり，

$$\|J\| := \sup_{\|x\|_X=1} \|J_x\| = \sup_{\|x\|_X=1} \|x\|_X = 1 \tag{6.6}$$

となることが直ちに確認できる．

$J_x : X \to \boldsymbol{R}$ は，「内積の形で表現可能な有界線形汎関数」であるが，逆に，任意の有界線形汎関数は，X の内積で表現できるだろうか．

定理 6.1 で学んだように $X = \mathcal{H}$ (ヒルベルト空間) の場合には，任意の $f \in \mathcal{H}^*$ に対して，$f = J_{v_f}$ を満たす $v_f \in \mathcal{H}$ が唯一存在していたが，後で明らかになるように，内積空間 X 上のすべての有界線形汎関数が式 (6.3) の形で内積表現できるためには，X が完備であることが必要になる (定理 6.3(d) 参照)．

以下では，まず，必ずしも完備でない内積空間 X が与えられるとき，「内積で表現される有界線形汎関数」全体

$$J(X) := \{J_x \in X^* \mid x \in X\} \tag{6.7}$$

が X^* で稠密となり，X 上に定義された任意の有界線形汎関数が「内積で表現される有界線形汎関数」によっていくらでも精度よく近似されることを示す．

補題 6.2

X を内積空間とするとき，任意の $f \in X^*$ (ただし，$\|f\| = \sup_{\|y\|_X=1} |f(y)|$

$= 1)$ と任意の $x \in X$ (ただし $\|x\|_X = 1$) に対して，以下が成立する．

(a)　$f \in X^*$ と $J_x \in J(X) \subset X^*$ の差異は

$$\|y\|_X = 1 \Rightarrow |f(y) - J_x(y)| \le 5[1 - f(x)]^{1/2} \tag{6.8}$$

となり，

$$\|f - J_x\| \le 5[1 - f(x)]^{1/2} \tag{6.9}$$

のように評価できる．

(b)　特に，$\varepsilon > 0$ によって $f(x) > 1 - (\varepsilon/5)^2$ となるとき，

$$\|f - J_x\| < \varepsilon \tag{6.10}$$

となる．

【証明】 (a)　式 (6.8) を示す．任意に選んだ $y \in X$(ただし，$\|y\|_X = 1$) に対して，

$$\begin{aligned}
&|f(y) - J_x(y)| \\
&\le |\langle f(y)x, x\rangle - \langle f(x)y, x\rangle| + |\langle f(x)y, x\rangle - \langle y, x\rangle| \\
&\le \sigma \langle f(y)x - f(x)y, x\rangle + \{1 - f(x)\} \|y\|_X \|x\|_X \\
&= 1 - f(x) + \sigma\langle f(y)x - f(x)y, x\rangle
\end{aligned} \tag{6.11}$$

となる (ただし，$\sigma := \mathrm{sgn}(\langle f(y)x - f(x)y, x\rangle)$ とした[5])．ところで，任意の $\delta > 0$ に対して，内積をノルムで表現し (定理 3.3 参照),

$$\begin{aligned}
&\sigma\langle f(y)x - f(x)y, x\rangle \\
&= \frac{1}{\delta}\langle \sigma\delta[f(y)x - f(x)y], x\rangle \\
&= \frac{1}{2\delta}\left(\|\sigma\delta[f(y)x - f(x)y]\|_X^2 + \|x\|_X^2 - \|\sigma\delta[f(y)x - f(x)y] - x\|_X^2\right) \\
&\le \frac{1}{2\delta}\Big[\delta^2(\|f(y)x\|_X + \|f(x)y\|_X)^2 \\
&\quad + \|x\|_X^2 - [f(\sigma\delta[f(y)x - f(x)y] - x)]^2\Big] \\
&= \frac{1}{2\delta}\left[\delta^2(|f(y)| \cdot \|x\|_X + |f(x)| \cdot \|y\|_X)^2 + \|x\|_X^2 - [f(-x)]^2\right] \\
&\le \frac{1}{2\delta}\left[2^2\delta^2 + 1 - [f(x)]^2\right]
\end{aligned}$$

---

[5] 関数 $\mathrm{sgn} : \boldsymbol{R} \to \{-1, +1\}$ は，$\mathrm{sgn}(s) := \begin{cases} +1 & (s \ge 0 \text{ のとき}) \\ -1 & (s < 0 \text{ のとき}) \end{cases}$ によって定義される．

$$= \frac{1}{2\delta}\left[4\delta^2 + [1+f(x)]\,[1-f(x)]\right]$$
$$\leq \frac{1}{2\delta}\left[4\delta^2 + 2\,[1-f(x)]\right]$$
$$= 2\delta + \frac{1}{\delta}\,[1-f(x)]$$

となることに注意し，式 (6.11) の最右辺を再度評価すると

$$|f(y) - J_x(y)| \leq 1 - f(x) + \sigma\langle f(y)x - f(x)y, x\rangle$$
$$\leq \left(1 + \frac{1}{\delta}\right)[1-f(x)] + 2\delta \qquad (6.12)$$

を得る．

式 (6.12) の結果を整理しよう．

(i)　$f(x) = 1$ のとき，$|f(y) - J_x(y)| \leq 2\delta$ となるが，$\delta > 0$ は任意でよいので，

$$|f(y) - J_x(y)| = 0, \quad \forall y \in X \quad (\text{ただし，} \ \|y\|_X = 1)$$

が成立する．

(ii)　$f(x) < 1$ のとき，特に，$\delta = [1-f(x)]^{1/2}$ とすると，

$$0 < \delta \leq [1-(-1)]^{1/2} = \sqrt{2}$$

となるので，

$$|f(y) - J_x(y)| \leq \delta^2 + 3\delta \leq \sqrt{2}\delta + 3\delta < 5\delta = 5[1-f(x)]^{1/2}$$

が成立する．

(b)　(a) の結果から明らか．■

定理 6.2 ($J(X)$ の稠密性)

(a)　任意に選んだ $f \in X^* \setminus \{O\}$ (ただし，$O : X \to \boldsymbol{R}$ は零写像，すなわち，$O(x) = 0, \forall x \in X$) に対して，$X$ の点列 $(x_n)_{n=1}^{\infty}$ で，

(i)　$\|x_n\|_X = 1 \quad (n = 1, 2, \cdots)$

(ii)　$\lim_{n\to\infty} f(x_n) = \|f\|$

となるものが存在する．

(b)　任意に選んだ $f \in X^* \setminus \{O\}$ に対して，(a) の条件を満たす点列 $(x_n)_{n=1}^{\infty}$ は，X のコーシー列となり，

$$\lim_{n\to\infty} \|f - (\|f\|J_{x_n})\| = \lim_{n\to\infty} \left\|f - (J_{\|f\|x_n})\right\| = 0 \qquad (6.13)$$

を満たす．式 (6.13) は $J(X) := \{J_x \in X^* \mid x \in X\}$ が X^* で稠密であることを示している．さらに，$(J_{\|f\|x_n})_{n=1}^{\infty}$ に対して，

$$f(y) = \lim_{n\to\infty} J_{\|f\|x_n}(y) \quad (\forall y \in X) \tag{6.14}$$

となる．実は，式 (6.14) の収束は，個々の点 y に対して成立するだけでなく，任意に選ばれた有界な部分集合 $S(\subset X)$ 上で一様収束し，

$$\lim_{n\to\infty} \left[\sup_{y\in S} \left| J_{\|f\|x_n}(y) - f(y) \right| \right] = 0 \tag{6.15}$$

が成立する．

【証明】 (a)　$\|f\| = \sup_{\|y\|_X=1} |f(y)|$ より，

$$\lim_{n\to\infty} |f(y_n)| = \|f\| \quad (\|y_n\|_X = 1,\ n = 1, 2, \cdots)$$

となる X の点列 $(y_n)_{n=1}^{\infty}$ が存在する．これを用いて，

$$x_n := \begin{cases} y_n & (f(y_n) \geq 0 \text{ のとき}) \\ -y_n & (f(y_n) < 0 \text{ のとき}) \end{cases}$$

のようにすれば，すべての $n \in \boldsymbol{N}$ について，

$$f(x_n) = |f(y_n)|, \quad \|x_n\|_X = \|y_n\|_X = 1$$

となるので，$\lim_{n\to\infty} f(x_n) = \|f\|$ を得る．

(b)　$\left\| \dfrac{f}{\|f\|} \right\| = 1$ と $\lim_{n\to\infty} \dfrac{f(x_n)}{\|f\|} = 1$ より，任意の $\varepsilon > 0$ に対して，十分大きな $N \in \boldsymbol{N}$ が存在し，

$$\frac{f(x_n)}{\|f\|} > 1 - \left(\frac{\varepsilon}{5\|f\|} \right)^2 \quad (\forall n \geq N)$$

となるので，補題 6.2 より，

$$\left\| \frac{f}{\|f\|} - J_{x_n} \right\| \leq \frac{\varepsilon}{\|f\|} \quad (\forall n \geq N)$$

すなわち，

$$\|f - \|f\| J_{x_n}\| = \left\| f - \left(J_{\|f\|x_n} \right) \right\| \leq \varepsilon \quad (\forall n \geq N) \tag{6.16}$$

したがって，式 (6.13) を得る．この事実は，$J(X)$ が X^* の稠密な部分集合であることを示している．このとき，式 (6.4) より，

$$\begin{aligned} \|x_n - x_m\|_X &= \|J_{x_n} - J_{x_m}\| \\ &\leq \left\| J_{x_n} - \frac{f}{\|f\|} \right\| + \left\| \frac{f}{\|f\|} - J_{x_m} \right\| \to 0 \quad (n, m \to \infty) \end{aligned}$$

がいえるので，$(x_n)_{n=1}^{\infty}$ がコーシー列であることも確認できる．

さらに，$S \subset X$ が有界であるとき，ある正数 $c > 0$ が存在し，「$\|y\|_X \leq c$ $(\forall y \in S)$」を仮定してよく，任意の $y \in S$ に対して，

$$\begin{aligned} \left|f(y) - J_{\|f\|x_n}(y)\right| &\leq \left\|f - J_{\|f\|x_n}\right\| \|y\|_X \\ &\leq c\left\|f - J_{\|f\|x_n}\right\| \quad (\forall n \in \boldsymbol{N}) \end{aligned}$$

が成立する．式 (6.16) を利用すると，任意の $\varepsilon > 0$ に対して，十分大きな $N \in \boldsymbol{N}$ が存在し，

$$\sup_{y \in S}\left|f(y) - J_{\|f\|x_n}(y)\right| \leq c\left\|f - J_{\|f\|x_n}\right\| \leq c\varepsilon \quad (\forall n \geq N) \tag{6.17}$$

となり，式 (6.15) が成立する．特に $S := \{y\}$ とすれば式 (6.14) の成立も確かめられる．■

定理 6.3 (内積空間上の有界線形汎関数の表現と構成)

X を内積空間とするとき，以下が成立する．

(a)　任意の $f \in X^*$ に対して，X のコーシー列 $(z_n)_{n=1}^{\infty}$ が存在し，

$$f(y) = \lim_{n\to\infty}\langle y, z_n\rangle \quad (\forall y \in X) \tag{6.18}$$

$$\|f\| = \lim_{n\to\infty}\|z_n\|_X \tag{6.19}$$

と表現できる．

(b)　逆に，X のコーシー列 $(z_n)_{n=1}^{\infty}$ が与えられるとき，

$$f(y) := \lim_{n\to\infty}\langle y, z_n\rangle \quad (\forall y \in X) \tag{6.20}$$

によって有界線形汎関数 $f \in X^*$ を定義することができ，そのノルムは式 (6.19) で与えられる．

(c)　X の 2 つのコーシー列 $(z_n)_{n=1}^{\infty}$, $(w_n)_{n=1}^{\infty}$ に対して，$f, g \in X^*$ を

$$\left.\begin{aligned} f(y) &:= \lim_{n\to\infty}\langle y, z_n\rangle \\ g(y) &:= \lim_{n\to\infty}\langle y, w_n\rangle \end{aligned}\right\} \quad (\forall y \in X)$$

のように定義するとき，

$$f = g \Leftrightarrow \lim_{n\to\infty}\|z_n - w_n\|_X = 0 \tag{6.21}$$

となる．

(d)　(有界線形汎関数の内積表現によるヒルベルト空間の特徴づけ)　X が完備でないとき，$f \in X^* \setminus J(X)$ となる有界線形汎関数 f が存在する．すなわち，内積空間 X 上のすべての有界線形汎関数が式 (6.3) の形で内積表現できるためには，X がヒルベルト空間でなければならない．

【証明】 (a)　定理 6.2(a) の $(x_n)_{n=1}^{\infty}$ は X のコーシー列であるから，X の新たなコーシー列 $z_n := \|f\|x_n$ $(n = 0, 1, 2, \cdots)$ が定義できる．このとき，式 (6.14) より，式 (6.18) は直ちに確認できる．さらに，式 (6.13) より，

$$\big|\|f\| - \|J_{z_n}\|\big| \leq \|f - J_{z_n}\| \to 0 \quad (n \to \infty)$$

となるので，式 (6.4) より，

$$\lim_{n\to\infty} \|z_n\|_X = \lim_{n\to\infty} \|J_{z_n}\| = \|f\|$$

も成立する．

(b)　X のコーシー列 $(z_n)_{n=1}^{\infty}$ が与えられるとき，任意の $y \in X$ に対して，

$$\begin{aligned}|\langle y, z_n\rangle - \langle y, z_m\rangle| &= |\langle y, z_n - z_m\rangle| \\ &\leq \|y\|_X \|z_n - z_m\|_X \to 0 \quad (n, m \to \infty)\end{aligned}$$

となるので，$(\langle y, z_n\rangle)_{n=1}^{\infty}$ は，$\boldsymbol{R}$ のコーシー列となり，有限確定値に収束する．したがって，式 (6.20) によって写像 $f : X \to \boldsymbol{R}$ を定義することができる．また，任意の $x, y \in X$，任意の $\alpha, \beta \in \boldsymbol{R}$ に対して，

$$\begin{aligned}f(\alpha x + \beta y) &= \lim_{n\to\infty} \langle \alpha x + \beta y, z_n\rangle \\ &= \alpha \lim_{n\to\infty} \langle x, z_n\rangle + \beta \lim_{n\to\infty} \langle y, z_n\rangle \\ &= \alpha f(x) + \beta f(y)\end{aligned}$$

が成立するので，$f : X \to \boldsymbol{R}$ は線形写像となる．

さらに，$(z_n)_{n=1}^{\infty}$ はコーシー列なので，$(\|z_n\|)_{n=1}^{\infty}$ も $\boldsymbol{R}$ のコーシー列となり，$\lim_{n\to\infty} \|z_n\|_X < \infty$ が有限確定値となることに注意すれば，

$$|f(y)| = \lim_{n\to\infty} |\langle y, z_n\rangle| \leq \left(\lim_{n\to\infty} \|z_n\|_X\right) \|y\|_X \quad (\forall y \in X) \tag{6.22}$$

を得る．したがって，

$$\|f\| \leq \lim_{n\to\infty} \|z_n\|_X \tag{6.23}$$

となり，f は X 上の有界線形汎関数となることがわかる．式 (6.19) を示すには，式 (6.23) と反対向きの不等号の成立を示せば十分である．まず，コーシー・シュワルツの不等式を用いると，任意に固定された $m \in \boldsymbol{N}$ に対して，

$$\begin{aligned}\|f\|\|z_m\|_X \geq f(z_m) = \lim_{n\to\infty} \langle z_m, z_n\rangle &= \lim_{n\to\infty} \left[\langle z_m, z_n - z_m\rangle + \|z_m\|_X^2\right] \\ \geq \liminf_{n\to\infty} &\left[-\|z_m\|_X \|z_n - z_m\|_X + \|z_m\|_X^2\right]\end{aligned} \tag{6.24}$$

を得る．ここで，$(\|z_m\|_X)_{m=1}^{\infty}$ がコーシー列なので，$c := \sup_{m\in\boldsymbol{N}} \|z_m\|_X < \infty$ となり，任意の $\varepsilon > 0$ に対して，ある $N \in \boldsymbol{N}$ が存在し，

$$c\|z_n - z_m\|_X < \varepsilon \quad (\forall n, m \geq N)$$

とできることに注意すると，式 (6.24) の最右辺は，さらに

$$\begin{aligned}\|f\|\|z_m\|_X &\geq \liminf_{n\to\infty}\left[-\|z_m\|_X\|z_n - z_m\|_X + \|z_m\|_X^2\right]\\ &\geq -\varepsilon + \|z_m\|_X^2 \quad (\forall m \geq N)\end{aligned} \tag{6.25}$$

のように下からおさえられる．さらに，式 (6.25) で $m \to \infty$ とすると，

$$\|f\| \lim_{m\to\infty}\|z_m\|_X \geq -\varepsilon + \lim_{m\to\infty}\|z_m\|_X^2$$

が得られる．ε は任意の正数であったから，

$$\|f\| \lim_{m\to\infty}\|z_m\|_X \geq \lim_{m\to\infty}\|z_m\|_X^2$$

したがって，

$$\|f\| \geq \lim_{m\to\infty}\|z_m\|_X$$

が示された．

(c) まず，$(z_n - w_n)_{n=1}^{\infty}$ が X のコーシー列となるので，

$$(f-g)(y) := f(y) - g(y) = \lim_{n\to\infty}\langle y, z_n - w_n\rangle \quad (\forall y \in X)$$

によって $f - g \in X^*$ が定義できる．このとき，(a), (b) より，

$$\|f - g\| = \lim_{n\to\infty}\|z_n - w_n\|_X$$

となるので，式 (6.21) の成立は明らか．

(d) X は完備でないので，X のいずれの点にも収束しないコーシー列 $(z_n)_{n=1}^{\infty}$ が存在する．このコーシー列を用いて式 (6.20) のように $f \in X^*$ を定義する．このとき，ある $z \in X$ が存在し，

$$f(y) = \langle z, y\rangle \quad (\forall y \in X)$$

と表現できると仮定すると，(b) の議論から，

$$\|f\| = \lim_{n\to\infty}\|z_n\|_X = \|z\|_X$$

$$\lim_{n\to\infty}\langle z_n - z, y\rangle = 0 \quad (\forall y \in X)$$

が成立する．したがって，

$$\begin{aligned}\|z_n - z\|_X^2 &= \|z_n\|_X^2 + \|z\|_X^2 - 2\langle z_n, z\rangle\\ &= \|z_n\|_X^2 + \|z\|_X^2 - 2\left(\langle z_n - z, z\rangle + \langle z, z\rangle\right) \to 0 \quad (n \to \infty)\end{aligned}$$

でなければならず，$(z_n)_{n=1}^{\infty}$ の仮定に矛盾する． ■

定理 6.4 (内積空間 X の完備化と共役空間 X^*)

内積空間 X とその共役空間 X^* について，以下が成立する．

(a) (内積空間の共役空間は内積空間) 任意の2点 $f, g \in X^*$ に対して中線定理：

$$\|f+g\|^2 + \|f-g\|^2 = 2\left(\|f\|^2 + \|g\|^2\right) \tag{6.26}$$

が成立する．これより，X^* のノルム $\|\cdot\|$ は内積

$$\langle f, g\rangle_{X^*} := \frac{1}{4}\left(\|f+g\|^2 - \|f-g\|^2\right) \tag{6.27}$$

から誘導されたノルムとなり，$(X^*, \langle\cdot,\cdot\rangle_{X^*})$ は内積空間となる．

(b) X^* は内積空間 X を完備化して得られるヒルベルト空間となる[6)]．

【証明】 (a) 定理 6.3(a),(b) より，$f, g \in X^*$ に対して，X のコーシー列 $(x_n)_{n=1}^{\infty}$, $(y_n)_{n=1}^{\infty}$ が存在し，

$$\left.\begin{aligned} f(z) &= \lim_{n\to\infty}\langle z, x_n\rangle \\ g(z) &= \lim_{n\to\infty}\langle z, y_n\rangle \end{aligned}\right\} \quad (\forall z \in X)$$

$$\|f\| = \lim_{n\to\infty}\|x_n\|_X$$

$$\|g\| = \lim_{n\to\infty}\|y_n\|_X$$

となる．また，$(x_n + y_n)_{n=1}^{\infty}$，$(x_n - y_n)_{n=1}^{\infty}$ も X のコーシー列なので，

$$\left.\begin{aligned} (f+g)(z) &:= f(z) + g(z) \\ &= \lim_{n\to\infty}\langle z, x_n\rangle + \lim_{n\to\infty}\langle z, y_n\rangle \\ &= \lim_{n\to\infty}\langle z, x_n + y_n\rangle \\ (f-g)(z) &:= f(z) - g(z) \\ &= \lim_{n\to\infty}\langle z, x_n\rangle - \lim_{n\to\infty}\langle z, y_n\rangle \\ &= \lim_{n\to\infty}\langle z, x_n - y_n\rangle \end{aligned}\right\} \quad (\forall z \in X)$$

[6)] 有理数全体 $\boldsymbol{Q}$ に無理数をつけ加えてつくられた集合が実数全体の集合 $\boldsymbol{R}$ である．これは，完備でない距離空間に不足している点を追加して完備距離空間を構成した例である．同様にノルム空間 $(X, \|\cdot\|)$ が完備でないときにも，あるコーシー列 $(x_n)_{n=1}^{\infty}$ は X の中に収束先をもたないので，X に新たな点を仲間に追加することによりベクトル空間 $Y(\supset X)$ を完備なノルム空間にすることができる．Y に定義される新しいノルム $\|\cdot\|_{\mathrm{new}}$ が，

$$[\text{拡張のための自然な要請}] \quad \|x\|_{\mathrm{new}} = \|x\| \quad (\forall x \in X)$$

を満足していれば，ノルム空間 X が Y に拡張されるといってもよいだろう．実は，ノルム空間を拡張することにより，新しい空間を完備なノルム空間にすることができる．このプロセスをノルム空間 X の**完備化**という．

$$\|f+g\|^2 = \lim_{n\to\infty} \|x_n + y_n\|_X^2$$

$$\|f-g\|^2 = \lim_{n\to\infty} \|x_n - y_n\|_X^2$$

となる．したがって，

$$\begin{aligned}\|f+g\|^2 + \|f-g\|^2 &= \lim_{n\to\infty} \left(\|x_n+y_n\|_X^2 + \|x_n-y_n\|_X^2\right)\\ &= \lim_{n\to\infty} 2\left(\|x_n\|_X^2 + \|y_n\|_X^2\right)\\ &= 2(\|f\|^2 + \|g\|^2)\end{aligned}$$

が成立することがわかる．式 (6.26) は X^* のノルムが中線定理を満たすことを保証しているので，定理 3.3 は式 (6.27) の内積 $\langle\cdot,\cdot\rangle_{X^*}$ から誘導されたノルムとなっていることを保証する．

(b) X^* の完備性は定理 4.1 による．(a) よりこのノルムは内積から誘導されるので，ヒルベルト空間である．また，式 (6.3) から (6.6) までの議論により，線形写像 $J: X \to J(X)$ $(\subset X^*)$ は上への 1 対 1 写像で，$\|J_x\| = \|x\|_X$ $(\forall x \in X)$ を満たすので，任意の $x, y \in X$ に対して，

$$\begin{aligned}\langle J_x, J_y\rangle_{X^*} &= \frac{1}{4}\left(\|J_x + J_y\|^2 - \|J_x - J_y\|^2\right)\\ &= \frac{1}{4}\left(\|J_{x+y}\|^2 - \|J_{x-y}\|^2\right)\\ &= \frac{1}{4}\left(\|x+y\|_X^2 - \|x-y\|_X^2\right)\\ &= \langle x, y\rangle\end{aligned}$$

も成立する．以上の議論から J によって対応づけされた X のベクトルと $J(X)$ のベクトルはノルムも内積も保存される．言い換えると J は X のベクトルの名前をつけかえる役割をしているだけなので，X と $J(X)$ は内積空間として同一視できる．さらに，内積空間 $J(X)$ はヒルベルト空間 X^* で稠密な部分集合なので，「X^* は $J(X)$ の完備化」，すなわち，「X^* は X の完備化」になっていることが確かめられる． ■

6.3 ハーン・バナッハの定理

次に紹介するハーン (Hahn, 1879～1934)・バナッハの定理は，関数解析における4つの corner stones の1つである．ほかの3つの定理とちがい，空間に完備性を仮定しなくても成立する．本格的な関数解析の本ではツォルン (Zorn, 1906～1993) の補題 (“選択公理” に等価) を用いて一般のノルム空間で議論されるのであるが，本書では，内積空間という舞台に限定することにより，初等的な証明を与える．

定理 6.5 (内積空間に対するハーン・バナッハの定理)

X を内積空間とし，$M(\subset X)$ を X の部分空間とする．いま，$g : M \to \boldsymbol{R}$ が M 上の有界線形汎関数，すなわち，$g \in M^*$ であるとき，X 上の有界線形汎関数 $f : X \to \boldsymbol{R}$ すなわち，$f \in X^*$ で，

$$f(x) = g(x) \quad (\forall x \in M) \tag{6.28}$$

$$\|f\| := \sup_{x \in X \setminus \{0\}} \frac{|f(x)|}{\|x\|_X} = \|g\| := \sup_{x \in M \setminus \{0\}} \frac{|g(x)|}{\|x\|_X} < \infty \tag{6.29}$$

となるものが存在する．式 (6.28) が成立するとき，「f は g の拡張」，または，「g は f の M への制限」といい，$f|_M = g$ と記す．

【証明】 定理 6.3(a) より，$g \in M^*$ に対して，M のコーシー列 $(z_n)_{n=1}^{\infty}$ が存在し，

$$g(x) = \lim_{n\to\infty} \langle x, z_n \rangle \quad (\forall x \in M)$$

$$\|g\| = \lim_{n\to\infty} \|z_n\|_M \quad (\text{ただし，} \quad \|z\|_M = \|z\|_X, \quad \forall z \in M)$$

と表せる．さらに，$(z_n)_{n=1}^{\infty}$ は，X のコーシー列でもあるから，定理 6.3(b) より，

$$f(x) := \lim_{n\to\infty} \langle x, z_n \rangle \quad (\forall x \in X)$$

によって有界線形汎関数 $f \in X^*$ を定義することができ，明らかに，(6.28) を満たすので，$f|_M = g$ となっている．さらに，

$$\|f\| = \lim_{n\to\infty} \|z_n\|_X = \lim_{n\to\infty} \|z_n\|_M = \|g\|$$

より，(6.29) も成立している．■

6.4　有界線形作用素の共役作用素

本節では，X, Y は内積空間を表し，各々に定義された「内積とそれから誘導されたノルム」を $(\langle\cdot,\cdot\rangle_X, \|\cdot\|_X)$，$(\langle\cdot,\cdot\rangle_Y, \|\cdot\|_Y)$ で表す．

定理 6.6 (共役作用素とその性質)

有界線形作用素[7] $A \in \mathcal{B}(X, Y)$ に対して以下が成立する．

(a)　条件

$$\langle A(x), y\rangle_Y = \langle x, B(y)\rangle_X \quad (\forall x \in X, \forall y \in Y) \tag{6.30}$$

を満たす写像 $B : Y \to X$ は，高々 1 つしかない．A が条件 (6.30) を満たす写像 B をもつとき，そのような唯一の写像 B を A の**共役作用素** (adjoint operator) と呼び，A^* と表記する．

(b)　A が共役作用素 $A^* : Y \to X$ をもつとき，$A^* \in \mathcal{B}(Y, X)$，すなわち，$A^*$ は有界線形作用素となり，

$$\|A^*\|_{\mathcal{B}(Y,X)} = \|A\|_{\mathcal{B}(X,Y)} \tag{6.31}$$

$$\|A\|^2_{\mathcal{B}(X,Y)} = \|A^*A\|_{\mathcal{B}(X,X)} = \|AA^*\|_{\mathcal{B}(Y,Y)} \tag{6.32}$$

を満たす[8]．このとき，$A^* \in \mathcal{B}(Y, X)$ の共役作用素 $(A^*)^* \in \mathcal{B}(X, Y)$ が $(A^*)^* = A$ となる．

(c)　X が完備な内積空間，すなわちヒルベルト空間であれば，任意の $A \in \mathcal{B}(X, Y)$ に対して共役作用素 $A^* : Y \to X$ が唯一存在することが保証される．したがって，任意の $A \in \mathcal{B}(X, Y)$ に対して，その共役作用素を条件

$$\langle A(x), y\rangle_Y = \langle x, A^*(y)\rangle_X \quad (\forall x \in X, \forall y \in Y) \tag{6.33}$$

を満たす唯一の $A^* \in \mathcal{B}(Y, X)$ として定義してよい．

(d)　$Y \neq \{0\}$ であるとき，

$$\text{「すべての } A \in \mathcal{B}(X,Y) \text{ が共役作用素 } A^* : Y \to X \text{ をもつ」}$$
$$\Leftrightarrow \text{「} X \text{ はヒルベルト空間」} \tag{6.34}$$

が成立する．

---

[7] ここでは有界線形写像のことを慣習に従って有界線形作用素と呼ぶ．

[8] 式 (6.31), (6.32) に現れるノルムはすべて作用素ノルムを表している．例えば，$A : X \to Y$ の作用素ノルムを

$$\|A\|_{\mathcal{B}(X,Y)} := \sup_{\|x\|_X = 1} \|A(x)\|_Y$$

のように明示的に表している．

【証明】 (a)　写像 B のほかに，

$$\langle A(x), y\rangle_Y = \langle x, C(y)\rangle_X \quad (\forall x \in X, \forall y \in Y)$$

を満たす写像 $C: Y \to X$ が存在すると，各 $y \in Y$ に対して，

$$\langle x, C(y) - B(y)\rangle_X = 0 \quad (\forall x \in X)$$

となり，

$$\|C(y) - B(y)\|_X^2 = 0 \quad (\forall y \in Y)$$

すなわち

$$C(y) = B(y) \quad (\forall y \in Y)$$

が成立する．これより，条件 (6.30) を満たす写像が高々 1 つしかないことは明らか．

(b)　$A^*: Y \to X$ が存在するとき，条件 (6.30) から，任意の $x \in X$，$y_1, y_2 \in Y$ と $\alpha_1, \alpha_2 \in \boldsymbol{R}$ に対して，

$$\begin{aligned}
&\left\langle x, A^*(\alpha_1 y_1 + \alpha_2 y_2)\right\rangle_X \\
&= \langle A(x), \alpha_1 y_1 + \alpha_2 y_2\rangle_Y \\
&= \alpha_1 \langle A(x), y_1\rangle_Y + \alpha_2 \langle A(x), y_2\rangle_Y \\
&= \alpha_1 \langle x, A^*(y_1)\rangle_X + \alpha_2 \langle x, A^*(y_2)\rangle_X \\
&= \left\langle x, \alpha_1 A^*(y_1) + \alpha_2 A^*(y_2)\right\rangle_X
\end{aligned}$$

でなければならず，

$$A^*(\alpha_1 y_1 + \alpha_2 y_2) = \alpha_1 A^*(y_1) + \alpha_2 A^*(y_2) \quad (\forall y_1, y_2 \in Y,\ \forall \alpha_1, \alpha_2 \in \boldsymbol{R})$$

($\Leftrightarrow A^*$ が線形作用素) を満たすことが確かめられる．さらに，任意の $y \in Y$ に対して，$x := A^*(y) \in X$ とおけば，

$$\begin{aligned}
\|A^*(y)\|_X^2 &= \langle A^*(y), A^*(y)\rangle_X \\
&= \langle x, A^*(y)\rangle_X \\
&= \langle A(x), y\rangle_Y \\
&\le \|A(x)\|_Y \|y\|_Y \\
&\le \|A\|_{\mathcal{B}(X,Y)} \|x\|_X \|y\|_Y \\
&= \|A\|_{\mathcal{B}(X,Y)} \|A^*(y)\|_X \|y\|_Y
\end{aligned}$$

となり，

$$\|A^*(y)\|_X \le \|A\|_{\mathcal{B}(X,Y)} \|y\|_Y \quad (\forall y \in Y)$$

が成立する．この事実から，A^* が有界線形作用素で，

$$\|A^*\|_{\mathcal{B}(Y,X)} \leq \|A\|_{\mathcal{B}(X,Y)}$$

となることがわかる．同様に，すべての $x \in X$ に対して，

$$\begin{aligned}\|A(x)\|_Y^2 &= \langle A(x), A(x)\rangle_Y \\ &= \langle x, A^*(A(x))\rangle_X \\ &\leq \|x\|_X \|A^*(A(x))\|_X \\ &\leq \|x\|_X \|A^*\|_{\mathcal{B}(Y,X)} \|A(x)\|_Y\end{aligned}$$

となるので，

$$\|A\|_{\mathcal{B}(X,Y)} \leq \|A^*\|_{\mathcal{B}(Y,X)}$$

が示され，式 (6.31) が成立する．一方，作用素ノルムの基本性質 (例題 3.1, 3.2) に注意すると，

$$\begin{aligned}\|x\|_X = 1 \Rightarrow \|A(x)\|_Y^2 &= \langle A(x), A(x)\rangle_Y \\ &= \langle A^* A(x), x\rangle_X \\ &\leq \|A^* A(x)\|_X \\ &\leq \|A^* A\|_{\mathcal{B}(X,X)} \\ &\leq \|A^*\|_{\mathcal{B}(Y,X)} \|A\|_{\mathcal{B}(X,Y)} \\ &= \|A\|_{\mathcal{B}(X,Y)}^2\end{aligned}$$

となるので，

$$\begin{aligned}\|A\|_{\mathcal{B}(X,Y)}^2 &= \sup_{\|x\|_X = 1} \|A(x)\|_Y^2 \\ &\leq \|A^* A\|_{\mathcal{B}(X,X)} \\ &\leq \|A\|_{\mathcal{B}(X,Y)}^2\end{aligned}$$

が成立し，式 (6.32) の第 1 の等号成立が確認できた (第 2 の等号成立も同様に確認できる)．$(A^*)^* = A$ の成立は，共役作用素の定義と一意性より明らか．

(c)　X がヒルベルト空間である場合，任意に固定した $y \in Y$ を用いて写像

$$f_y : X \ni x \mapsto \langle A(x), y\rangle_Y \in \boldsymbol{R}$$

を定義することができる．$A \in \mathcal{B}(X,Y)$ から f_y も線形写像となり，

$$\begin{aligned}|f_y(x)| &\leq \|A(x)\|_Y \|y\|_Y \\ &\leq \|A\|_{\mathcal{B}(X,Y)} \|x\|_X \|y\|_Y \quad (\forall x \in X)\end{aligned}$$

も成立し，$f_y \in \mathcal{B}(X, \boldsymbol{R})$ となる．一方，定理 6.1 より，

$$f_y(x) = \langle x, v_{f_y}\rangle_X \quad (\forall x \in X)$$

を満たす唯一の $v_{f_y} := \Phi(f_y) \in X$ が存在するので，これを用いて写像 $B : Y \to X$ を

$$B(y) := v_{f_y} \quad (y \in Y)$$

と定義すると，

$$\begin{aligned}\langle A(x), y\rangle_Y &= f_y(x)\\ &= \langle x, v_{f_y}\rangle_X\\ &= \langle x, B(y)\rangle_X \quad (\forall x \in X, \forall y \in Y)\end{aligned}$$

が成立する．この事実と (a) の議論から $B = A^*$ となり，さらに，(b) の議論から $A^* \in \mathcal{B}(Y, X)$ も保証され，(c) の主張が成立する．

(d) 「$\Leftarrow$」は (c) で示しているので，「$\Rightarrow$」を示す．「すべての $A \in \mathcal{B}(X, Y)$ が共役作用素 $A^* : Y \to X$ をもつが，X が完備でない」と仮定し，矛盾を導く．定理 6.3(d) より，$f \in X^* \setminus J(X)$ となる有界線形汎関数 f (そのノルムを $\|f\|_{X^*}$ と書く) が存在する．任意に固定された $y_0 \in Y \setminus \{0\}$ を用い，写像 $A : X \to Y$ を

$$A : X \ni x \mapsto f(x)y_0 \in Y$$

を定義すると，明らかに A は線形写像で，

$$\|A(x)\|_Y \le \|f\|_{X^*}\|x\|_X\|y_0\|_Y \quad (\forall x \in X)$$

から $A \in \mathcal{B}(X, Y)$ となる．したがって，仮定より，共役作用素 $A^* \in \mathcal{B}(Y, X)$ が存在し，

$$\begin{aligned}\big\langle x, A^*(y)\big\rangle_X &= \langle A(x), y\rangle_Y\\ &= \langle f(x)y_0, y\rangle_Y\\ &= f(x)\,\langle y_0, y\rangle_Y \quad (\forall x \in X, \forall y \in Y)\end{aligned}$$

を満たす．これより，特に $y := y_0/\|y_0\|_Y^2$ とすることにより，

$$f(x) = \left\langle x, A^*\left(\frac{y_0}{\|y_0\|_Y^2}\right)\right\rangle_X \quad (\forall x \in X)$$

が導かれ，$f \notin J(X)$ に矛盾する． ■

定義 6.1 (自己共役作用素)

内積空間 X 上に定義された有界線形作用素 $A \in \mathcal{B}(X, X)$ に対して共役作用素 $A^* \in \mathcal{B}(X, X)$ が存在し，$A^* = A$ を満たすとき，A は**自己共役作用素** (self-adjoint operator) であるという．

例 1　(a)　(**2 つの有限次元空間の間の線形作用素と共役作用素の行列表現**)
X を n 次元の内積空間とし，$\{\boldsymbol{u}_j\}_{j=1}^{n}$ を X の正規直交基底とする．また，Y を m 次元の内積空間とし，$\{\boldsymbol{v}_i\}_{i=1}^{m}$ を Y の正規直交基底とする．このとき，上への 1 対 1 写像 ϕ_X，ϕ_Y を

$$\phi_X : X \ni \boldsymbol{x} \mapsto (\langle \boldsymbol{x}, \boldsymbol{u}_1\rangle_X, \langle \boldsymbol{x}, \boldsymbol{u}_2\rangle_X, \cdots, \langle \boldsymbol{x}, \boldsymbol{u}_n\rangle_X)^t \in \boldsymbol{R}^n$$

$$\phi_X^{-1} : \boldsymbol{R}^n \ni (x_1, x_2, \cdots, x_n)^t \mapsto \sum_{j=1}^{n} x_j \boldsymbol{u}_j \in X$$

$$\phi_Y : Y \ni \boldsymbol{y} \mapsto (\langle \boldsymbol{y}, \boldsymbol{v}_1\rangle_Y, \langle \boldsymbol{y}, \boldsymbol{v}_2\rangle_Y, \cdots, \langle \boldsymbol{y}, \boldsymbol{v}_m\rangle_Y)^t \in \boldsymbol{R}^m$$

$$\phi_Y^{-1} : \boldsymbol{R}^m \ni (y_1, y_2, \cdots, y_m)^t \mapsto \sum_{i=1}^{m} y_i \boldsymbol{v}_i \in Y$$

のように定義する．線形写像 $A \in \mathcal{B}(X, Y)$ は，

$$a_{ij} := \langle A(\boldsymbol{u}_j), \boldsymbol{v}_i\rangle_Y \quad (i = 1, 2, \cdots, m;\ j = 1, 2, \cdots, n)$$

を (i, j) 成分とする行列 $\widetilde{A} = [a_{ij}] \in \boldsymbol{R}^{m\times n}$ を用いて，

$$A(\boldsymbol{x}) = \phi_Y^{-1} \widetilde{A} \phi_X(\boldsymbol{x}) \quad (\forall \boldsymbol{x} \in X)$$

と表現できる ($\widetilde{A}$ を A の**表現行列**と呼ぶ)．有限次元内積空間は完備 (定理 3.2 参照) なので，$A^* \in \mathcal{B}(Y, X)$ が存在し，

$$\begin{aligned} a_{ij}^* &:= \left\langle A^*(\boldsymbol{v}_j), \boldsymbol{u}_i \right\rangle_X \\ &= \langle \boldsymbol{v}_j, A(\boldsymbol{u}_i)\rangle_Y \\ &= \langle A(\boldsymbol{u}_i), \boldsymbol{v}_j\rangle_Y \\ &= a_{ji} \quad (i = 1, 2, \cdots, n;\ j = 1, 2, \cdots, m) \end{aligned}$$

を (j, i) 成分とする行列 $\widetilde{A}^* = [a_{ij}^*] \in \boldsymbol{R}^{n\times m}$ を用いて，

$$A^*(\boldsymbol{y}) = \phi_X^{-1} \widetilde{A}^* \phi_Y(\boldsymbol{y}) \quad (\forall \boldsymbol{y} \in Y)$$

のように表現できる．$A^* : Y \to X$ の表現行列 $\widetilde{A}^*$ は $\widetilde{A}^* = \widetilde{A}^t$($\widetilde{A}$ の転置行列) となることに注意されたい．

(b)　(**直交射影**)　$\mathcal{H}$ をヒルベルト空間，$M(\subset \mathcal{H})$ を閉部分空間とするとき，直交射影 $P_M : \mathcal{H} \to M$ は，定理 5.2(c) より，

$$\langle P_M(x), y\rangle = \langle x, P_M(y)\rangle \quad (\forall x, y \in \mathcal{H})$$

を満足し，自己共役作用素となる．　□

6 章の問題

□**1**　$X = C_2[-1,1] := \{x : [-1,1] \to \boldsymbol{R} \mid x(t)$ は $[-1,1]$ で連続 $\}$ は

$$\langle x, y\rangle := \int_{-1}^{1} x(t)y(t)dt \quad (\forall x, y \in C_2[-1,1])$$

を内積とする内積空間である.

(a)　任意の $y \in C_2[-1,1]$ に対して,

$$f(y) := \int_0^1 y(t)dt$$

によって, 写像 $f : C_2[-1,1] \to \boldsymbol{R}$ を定義すると, $f \in X^*$ となることを示せ.

(b)　(a) で定義した $f \in X^*$ に対し,

$$f(y) = \langle y, z\rangle \quad (\forall y \in X)$$

となる $z \in X$ は存在するか. 存在する場合には, $z \in X$ の正体を求めよ. 存在しない場合にはその理由を示せ.

□**2**　**(有界線形汎関数の内積表現可能性とノルム到達性)**　内積空間 X の有界線形汎関数 $f \in X^*$ について, 以下の (a),(b) が等価であることを示せ.

(a)　(ノルム到達性)　$f(x) = \|f\|$, $\|x\|_X \le 1$ となる $x \in X$ が存在する[9)].

(b)　(内積表現可能性)　$f(y) = J_z(y) := \langle y, z\rangle$ $(\forall y \in X)$ となる $z \in X$ が存在する.

□**3**　**(リースの表現定理再考)**　リースの表現定理 (定理 6.1)

「内積空間 X が ヒルベルト空間であるとき, $X^* = J(X)$ すなわち, 任意の $f \in X^*$ に対して, 唯一の $z \in X$ が存在し,

$$f(y) = J_z(y) := \langle y, z\rangle \quad (\forall y \in X) \tag{6.35}$$

$$\|f\| = \|z\|_X \tag{6.36}$$

を満たす」

を定理 6.3 から導け.

□**4**　**(凸集合上の最良近似の一意性：内積空間の場合)**　(必ずしも完備でない) 内積空間 X の凸集合 $K(\subset X)$ が与えられるとき, $x \in X$ を

---

9) (a) の条件を満たす $x \in X$ は, 自動的に, $\|x\|_X = 1$ を満たすことに注意しておこう (例題 3.1 参照). 仮に, $0 < \|x\|_X < 1$ であったとすると,

$$\frac{f(x)}{\|x\|_X} > f(x) = \|f\| = \sup_{y \neq 0} \frac{|f(y)|}{\|y\|_X}$$

となるが, これは明らかに矛盾である.

$$d(x,K) := \inf_{y\in K}\|x-y\|_X = \|x-y^*\|_X$$

の意味で最良近似する点 $y^* \in K$ は，高々 1 つしかないことを示せ．

□**5** (**超平面上の最良近似：内積空間の場合**)　内積空間 X 上の有界線形汎関数 $f \in X^* \setminus \{O\}$ と $c \in \boldsymbol{R}$ を用いて超平面 $H := \{x \in X \mid f(x) = c\}$ を定義する．このとき，以下が成立することを示せ．

(a)　任意の $x \in X$ に対して，

$$d(x,H) := \inf_{y\in H}\|x-y\|_X = \frac{1}{\|f\|}|f(x)-c| \tag{6.37}$$

が成立する．

(b)　(ヒルベルト空間の場合の確認)　特に $X = \mathcal{H}$ (ヒルベルト空間) であるとき，どんな超平面 $H(\subset X)$ についても，任意の $x \in X$ を

$$\|x - P_H(x)\|_X = d(x,H)$$

のように最良近似する点 $P_H(x) \in H$ が唯一存在し，式 (6.36) の $z \in X$ を用いて，

$$P_H(x) = x - \frac{\langle x,z\rangle - c}{\|z\|_X^2}z$$

と表せる．

(c)　(最良近似の存在性が保証される超平面)　内積空間 X の超平面 H について，以下の (i),(ii),(iii) は等価である．

(i)　任意の $x \in X$ を $\|x - P_H(x)\|_X = d(x,H)$ のように最良近似する点 $P_H(x) \in H$ が唯一存在する (一意性は本章の章末問題 4 による)．

(ii)　(ノルム到達性)　$f(x) = \|f\|$, $\|x\|_X \le 1$ となる $x \in X$ が存在する．

(iii)　(内積表現可能性)　$f(y) = J_z(y) := \langle y,z\rangle$ $(\forall y \in X)$ となる $z \in X$ が存在する．

第7章

凸最適化の理論とアルゴリズム

5章で学んだように「ヒルベルト空間における直交射影定理」は線形理論の枠組みで明解な幾何学的イメージと豊かな応用をもたらしてくれた．本章では，線形理論の枠を超えて「ヒルベルト空間で定義された凸最適化問題」を考える．凸最適化問題は大域的な最適性が保証できる最も素直で強固な基盤をもつ非線形最適化問題となっており，線形理論で解決できない数理・情報工学の多くの問題が凸最適化問題に帰着され鮮やかに解決されてきた．以下では，凸最適化問題が変分不等式問題に帰着されること，また，変分不等式問題は非線形写像の不動点を求める問題に帰着されることを学ぶ．さらに，凸関数がいくつかの条件を満たすとき，「不動点の逐次近似アルゴリズム」を用いて凸最適化問題の解がいくらでも精度よく近似されることを学ぶ．

7.1　弱点列コンパクト性と凸集合

4章の**例3**で無限次元ヒルベルト空間における弱収束と強収束のちがいをみてきたが，本節では，ヒルベルト空間 $\mathcal{H}$ の弱収束点列の弱極限と凸集合の非自明な関係を学ぶ．

定義 7.1 (弱点列コンパクト集合[0])

ヒルベルト空間 $\mathcal{H}$ の部分集合 $S(\subset \mathcal{H})$ の任意の点列 $(x_n)_{n=1}^{\infty}$ がつねに，$\mathcal{H}$ の点に弱収束するような部分列をもつとき，S は**弱点列コンパクト** (weakly sequentially compact) であるという．

次の定理は，ヒルベルト空間 $\mathcal{H}$ の任意の有界集合 $S(\subset \mathcal{H})$ は弱点列コンパクトとなることを示している．

定理 7.1 (有界集合の弱点列コンパクト性)

ヒルベルト空間 $\mathcal{H}$ の有界な点列は，$\mathcal{H}$ の1点に弱収束する部分列をもつ．

【証明】

step 1　$\mathcal{H}$ の有界な点列 $(x_n)_{n=1}^{\infty}$ が「$\|x_n\| \leq c < \infty$ $(n \in \boldsymbol{N})$」を満たしていると仮定する．このとき，$(\langle x_1, x_n\rangle)_{n=1}^{\infty}$ は，有界な実数列 ($\boldsymbol{R}^1$ の点列) となるので ($|\langle x_1, x_n\rangle| \leq \|x_1\|\|x_n\| \leq c^2 < \infty$ より)，定理 2.3(b)(ハイネ・ボレルの被覆定理) より，$(x_n)_{n=1}^{\infty}$ の少なくとも1つの部分列 $(x_{\varrho_1(k)})_{k=1}^{\infty}$ と $\xi_1 \in \boldsymbol{R}$ が存在し，$\lim_{k\to\infty} \langle x_1, x_{\varrho_1(k)}\rangle = \xi_1$．また，同様に，$(x_{\varrho_1(k)})_{k=1}^{\infty}$ の部分列 $(x_{\varrho_2(k)})_{k=1}^{\infty}$ と $\xi_2 \in \boldsymbol{R}$ が存在し，

$$\lim_{k\to\infty} \langle x_1, x_{\varrho_2(k)}\rangle = \xi_1, \quad \lim_{k\to\infty} \langle x_2, x_{\varrho_2(k)}\rangle = \xi_2$$

となる．この議論を繰り返すことにより，任意の正整数 $m(\geq 2)$ に対して $(x_{\varrho_{m-1}(k)})_{k=1}^{\infty}$ の部分列 $(x_{\varrho_m(k)})_{k=1}^{\infty}$ と $\xi_m \in \boldsymbol{R}$ が存在し，

$$\lim_{k\to\infty} \langle x_1, x_{\varrho_m(k)}\rangle = \xi_1, \quad \lim_{k\to\infty} \langle x_2, x_{\varrho_m(k)}\rangle = \xi_2 \quad \cdots$$

$$\lim_{k\to\infty} \langle x_m, x_{\varrho_m(k)}\rangle = \xi_m$$

となる．さらに，これらの点列を用いて，$(x_n)_{n=1}^{\infty}$ の特別な部分列 $(x_{\varrho_k(k)})_{k=1}^{\infty}$ を定義すると，任意の正整数 m に対して，$(x_{\varrho_k(k)})_{k=m}^{\infty}$ は，$(x_{\varrho_m(k)})_{k=1}^{\infty}$ の

[0] ここに紹介した“弱点列コンパクト集合”の定義は「Dunford & Schwartz, Linear Operators Part 1 — General Theory (John Wiley & Sons), 1988」の Definition II.3.25 に倣っている．$S \subset \mathcal{H}$ が“弱点列コンパクト集合”である条件に「S の中に弱極限を持つ“$(x_n)_{n=1}^{\infty}$ の部分列”の存在性」を課している書物もあるので注意されたい．

部分列となる．したがって，点列 $(x_{\varrho_k(k)})_{k=1}^{\infty}$ は，

$$\lim_{k\to\infty}\langle x_m, x_{\varrho_k(k)}\rangle = \xi_m \quad (m=1,2,3,\cdots)$$

を満たしていることが確認できる．

step 2 step 1 で構成した特別な部分列 $(x_{\varrho_k(k)})_{k=1}^{\infty}$ を用いて，$\mathcal{H}$ の部分集合

$$M := \left\{x\in\mathcal{H} \mid \left(\langle x, x_{\varrho_k(k)}\rangle\right)_{k=1}^{\infty} \text{ はある実数に収束する}\right\}$$

を定義し [注：step 1 の議論から，$x_m \in M$ $(m=1,2,\cdots)$ となっているので，$M\neq\emptyset$]，この上に関数 $f: M\to \boldsymbol{R}$ を

$$f(x) := \lim_{k\to\infty}\langle x, x_{\varrho_k(k)}\rangle \quad (x\in M) \tag{7.1}$$

を定義する．このとき，任意の $x,y\in M$，$\alpha,\beta\in\boldsymbol{R}$ に対して，

$$\lim_{k\to\infty}\langle \alpha x+\beta y, x_{\varrho_k(k)}\rangle = \alpha\lim_{k\to\infty}\langle x, x_{\varrho_k(k)}\rangle + \beta\lim_{k\to\infty}\langle y, x_{\varrho_k(k)}\rangle \in \boldsymbol{R}$$

すなわち，$\alpha x+\beta y\in M$ となるので，M は $\mathcal{H}$ の線形部分空間となり，また，$f: M\to\boldsymbol{R}$ は線形写像であることがわかる．さらに，任意の $x\in M$ に対して，

$$\begin{aligned}|f(x)| &= \lim_{k\to\infty}\left|\langle x, x_{\varrho_k(k)}\rangle\right| = \limsup_{k\to\infty}\left|\langle x, x_{\varrho_k(k)}\rangle\right| \\ &\le \limsup_{k\to\infty}\|x\|\|x_{\varrho_k(k)}\| \le c\|x\|\end{aligned}$$

となるので，$f: M\to\boldsymbol{R}$ は有界線形写像となり，その作用素ノルムは $\|f\|\le c$ でおさえられる．

step 3 線形部分空間 M が閉部分空間となることを示す．

(i) M の閉包 $\overline{M}$ に含まれる任意の点 $y\in\overline{M}$ に強収束する点列 $y_n\in M$ $(n=1,2,3,\cdots)$ を選ぶと，$(y_n)_{n=1}^{\infty}$ は $\mathcal{H}$ のコーシー列となるので，

$$|f(y_n)-f(y_m)| = |f(y_n-y_m)| \le \|f\|\|y_n-y_m\| \to 0 \quad (n,m\to\infty)$$

より，実数列 $(f(y_n))_{n=1}^{\infty}$ も $\boldsymbol{R}$ のコーシー列となり，$\boldsymbol{R}$ の完備性より，有限確定な極限 $\lim_{n\to\infty} f(y_n)\in\boldsymbol{R}$ が存在する．また，同じ $y\in\overline{M}$ に強収束する別の点列 $z_n\in M$ $(n=1,2,3,\cdots)$ についても

$$\begin{aligned}|f(z_n)-f(y_n)| &\le \|f\|\|z_n-y_n\| \\ &\le \|f\|\left(\|z_n-y\|+\|y-y_n\|\right)\to 0 \quad (n\to\infty)\end{aligned}$$

となるので，各 $y\in\overline{M}$ に対して，これに強収束する点列 $(y_n)_{n=1}^{\infty}\subset M$ の選び方によらず，

$$F(y) := \lim_{n\to\infty} f(y_n)\in\boldsymbol{R} \tag{7.2}$$

が決定可能であり，$\overline{M}$ 上の関数として $F:\overline{M}\to\boldsymbol{R}$ が定義できる．

(ii)　$M = \overline{M}$ を示すには，任意の $y \in \overline{M}$ に対して

$$\lim_{k\to\infty} \langle y, x_{\varrho_k(k)} \rangle = F(y) \in \boldsymbol{R} \tag{7.3}$$

(ただし，$F(y)$ は式 (7.2) によって定義する) を示せば十分なので，このことを確認しよう．$(y_n)_{n=1}^{\infty} \subset M$ を y への強収束点列とすると，任意の $\varepsilon > 0$ に対して，

$$\left. \begin{array}{l} c\|y - y_{N_1}\| < \varepsilon/3 \\ |f(y_{N_1}) - F(y)| < \varepsilon/3 \end{array} \right\}$$

となる $N_1 \in \boldsymbol{N}$ を選ぶことができる (式 (7.2) による)．また，

$$|\langle y_{N_1}, x_{\varrho_k(k)} \rangle - f(y_{N_1})| < \frac{\varepsilon}{3} \quad (\forall k \geq N \in \boldsymbol{N})$$

となる $N \in \boldsymbol{N}$ を選ぶこともできる [注：$y_{N_1} \in M$ と式 (7.1) による]．これより，任意の $k \geq N$ に対して，

$$\begin{aligned} &|\langle y, x_{\varrho_k(k)} \rangle - F(y)| \\ &\leq |\langle y, x_{\varrho_k(k)} \rangle - \langle y_{N_1}, x_{\varrho_k(k)} \rangle| \\ &\quad + |\langle y_{N_1}, x_{\varrho_k(k)} \rangle - f(y_{N_1})| + |f(y_{N_1}) - F(y)| \\ &< \|y - y_{N_1}\| \|x_{\varrho_k(k)}\| + \frac{2}{3}\varepsilon < \varepsilon \end{aligned}$$

したがって，式 (7.3) が成立し，M が閉部分空間であることが確認できた．

step 4　閉部分空間 M はそれ自身，完備な内積空間 (ヒルベルト空間) であるから，リースの表現定理 (定理 6.1) により，有界線形写像 $f : M \to \boldsymbol{R}$ は，ある $z_0 \in M$ を用いて，$f(x) = \langle x, z_0 \rangle$ $(\forall x \in M)$ のように表現できることに注意する．さらに直交射影定理 (定理 5.1–II と系 5.2) と $x_{\varrho_k(k)} \in M$ $(k = 1, 2, \cdots)$ (step 2 の注を参照) を利用すれば，すべての $x \in \mathcal{H}$ に対して，

$$\begin{aligned} \langle x, z_0 \rangle &= \langle P_M(x) + P_{M^\perp}(x), z_0 \rangle = \langle P_M(x), z_0 \rangle = f\left(P_M(x)\right) \\ &= \lim_{k\to\infty} \langle P_M(x), x_{\varrho_k(k)} \rangle = \lim_{k\to\infty} \langle P_M(x) + P_{M^\perp}(x), x_{\varrho_k(k)} \rangle \\ &= \lim_{k\to\infty} \langle x, x_{\varrho_k(k)} \rangle \end{aligned}$$

が成立していることも確かめられる．したがって，$(x_n)_{n=1}^{\infty}$ の特別な部分列 $(x_{\varrho_k(k)})_{k=1}^{\infty}$ は，確かに $z_0 \in M \subset \mathcal{H}$ に弱収束することが示された．■

次の定理は，凸集合に定義された弱収束点列に関する最も有用な定理の 1 つである．

定理 7.2

ヒルベルト空間 $\mathcal{H}$ の部分集合について，以下が成立する．

(a)　任意の集合 $S(\subset \mathcal{H})$ に対して，

$$\left\{\begin{array}{l}\text{任意の弱収束点列 } x_n \in S\ (n=1,2,3,\\ \cdots)\text{ の弱極限 } x \in \mathcal{H} \text{ について，} x \in S\\ \text{が保証される}\end{array}\right\} \Rightarrow \text{「}S \text{ は } \mathcal{H} \text{ の閉集合」}$$

(b)　任意の凸集合 $C(\subset \mathcal{H})$ に対して，

$$\left\{\begin{array}{l}\text{任意の弱収束点列 } x_n \in C\ (n=1,2,3,\\ \cdots)\text{ の弱極限 } x \in \mathcal{H} \text{ について，} x \in C\\ \text{が保証される}\end{array}\right\} \Leftrightarrow \text{「}C \text{ は } \mathcal{H} \text{ の閉集合」}$$

(c)　特に，C が有界な閉凸集合であるとき，任意の点列 $x_n \in C$ $(n = 1, 2, 3, \cdots)$ に対して，C の 1 点に弱収束する部分列 $x_{\varrho(n)}$ $(n = 1, 2, 3, \cdots)$ が存在する．

【証明】 (a)　点列 $x_n \in S$ $(n = 1, 2, 3, \cdots)$ が $x \in \mathcal{H}$ に強収束するとき，$x_n \rightharpoonup x$ $(n \to \infty)$ となるから (定理 4.8(b) 参照)，条件から $x \in S$ が保証される．したがって，S は閉集合となる．

(b)　(a) より「$\Rightarrow$」は明らかなので，「$\Leftarrow$」のみを示す．$x_n \in C$ $(n = 1, 2, 3, \cdots)$ が $x_n \rightharpoonup x \in \mathcal{H}$ $(n \to \infty)$ を満たし，$x \notin C$ となっていると仮定すると，定理 5.1–I(凸射影定理) から，

$$d(x, C) = \|x - P_C(x)\| > 0$$

と「式 (5.2) の特徴づけ」が使えて，

$$\begin{aligned}
0 &< \|x - P_C(x)\| = \|x - P_C(x)\| + \left\langle P_C(x) - P_C(x), \frac{x - P_C(x)}{\|x - P_C(x)\|} \right\rangle \\
&= \inf_{y \in C} \left(\left\langle x - P_C(x), \frac{x - P_C(x)}{\|x - P_C(x)\|} \right\rangle + \left\langle P_C(x) - y, \frac{x - P_C(x)}{\|x - P_C(x)\|} \right\rangle \right) \\
&= \inf_{y \in C} \left\langle x - y, \frac{x - P_C(x)}{\|x - P_C(x)\|} \right\rangle \qquad (7.4) \\
&\le \inf_{n \in \boldsymbol{N}} \left\langle x - x_n, \frac{x - P_C(x)}{\|x - P_C(x)\|} \right\rangle \le \lim_{n \to \infty} \left\langle x - x_n, \frac{x - P_C(x)}{\|x - P_C(x)\|} \right\rangle = 0
\end{aligned}$$

のような矛盾が導かれる．

(c)　C が有界なので，定理 7.1 より，特別な部分列 $(x_{\varrho(n)})_{n=1}^{\infty}(\subset C)$ が存在し，ある点 $x(\in \mathcal{H})$ に弱収束する．ところが C は閉凸集合なので，(b) の結果から $x \in C$ が保証される．■

7.2 凸関数の意味と基本性質

定義 7.2 (下半連続関数，凸関数)

ヒルベルト空間 $\mathcal{H}$ の閉凸集合 C 上に定義された関数 $f : C \to (-\infty, \infty]$ が与えられるとき[1)]，

(a) (下半連続関数) 任意の $a \in \boldsymbol{R}$ に対して，レベル集合

$$\mathrm{lev}_{\leq a} f := \{x \in C \mid f(x) \leq a\}$$

がつねに閉集合となるとき，f は C 上で**下半連続** (lower semicontinuous) であるという．

(b) (凸関数, 真凸関数) 任意の $x, y \in C$ と $\lambda \in (0,1)$ に対して，

$$f(\lambda x + (1-\lambda)y) \leq \lambda f(x) + (1-\lambda) f(y) \tag{7.5}$$

がつねに成り立つとき，f は C 上で**凸関数** (convex function) であるという[2)](図 7.1 参照)．特に，

$$\mathcal{D}(f) := \{x \in C \mid f(x) < \infty\} \neq \emptyset$$

となるとき，f は C 上で**真凸関数** (proper convex function) であるという．

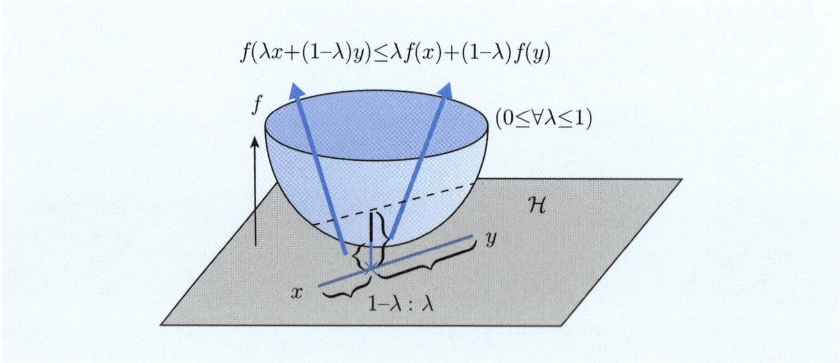

図 7.1 凸関数の意味 ($C = \mathcal{H}$ の場合)

---

1) $\boldsymbol{R} \cup \{\infty\}$ を $(-\infty, \infty]$ と表記する．

2) すべての $x \neq y$, $\lambda \in (0,1)$ に対して，式 (7.5) の不等号 $\leq$ が $<$ に置き換えられるとき，f は，C 上で狭義凸関数 (strictly convex function) であるという．

例題 7.1

ヒルベルト空間 $\mathcal{H}$ 上の真凸関数 $f : \mathcal{H} \to (-\infty, \infty]$ と $x, v \in \mathcal{H}$ が与えられるとき，次の (a),(b),(c) を示せ．

(a)　関数 $\theta : \boldsymbol{R} \to \boldsymbol{R}$ を

$$\theta(\lambda) := f(x + \lambda v)$$

と定義すると，θ は $\boldsymbol{R}$ 上で凸関数となる．

(b)　関数

$$Q(\lambda) := \frac{f(x + \lambda v) - f(x)}{\lambda} \quad (\forall \lambda > 0)$$

は，λ に関する単調非減少関数になる．

(c)　$\mathcal{D}(f)$ の内点 x_0 で f がガトー微分可能，すなわち

$$\lim_{\delta \to 0} \frac{f(x_0 + \delta h) - f(x_0)}{\delta} = \langle f'(x_0), h \rangle \quad (\forall h \in \mathcal{H}) \tag{7.6}$$

を満たす $f'(x_0) \in \mathcal{H}$ が存在するとき，

$$\begin{aligned}\partial f(x_0) &:= \{v \in \mathcal{H} \mid f(x) \geq f(x_0) + \langle x - x_0, v \rangle, \forall x \in \mathcal{H}\} \\ &= \{f'(x_0)\}\end{aligned}$$

となる．

【解答】　(a)　f の凸性から，任意の $\lambda_1, \lambda_2 \in \boldsymbol{R}$ と $\alpha \in (0,1)$ に対して，

$$\begin{aligned}\theta(\alpha\lambda_1 + (1-\alpha)\lambda_2) &= f(x + (\alpha\lambda_1 + (1-\alpha)\lambda_2)v) \\ &= f(\alpha(x + \lambda_1 v) + (1-\alpha)(x + \lambda_2 v)) \\ &\leq \alpha f(x + \lambda_1 v) + (1-\alpha) f(x + \lambda_2 v) \\ &= \alpha\theta(\lambda_1) + (1-\alpha)\theta(\lambda_2)\end{aligned}$$

が成立している．

(b)　θ の凸性より，任意の $\lambda_2 > \lambda_1 > 0$ に対して，

$$\begin{aligned}\theta(\lambda_1) &= \theta\left(\frac{\lambda_2 - \lambda_1}{\lambda_2} 0 + \frac{\lambda_1}{\lambda_2}\lambda_2\right) \\ &\leq \frac{\lambda_2 - \lambda_1}{\lambda_2}\theta(0) + \frac{\lambda_1}{\lambda_2}\theta(\lambda_2)\end{aligned}$$

を得るが，これを整理すると，

$$Q(\lambda_1) = \frac{\theta(\lambda_1) - \theta(0)}{\lambda_1} \leq \frac{\theta(\lambda_2) - \theta(0)}{\lambda_2} = Q(\lambda_2)$$

となる．

(c)　δ に関する単調非減少関数

$$Q(\delta, h) := \frac{f(x_0 + \delta h) - f(x_0)}{\delta} \quad (\forall \delta \in (0, \infty))$$

の極限を式 (7.6) に注意して評価すると，任意の $\lambda > 0$ に対して

$$Q(\lambda, h) \geq \lim_{\delta \to 0+} Q(\delta, h) = \lim_{\delta \to 0+} \frac{f(x_0 + \delta h) - f(x_0)}{\delta}$$
$$= \langle f'(x_0), h \rangle \quad (\forall h \in \mathcal{H})$$

となる．この両辺に $\lambda > 0$ をかけた不等式

$$f(x_0 + \lambda h) - f(x_0) \geq \lambda \langle f'(x_0), h \rangle$$

がすべての $\lambda > 0$ と $h \in \mathcal{H}$ に対して成立するから，$f'(x_0) \in \partial f(x_0)$ がわかる．一方，$v \in \partial f(x_0)$ であれば，すべての $h \in \mathcal{H}$ と $\delta > 0$ に対して，

$$f(x_0 + \delta h) - f(x_0) \geq \delta \langle v, h \rangle$$

でなければならない．両辺を $\delta > 0$ でわって，ガトー微分可能性に注意して極限をとると，

$$\langle v, h \rangle \leq \lim_{\delta \to 0+} Q(\delta, h) = \langle f'(x_0), h \rangle$$

となるので，特に，$h := v - f'(x_0)$ を選び $\|f'(x_0) - v\|^2 \leq 0$，すなわち $v = f'(x_0)$ を得る． ■

例題 7.2

関数 $\phi : [a, b] \to \boldsymbol{R}$ が単調非減少関数であるとき，

$$[a, b] \ni x \mapsto f(x) := \int_a^x \phi(t) dt$$

は凸関数となることを示せ．

【解答】 ϕ の単調性を利用すると，任意の $\alpha \in (0, 1)$ と $a \leq x < y \leq b$ に対して，

$$
\begin{aligned}
& f(\alpha x + (1-\alpha) y) - [\alpha f(x) + (1-\alpha) f(y)] \\
=& \alpha [f(\alpha x + (1-\alpha) y) - f(x)] + (1-\alpha) [f(\alpha x + (1-\alpha) y) - f(y)] \\
=& \alpha \int_x^{\alpha x + (1-\alpha) y} \phi(t) dt + (\alpha - 1) \int_{\alpha x + (1-\alpha) y}^{y} \phi(t) dt \\
\leq& \alpha (\alpha x + (1-\alpha) y - x) \phi(\alpha x + (1-\alpha) y) \\
& + (\alpha - 1)(y - \alpha x - (1-\alpha) y) \phi(\alpha x + (1-\alpha) y) \\
=& (y - x) \phi(\alpha x + (1-\alpha) y) [\alpha(1-\alpha) + (\alpha - 1)\alpha] \\
=& 0
\end{aligned}
$$

となり，f の凸性が確認された． ■

例題 7.3

ヒルベルト空間 $\mathcal{H}$ に定義された自己共役作用素 $A:\mathcal{H}\to\mathcal{H}$ と $b\in\mathcal{H}$ を用いて関数

$$\mathcal{H}\ni x\mapsto f(x):=\langle x,A(x)\rangle+\langle b,x\rangle$$

を定義するとき，以下の 2 つの条件は等価であることを示せ．

(a) f が凸関数になる．

(b) すべての $x\in\mathcal{H}$ に対して，$\langle x,A(x)\rangle\geq 0$ となる．

【解答】 任意の $\alpha\in(0,1)$，$x,y\in\mathcal{H}$ に対して，

$$\begin{aligned}&f\left(\alpha x+(1-\alpha)y\right)\\&=\alpha^2\langle x,A(x)\rangle+2\alpha(1-\alpha)\langle x,A(y)\rangle\\&\qquad+(1-\alpha)^2\langle y,A(y)\rangle+\alpha\langle b,x\rangle+(1-\alpha)\langle b,y\rangle\\&=\alpha f(x)+(1-\alpha)f(y)-\alpha(1-\alpha)\langle x-y,A(x-y)\rangle\end{aligned}$$

となることに注意すると，

$$\begin{aligned}&f:\mathcal{H}\to\boldsymbol{R}\text{ が凸関数になる}\\&\Leftrightarrow\alpha(1-\alpha)\langle x-y,A(x-y)\rangle\geq 0\quad(\forall\alpha\in(0,1),\ \forall x,y\in\mathcal{H})\\&\Leftrightarrow\langle x,A(x)\rangle\geq 0\quad(\forall x\in\mathcal{H})\end{aligned}$$

であることがわかる． ■

7.3 凸関数と最小値の存在性

定理 7.3

ヒルベルト空間 $\mathcal{H}$ 上の下半連続な真凸関数 $f : \mathcal{H} \to (-\infty, \infty]$ が与えられるとき,

(a) 集合

$$\boldsymbol{E}(f) := \{(x,t) \in \mathcal{H} \times \boldsymbol{R} \mid f(x) \leq t\}$$

は, $\emptyset \neq \boldsymbol{E}(f) \subsetneq \mathcal{H} \times \boldsymbol{R}$ を満たし, (新しい) ヒルベルト空間 $\mathcal{H} \times \boldsymbol{R}$ の閉凸集合となる[3]. 集合 $\boldsymbol{E}(f)$ を f の**エピグラフ** (epigraph) という.

(b) ある $(v, \mu) \in \mathcal{H} \times \boldsymbol{R}$ が存在し,

$$f(x) \geq \langle x, v \rangle + \mu \quad (\forall x \in \mathcal{H}) \tag{7.7}$$

となる.

【証明】 (a) $f(x_0) < \infty$ となる $x_0 \in \mathcal{H}$ が存在するから,

$$(x_0, f(x_0)) \in \boldsymbol{E}(f) \neq \emptyset$$

が保証され, また, $t_0 < f(x_0)$ に対して, $(x_0, t_0) \notin \boldsymbol{E}(f)$ となるので,

$$\boldsymbol{E}(f) \subsetneq \mathcal{H} \times \boldsymbol{R}$$

も保証される. さらに, f は下半連続な凸関数であるから, $\boldsymbol{E}(f)$ は, $\mathcal{H} \times \boldsymbol{R}$ の閉凸集合となる.

(b) $f(x_0) < \infty$ となる $x_0 \in \mathcal{H}$ と $\varepsilon > 0$ に対して, $(x_0, f(x_0) - \varepsilon) \notin \boldsymbol{E}(f)$ となるので, 式 (7.4) と同様に

$$(z, \alpha) := (x_0, f(x_0) - \varepsilon) - P_{\boldsymbol{E}(f)}(x_0, f(x_0) - \varepsilon) \in \mathcal{H} \times \boldsymbol{R}$$

が存在し,

$$0 < \inf_{(x,t) \in \boldsymbol{E}(f)} \langle\langle (x_0, f(x_0) - \varepsilon) - (x,t), (z, \alpha) \rangle\rangle$$

すなわち,

---

[3] $\mathcal{H}$ に定義された内積とノルムを各々「$\langle x, y \rangle$ $(\forall x, y \in \mathcal{H})$」, 「$\|x\|$ $(\forall x \in \mathcal{H})$」のように表すとき,

$$\langle\langle (x_1, t_1), (x_2, t_2) \rangle\rangle := \langle x_1, x_2 \rangle + t_1 t_2 \quad (\forall (x_1, t_1), (x_2, t_2) \in \mathcal{H} \times \boldsymbol{R})$$

$$|||(x,t)||| := \sqrt{\|x\|^2 + t^2} \quad (\forall (x,t) \in \mathcal{H} \times \boldsymbol{R})$$

とすると, $\langle\langle \cdot, \cdot \rangle\rangle : (\mathcal{H} \times \boldsymbol{R}) \times (\mathcal{H} \times \boldsymbol{R}) \to \boldsymbol{R}$ は, $\mathcal{H} \times \boldsymbol{R}$ の内積となり, $|||\cdot||| : \mathcal{H} \times \boldsymbol{R} \to \boldsymbol{R}$ は, $\mathcal{H} \times \boldsymbol{R}$ のノルムとなる. このとき, $\mathcal{H}$ と $\boldsymbol{R}$ の完備性から $\mathcal{H} \times \boldsymbol{R}$ の完備性も保証される (4 章の章末問題 2(c) 参照).

$$\begin{aligned}
&\sup_{(x,t)\in \boldsymbol{E}(f)} [\langle x, z\rangle + t\alpha] \\
&= \sup_{(x,t)\in \boldsymbol{E}(f)} \langle\!\langle (x,t),(z,\alpha)\rangle\!\rangle \\
&< \langle\!\langle (x_0, f(x_0)-\varepsilon),(z,\alpha)\rangle\!\rangle \\
&= \langle x_0, z\rangle + \alpha(f(x_0)-\varepsilon) \qquad (7.8)
\end{aligned}$$

が成立する．このとき，$\alpha < 0$ となることが以下のように確かめられる．仮に，$\alpha = 0$ であったとすると，$(x_0, f(x_0)) \in \boldsymbol{E}(f)$ と不等式 (7.8) から，

$$\langle x_0, z\rangle \le \sup_{(x,t)\in \boldsymbol{E}(f)} \langle x, z\rangle < \langle x_0, z\rangle$$

となり矛盾する．一方，$\alpha > 0$ であったとすると，任意の $\widetilde{t} \ge f(x_0)$ に対して，$(x_0, \widetilde{t}) \in \boldsymbol{E}(f)$ となるので，不等式 (7.8) から，

$$\begin{aligned}
\infty > \langle x_0, z\rangle + \alpha(f(x_0)-\varepsilon) &> \sup_{(x,t)\in \boldsymbol{E}(f)} [\langle x, z\rangle + t\alpha] \\
&\ge \lim_{\widetilde{t}\to\infty} \left[\langle x_0, z\rangle + \alpha\widetilde{t}\right] = \infty
\end{aligned}$$

となり矛盾する．これより，不等式 (7.8) を満たすのは，$\alpha < 0$ の場合に限られることがわかった．最後に，不等式 (7.8) から，(7.7) を満たす $(v, \mu) \in \mathcal{H} \times \boldsymbol{R}$ の正体を示そう．

(i) $x \in \mathcal{H}$ が $f(x) < \infty$ となるとき，$(x, f(x)) \in \boldsymbol{E}(f)$ となるので，(7.8) から，

$$\langle x, z\rangle + \alpha f(x) < \langle x_0, z\rangle + \alpha(f(x_0)-\varepsilon)$$

となるので，これを整理して，

$$f(x) > \left\langle x, -\frac{z}{\alpha}\right\rangle + \frac{1}{\alpha}\langle x_0, z\rangle + f(x_0) - \varepsilon$$

が成立する．

(ii) $f(x) = \infty$ となる $x \in \mathcal{H}$ に対しても，明らかに

$$\left\langle x, -\frac{z}{\alpha}\right\rangle + \frac{1}{\alpha}\langle x_0, z\rangle + f(x_0) - \varepsilon < \infty$$

が成立する．

したがって，

$$v := -\frac{z}{\alpha}, \quad \mu := \frac{1}{\alpha}\langle x_0, z\rangle + f(x_0) - \varepsilon$$

は，(7.7) を満たす． ■

定理 7.4 (凸関数の弱点列下半連続性[4])

ヒルベルト空間 $\mathcal{H}$ の空でない閉凸集合 C 上に定義された下半連続な真凸関数 $f: C \to (-\infty, \infty]$ が与えられ，点列 $(x_n)_{n=1}^{\infty} \subset C$ が $x_0 \in \mathcal{H}$ に弱収束するとき，

$$f(x_0) \leq \liminf_{n \to \infty} f(x_n) \tag{7.9}$$

となる [注：定理 7.2(b) より，$x_0 \in C$ が保証され，$f(x_0)$ が定義できることに注意されたい．また，点列 $(x_n)_{n=1}^{\infty}$ の有界性は定理 4.8(e) から自動的に保証される].

【証明】 関数 $g: \mathcal{H} \to (-\infty, \infty]$ を

$$g(x) := \begin{cases} f(x) & (x \in C) \\ \infty & (x \notin C) \end{cases}$$

によって定義すると，$\mathcal{H}$ 上で下半連続な真凸関数となるので，定理 7.3 は，

$$g(x) \geq \langle x, v \rangle + \mu \quad (\forall x \in \mathcal{H})$$

となる $(v, \mu) \in \mathcal{H} \times \boldsymbol{R}$ の存在を保証する．$x_n \rightharpoonup x_0$ より，

$$\lim_{n \to \infty} \langle x_n, v \rangle = \langle x_0, v \rangle$$

となるので，$(\langle x_n, v \rangle)_{n=1}^{\infty}$ は有界で，

$$f(x_n) = g(x_n) \geq \langle x_n, v \rangle + \mu \geq M \quad (n = 1, 2, \cdots)$$

となる $M \in \boldsymbol{R}$ が存在する．下極限の定義 (定義 1.2) から，

$$\liminf_{n \to \infty} f(x_n) = \lim_{p \to \infty} [\inf \{f(x_p), f(x_{p+1}), f(x_{p+2}), \cdots\}] \geq M$$

も成立する．以下，

$$\liminf_{n \to \infty} f(x_n) = \exists \alpha \in \boldsymbol{R} \tag{7.10}$$

を仮定し，不等式 (7.9) を示す [注：$\liminf_{n \to \infty} f(x_n) = \infty$ の場合，$f(x_0) \in (-\infty, \infty]$ より，不等式 (7.9) の成立は自明]．このとき，

$$\lim_{k \to \infty} f(x_{n_k}) = \liminf_{n \to \infty} f(x_n) = \alpha$$

となる $(x_n)_{n=1}^{\infty}$ の部分列 $(x_{n_k})_{k=1}^{\infty}$ が存在する [注：$(x_n)_{n=1}^{\infty}$ の部分列なので，やはり，$x_{n_k} \rightharpoonup x_0 \in C$]．任意の $\varepsilon > 0$ に対して，

---

[4] 一般に関数 $f: C \to (-\infty, \infty]$ が，任意の弱収束点列 $(x_n)_{n=1}^{\infty} \subset C$ に対して，式 (7.9) を満たすとき，f は，C 上で**弱点列下半連続** (weakly sequentially lower semicontinuous) であるという．定理 7.4 は下半連続な真凸関数が弱点列下半連続となることを保証している．

$$\mathrm{lev}_{\leq \alpha+\varepsilon}(f) := \{x \in C \mid f(x) \leq \alpha + \varepsilon\}$$

は，閉凸集合となり，十分大きな $K > 0$ に対して，

$$(\forall k \geq K) \quad x_{n_k} \in \mathrm{lev}_{\leq \alpha+\varepsilon}(f)$$

となるので，定理 7.2 は，$x_0 \in \mathrm{lev}_{\leq \alpha+\varepsilon}(f)$，すなわち，

$$f(x_0) \leq \alpha + \varepsilon$$

を保証する．この関係は，$\varepsilon > 0$ の選び方に無関係に成立するので，

$$f(x_0) \leq \alpha = \liminf_{n\to\infty} f(x_n)$$

が成立することが確かめられた． ■

定理 7.5 (凸関数に関する最小値の定理)

ヒルベルト空間 $\mathcal{H}$ の空でない閉凸集合 C 上に定義された下半連続な真凸関数 $f : C \to (-\infty, \infty]$ が

$$「(x_n)_{n=1}^{\infty} \subset C \text{ が } \|x_n\| \to \infty」 \Rightarrow f(x_n) \to \infty$$

という条件を満足するとき，

$$f(x_0) = \inf_{x\in C} f(x)$$

を達成する $x_0 \in \mathcal{D}(f) \subset C$ が存在する．特に f が C 上で狭義凸関数であれば，C の中で f の最小値を実現する点は一意に存在する．

【証明】 (i) (存在性) f は真凸関数であるから，

$$\lim_{n\to\infty} f(x_n) = \inf_{x\in C} f(x) =: \beta < \infty$$

となる点列 $(x_n)_{n=1}^{\infty} \subset C$ がとれる．このとき，$(x_n)_{n=1}^{\infty}$ の部分列 $(x_{n_k})_{k=1}^{\infty}$ で $\|x_{n_k}\| \to \infty$ となるものが存在したとすれば，

$$\lim_{n\to\infty} f(x_n) = \lim_{k\to\infty} f(x_{n_k}) = \infty \neq \beta$$

でなければならないので，$(x_n)_{n=1}^{\infty}$ は有界である．いま，十分に大きな $r > 0$ をとってくれば

$$(x_n)_{n=1}^{\infty} \subset \bar{B}(0, r)$$

となるので，結局，

$$(x_n)_{n=1}^{\infty} \subset C \cap \bar{B}(0, r)$$

であることがわかる．$C \cap \bar{B}(0, r)$ は有界な閉凸集合なので，定理 7.2(c) より，$C \cap \bar{B}(0, r)$ の 1 点に弱収束する部分列 $x_{\varrho(k)}$ $(k = 1, 2, 3, \cdots)$ が存在する．$x_{\varrho(k)} \rightharpoonup \exists x_0 \in C \cap \bar{B}(0, r)$ とすると，定理 7.4 より，

$$\beta \leq f(x_0) \leq \liminf_{k\to\infty} f(x_{\varrho(k)}) = \lim_{n\to\infty} f(x_n) = \beta$$

となり,

$$f(x_0) = \min_{x \in C} f(x)$$

[注：inf を min としている] が確かめられた.

(ii) (一意性：狭義凸関数の場合) $f(x_0) = f(\hat{x}_0) = \min_{x \in C} f(x)$ を満足する相異なる2点 $x_0, \hat{x}_0 \in C$ の存在を仮定すると, f の狭義凸性より, $\frac{1}{2}(x_0 + \hat{x}_0) \in C$ が

$$f\left(\frac{1}{2}(x_0 + \hat{x}_0)\right) < \frac{1}{2}[f(x_0) + f(\hat{x}_0)] = f(x_0)$$

を達成することになり, 矛盾する. ■

系 7.1 (凸関数に関する最小値の定理：有界集合の場合)

ヒルベルト空間 $\mathcal{H}$ の空でない有界閉凸集合 C 上に定義された下半連続な真凸関数 $f : C \to (-\infty, \infty]$ が与えられるとき,

$$f(x_0) = \inf_{x \in C} f(x)$$

を達成する $x_0 \in \mathcal{D}(f) \subset C$ が存在する.

【証明】 関数 $g : \mathcal{H} \to (-\infty, \infty]$ を

$$g(x) := \begin{cases} f(x) & (x \in C) \\ \infty & (x \notin C) \end{cases}$$

によって定義すると, $\mathcal{H}$ 上で下半連続な真凸関数となり,

$$g(x) = f(x) \quad (\forall x \in \mathcal{D}(g) = \mathcal{D}(f) \subset C)$$

を満たすことに注意する. 点列 $(x_n)_{n=1}^{\infty} \subset \mathcal{H}$ が $\|x_n\| \to \infty$ $(n \to \infty)$ となるとき, C の有界性から, $g(x_n) \to \infty$ となることが自動的に保証されるので, 定理 7.5 は

$$g(x_0) = \inf_{x \in \mathcal{H}} g(x)$$

を達成する $x_0 \in \mathcal{D}(g) = \mathcal{D}(f) \subset C$ の存在を保証する. g の定義より,

$$\inf_{x \in \mathcal{H}} g(x) = \inf_{x \in C} f(x) = f(x_0)$$

となることは明らか. ■

7.4　凸関数と微分の単調性

定理 7.6 (凸関数とガトー微分の単調性)

関数 $f:\mathcal{H}\to\boldsymbol{R}$ がガトー微分可能であるとき，以下は等価である．

(a)　f が凸関数となる．

(b)　$f':\mathcal{H}\to\mathcal{H}$ は，単調写像 (定義 7.3 参照) である．すなわち，

$$(\forall x_1,x_2\in\mathcal{H})\quad \left\langle x_1-x_2,f'(x_1)-f'(x_2)\right\rangle\geq 0 \tag{7.11}$$

が成立する[5]．

【証明】 (i)　((a)⇒(b) の証明)　f がガトー微分可能な凸関数であれば，例題 7.1(c) より，

$$f(x_2)\geq f(x_1)+\langle x_2-x_1,f'(x_1)\rangle$$
$$f(x_1)\geq f(x_2)+\langle x_1-x_2,f'(x_2)\rangle$$

が成立する．両辺を各々足し合わせると，不等式 (7.11) を得る．

(ii)　((b)⇒(a) の証明)　f がガトー微分可能であれば任意に固定された $x_1,x_2\in\mathcal{H}$ に対して定義される関数

$$\psi:[0,1]\ni\lambda\mapsto f\left(x_1+\lambda(x_2-x_1)\right)\in\boldsymbol{R}$$

は $(0,1)$ で微分可能となり[6]，その微分は

$$\psi'(\lambda)=\left\langle x_2-x_1,f'\left(x_1+\lambda(x_2-x_1)\right)\right\rangle$$

で与えられる．また，f' が不等式 (7.11) を満たすので，任意の $(0<)\lambda_1<\lambda_2(<1)$ に対して，

$$\begin{aligned}&(\lambda_2-\lambda_1)\left[\psi'(\lambda_2)-\psi'(\lambda_1)\right]\\&=\big\langle (x_1+\lambda_2(x_2-x_1))-(x_1+\lambda_1(x_2-x_1)),\\&\qquad f'\left(x_1+\lambda_2(x_2-x_1)\right)-f'\left(x_1+\lambda_1(x_2-x_1)\right)\big\rangle\geq 0\end{aligned}$$

となるので，例題 7.2 より，ψ は凸関数であることが保証され，

$$\psi(\lambda)\leq(1-\lambda)\psi(0)+\lambda\psi(1)\quad(\forall\lambda\in(0,1))$$

すなわち

$$f\left((1-\lambda)x_1+\lambda x_2\right)\leq(1-\lambda)f(x_1)+\lambda f(x_2)\quad(\forall\lambda\in(0,1))$$

が成立する．■

---

5) 定義 5.2 より，f' の値域は，ヒルベルト空間の共役空間 $\mathcal{B}(\mathcal{H},\boldsymbol{R})$ であるが，リースの表現定理 (定理 6.1) より，$\mathcal{H}$ と同一視できることに注意されたい．

6) f のガトー微分可能性の定義から ψ の微分可能性が保証されることに注意．

例 1 **(閉凸集合への 2 乗距離関数の凸性と微分)** ヒルベルト空間 $\mathcal{H}$ と空でない閉凸集合 $C \subset \mathcal{H}$ に対して関数 $d_C : \mathcal{H} \to [0, \infty)$ を

$$d_C(x) := d(x, C) := \min_{y \in C} \|x - y\| = \|x - P_C(x)\| \quad (x \in \mathcal{H})$$

によって定義するとき，以下が成立する．

(a) d_C は連続な真凸関数である．

(b) 関数 $\phi_C : \mathcal{H} \to \boldsymbol{R}$ を

$$\phi_C(x) = d_C^2(x) = \|x - P_C(x)\|^2 \quad (\forall x \in \mathcal{H})$$

によって定義すると，ϕ_C は，真凸関数となり，さらに任意の $x \in \mathcal{H}$ でフレッシェ微分可能 (定義 5.2 参照) となり[7]，

$$\phi_C'(x) : \mathcal{H} \to \boldsymbol{R}, \quad h \mapsto \langle 2\,(x - P_C(x))\,, h \rangle$$

となる． □

【証明】 (a) 任意の $t \in (0,1)$ と $x_1, x_2 \in \mathcal{H}$ に対して，

$$\begin{aligned} & t d_C(x_1) + (1-t) d_C(x_2) \\ = & t\|x_1 - P_C(x_1)\| + (1-t)\|x_2 - P_C(x_2)\| \\ = & \|t x_1 - t P_C(x_1)\| + \|(1-t)x_2 - (1-t)P_C(x_2)\| \\ \geq & \|t x_1 + (1-t)x_2 - (t P_C(x_1) + (1-t)P_C(x_2))\| \\ \geq & \|t x_1 + (1-t)x_2 - P_C\,(t x_1 + (1-t)x_2)\| \end{aligned}$$

となり [最初の不等式は三角不等式，最後の不等式の成立は $tP_C(x_1) + (1-t) \times P_C(x_2) \in C$ による]，任意の $z \in C$ に対して，$d_C(z) = 0$ となるので，d_C は確かに真凸関数となる．また任意の $x_1, x_2 \in \mathcal{H}$ に対して，

$$\begin{aligned} & |d_C(x_1) - d_C(x_2)| \\ = & \big|\|(I - P_C)(x_1)\| - \|(I - P_C)(x_2)\|\big| \\ \leq & \|(I - P_C)(x_1) - (I - P_C)(x_2)\| \\ \leq & \|x_1 - x_2\| + \|P_C(x_1) - P_C(x_2)\| \\ \leq & 2\|x_1 - x_2\| \end{aligned} \tag{7.12}$$

が成立することから，d_C の連続性も示された[8]．

---

[7] 自動的にガトー微分可能となることに注意せよ．

[8] 実は $I - 2P_C$ の非拡大性 (式 (5.11)) に注意すると，$I - P_C = \frac{1}{2}\{I + (I - 2P_C)\}$ が非拡大となり，不等式 (7.12) の精密化

$$|d_C(x_1) - d_C(x_2)| \leq \|x_1 - x_2\|$$

も成立する．

(b) (ϕ_C の凸性) d_C の凸性より，任意の $x_1, x_2 \in \mathcal{H}$, $\alpha \in (0,1)$ に対して，

$$d_C(\alpha x_1 + (1-\alpha)x_2) \le \alpha d_C(x_1) + (1-\alpha) d_C(x_2)$$

となり，また，関数 $\psi(t) = t^2$ ($t \in [0,\infty)$) が単調増加な凸関数となることに注意すると，

$$\begin{aligned}\phi_C(\alpha x_1 + (1-\alpha)x_2) &= \psi(d_C(\alpha x_1 + (1-\alpha)x_2)) \\ &\le \psi(\alpha d_C(x_1) + (1-\alpha) d_C(x_2)) \\ &\le \alpha\psi(d_C(x_1)) + (1-\alpha)\psi(d_C(x_2)) \\ &= \alpha\phi_C(x_1) + (1-\alpha)\phi_C(x_2)\end{aligned}$$

が成立する．これより，ϕ_C の凸性が確かめられた．

(ϕ_C のフレッシェ微分可能性) P_C の定義より，任意の $x, h \in \mathcal{H}$ に対して，

$$\varDelta(h) := \phi_C(x+h) - \phi_C(x) = \|x+h-P_C(x+h)\|^2 - \|x-P_C(x)\|^2$$

は以下の 2 つの不等式を満たす．

$$\begin{aligned}\varDelta(h) &\ge \|x+h-P_C(x+h)\|^2 - \|x-P_C(x+h)\|^2 \\ &= \|h\|^2 + 2\langle h, x-P_C(x+h)\rangle \\ &= \|h\|^2 + 2\langle h, x-P_C(x)\rangle + 2\langle h, P_C(x)-P_C(x+h)\rangle\end{aligned}$$

$$\varDelta(h) \le \|x+h-P_C(x)\|^2 - \|x-P_C(x)\|^2 = \|h\|^2 + 2\langle h, x-P_C(x)\rangle$$

したがって，任意の $h \ne 0$ に対して，

$$\|h\| + \frac{2\langle h, P_C(x)-P_C(x+h)\rangle}{\|h\|} \le \frac{\varDelta(h) - 2\langle h, x-P_C(x)\rangle}{\|h\|} \le \|h\| \tag{7.13}$$

また，P_C の非拡大性 (系 5.1) より

$$\begin{aligned}\frac{2|\langle h, P_C(x)-P_C(x+h)\rangle|}{\|h\|} &\le \frac{2\|h\|\|P_C(x)-P_C(x+h)\|}{\|h\|} \\ &\le 2\frac{\|h\|^2}{\|h\|} \to 0 \quad (\|h\| \to 0)\end{aligned}$$

となるので，不等式 (7.13) の両辺で $\|h\| \to 0$ とすることにより，

$$\lim_{\|h\|\to 0} \left| \frac{\varDelta(h) - 2\langle h, x-P_C(x)\rangle}{\|h\|} \right| = 0$$

を得る． ■

7.5 凸最適化問題と変分不等式問題

次の定理は，『凸最適化問題』と『変分不等式問題』と『不動点問題』を結びつける極めて重要な役割を担っている．

定理 7.7 (凸最適化問題，変分不等式問題，不動点問題)

ヒルベルト空間 $\mathcal{H}$ 上でガトー微分可能な真凸関数 $f:\mathcal{H}\to\boldsymbol{R}$ と空でない閉凸集合 $C(\subset\mathcal{H})$ が与えられるとき，$x^*\in C$ に関して，

I. 以下の 4 つの命題は等価である[9]．

(a) (凸最適化問題) $f(x^*)=\min_{x\in C}f(x)$

(b) (変分不等式問題[10]) $\left\langle f'(x^*),x-x^*\right\rangle\geq 0\quad(\forall x\in C)$

(c) 任意に固定された $\mu>0$ に対して，

$$\langle x-x^*,\left(x^*-\mu f'(x^*)\right)-x^*\rangle\leq 0\quad(\forall x\in C)$$

(d) (不動点問題) 任意に固定された $\mu>0$ に対して，

$$P_C\left(x^*-\mu f'(x^*)\right)=P_C(I-\mu f')(x^*)=x^*$$

(ただし， $I:\mathcal{H}\to\mathcal{H}$ は恒等写像, $P_C(I-\mu f')$ は 2 つの写像 $I-\mu f':\mathcal{H}\to\mathcal{H}$ と $P_C:\mathcal{H}\to C$ の合成写像)

II. $x^*\in C$ が上記の条件 (a)～(d)(すべて等価) のいずれかを満たせば，

(e) $\left\langle f'(x),x-x^*\right\rangle\geq 0\quad(\forall x\in C)$

が成立する．さらに，$f':\mathcal{H}\to\mathcal{H}$ が連続であれば，

$$\text{(a)}\Leftrightarrow\text{(b)}\Leftrightarrow\text{(c)}\Leftrightarrow\text{(d)}\Leftrightarrow\text{(e)}$$

となる．

【証明】 I. (i) ((a)⇒(b) の証明) $f(x^*)=\min_{x\in C}f(x)$ ならば，

$$f(x^*)\leq f\left(\lambda x+(1-\lambda)x^*\right)\quad(\forall x\in C,\forall\lambda\in(0,1))$$

となるので，これを整理して，

$$0\leq\frac{1}{\lambda}\left[f\left(x^*+\lambda(x-x^*)\right)-f(x^*)\right]\to\left\langle f'(x^*),x-x^*\right\rangle\quad(\lambda\to 0)$$

(ii) ((b)⇒(a) の証明) f の凸性から，任意の $x\in C$ と $\lambda\in(0,1)$ に対して，

$$f\left(\lambda x+(1-\lambda)x^*\right)\leq\lambda f(x)+(1-\lambda)f(x^*)$$

---

[9] $C=\mathcal{H}$ の場合には，「(b) の条件 $\Leftrightarrow$ $f'(x^*)=0$」となることに注意 ($x=-f'(x^*)+x^*\in\mathcal{H}$ としてみよ)．

[10] 定義 7.3 参照．

すなわち，

$$f(x) - f(x^*) \geq \frac{1}{\lambda}\left[f\left(x^* + \lambda(x - x^*)\right) - f(x^*)\right]$$

が成立するので，$\lambda \to 0$ としてみると，(b) より，

$$f(x) - f(x^*) \geq \left\langle f'(x^*), x - x^*\right\rangle \geq 0 \quad (\forall x \in C)$$

が保証される．

(iii) ((b)⇔(c) の証明) 簡単な式変形で確認できる．

(iv) ((c)⇔(d) の証明) 定理 5.1–I(b) より明らか．

II. (v) ((b)⇒(e) の証明) $f' : \mathcal{H} \to \mathcal{H}$ の単調性 (定理 7.6 参照)

$$(\forall x \in \mathcal{H}) \quad \left\langle f'(x) - f'(x^*), x - x^*\right\rangle \geq 0$$

を利用する．実際に，この不等式と (b) の不等式を足し合わせることによって，(e) が直ちに導かれる．

(vi) ((e)⇒(b) の証明) (e) が成立しているとき，特に，任意の $y \in C$ と $\lambda \in (0,1)$ に対して，$x := \lambda y + (1-\lambda)x^*$ とおくことにより，

$$\lambda\left\langle f'\left(\lambda y + (1-\lambda)x^*\right), y - x^*\right\rangle \geq 0$$

すなわち，

$$\left\langle f'\left(\lambda y + (1-\lambda)x^*\right), y - x^*\right\rangle \geq 0$$

が成立している．ここで f' の連続性より，$\lambda \to 0$ とした極限で不等式

$$\left\langle f'(x^*), y - x^*\right\rangle \geq 0 \quad (\forall y \in C)$$

が成立し，(e)⇒(b) が示された．■

定義 7.3 (単調写像と変分不等式問題)

ヒルベルト空間 $\mathcal{H}$ 上の写像 $F : \mathcal{H} \to \mathcal{H}$ が

$$\langle F(x_1) - F(x_2), x_1 - x_2\rangle \geq 0 \quad (\forall x_1, x_2 \in \mathcal{H}) \tag{7.14}$$

を満たすとき，F は**単調写像** (monotone mapping) であるという．一般に単調写像 $F : \mathcal{H} \to \mathcal{H}$ と閉凸集合 $C \neq \emptyset$ が与えられるとき，

$$\left\langle F(x^*), x - x^*\right\rangle \geq 0 \quad (\forall x \in C) \tag{7.15}$$

を満足する点 $x^* \in C$ を求める問題を**変分不等式問題** (Variational Inequality Problem) または，単に変分不等式 (Variational Inequality) といい，$VIP(F, C)$ または，$VI(F, C)$ と表記する．

注意　定理 7.7 の「(b)⇔(d)」と全く同様に,

$$\begin{aligned}&「x^* \in C \text{ が } VIP(F,C) \text{ の解になる」}\\ \Leftrightarrow&「\text{任意に固定された}\mu > 0 \text{ に対して}\\ &x^* \in \mathrm{Fix}\,(P_C(I-\mu F)) \text{ になる」}\end{aligned} \tag{7.16}$$

が成立することに注意されたい. □

われわれは, 定理 7.7 から

「凸最適化：$\min_{x\in C} f(x)$ の解を求める問題」

は

「変分不等式問題 $VIP(f',C)$」

に帰着され, さらに,

$VIP(f',C)$

は

「任意に固定された $\mu > 0$ に対して, $P_C(I-\mu f')$ の不動点を求める問題」

に帰着されることを学んだ.

以下に示すように, 特別な単調作用素 $F:\mathcal{H}\to\mathcal{H}$ に対しては, μ の設定を工夫することにより,

$$P_C(I-\mu F):\mathcal{H}\to C\subset\mathcal{H}$$

を縮小写像や非拡大写像にすることができる. これにより, 種々の不動点定理 (例えば定理 2.6) を用いて変分不等式問題 $VIP(F,C)$ の逐次近似アルゴリズムが構築できる. ここでは, 最も簡単な例を挙げておく.

例 2　**(変分不等式問題と射影勾配法)**　ヒルベルト空間 $\mathcal{H}$ の空でない閉凸集合 $C(\subset\mathcal{H})$ と単調作用素 $F:\mathcal{H}\to\mathcal{H}$ が与えられるとき, 変分不等式問題 $VIP(F,C)$ を考える[11]. いま, F が C 上でリプシッツ連続 (リプシッツ定数: $\kappa > 0$), すなわち

$$\|F(x_1)-F(x_2)\| \le \kappa\|x_1-x_2\| \quad (\forall x_1,x_2\in C)$$

であると同時に, **強単調** (strongly monotone), すなわち, ある定数 $\alpha > 0$ が存在し,

$$\langle F(x_1)-F(x_2), x_1-x_2\rangle \ge \alpha\|x_1-x_2\|^2 \quad (\forall x_1,x_2\in C)$$

であれば,

[11] 定義 7.3 でも注意したように, $\mu > 0$ の選び方によらず, $\mathrm{Fix}\,(P_C\,(I-\mu F))$ は, 変分不等式問題 $VIP(F,C)$ の解集合に一致することに注意されたい.

$$\begin{aligned}&\|P_C(I-\mu F)(x_1)-P_C(I-\mu F)(x_2)\|^2\\&\leq\left\{1-\mu\left(2\alpha-\mu\kappa^2\right)\right\}\|x_1-x_2\|^2\quad(\forall x_1,x_2\in C)\end{aligned}\tag{7.17}$$

となるので，任意の $\mu\in\left(0,2\alpha/\kappa^2\right)$ に対して $P_C(I-\mu F)$ は，縮小写像となり，唯一の不動点 $x^*\in C$ をもつ．x^* は変分不等式 $VIP(F,C)$ の唯一の解となる．さらに任意の $x_0\in\mathcal{H}$ に対して，

$$x_{n+1}:=P_C\left(I-\mu F\right)(x_n)\quad(n=0,1,2,\cdots)\tag{7.18}$$

によって生成される点列 $(x_n)_{n\geq 0}$ は，$x^*\in C$ に強収束する．式 (7.18) の点列生成法は射影勾配法 (projected gradient method) と呼ばれている．□

【証明】 P_C の非拡大性 (系 5.1) から，

$$\begin{aligned}&\|P_C\left(I-\mu F\right)(x_1)-P_C\left(I-\mu F\right)(x_2)\|^2\\&\leq\|x_1-x_2-\mu\left(F(x_1)-F(x_2)\right)\|^2\\&=\|x_1-x_2\|^2-2\mu\langle x_1-x_2,F(x_1)-F(x_2)\rangle+\mu^2\|F(x_1)-F(x_2)\|^2\\&\qquad\qquad(\forall x_1,x_2\in C)\end{aligned}$$

となり，これに F の条件を課すと，不等式 (7.17) が直ちに導かれる．残りの主張は縮小写像の不動点定理 (定理 2.6) から明らか．■

7.6 展望：凸最適化理論と不動点理論の広がり

章末問題のかわりに，凸最適化理論と不動点理論の最近の発展と応用の広がりについて触れておく．不動点定理には多くの種類が知られているが，その多くは「不動点の存在保証定理」である．実際にこれまで数理科学の多様な問題の解が工夫を凝らして定義された写像の不動点として表現され，その存在性は「不動点定理」を使って示されてきた．例えば，微分方程式や積分方程式の解の一意存在性の議論は最もよく知られた不動点定理の応用例である(2章の章末問題6,7と例題2.10参照)．また，定理7.7では，

(i) 凸最適化問題の解が非線形写像 $P_C(I-\mu f')$ (ただし，$\mu>0$) の不動点となることを確かめた．さらに，

(ii) 本章の**例2**の条件下では，$P_C(I-\mu f')$ が縮小写像になることを示し，定理2.6を使って「凸最適化問題の解 (=T の不動点) の一意存在性」を検証した．

一方，定理2.6の応用価値は「存在性の保証」だけに留まらない．定理中に紹介された「不動点を逐次近似するアルゴリズム」が，われわれ工学者には有難いのである．実際に式(7.18)の射影勾配法は本章の**例2**の条件下で「縮小写像の不動点の逐次近似アルゴリズム」の見事な応用例となっていた．確かに見事であるが，ここで満足してもいられない．工学の世界には「非可算無限個の解をもつ問題(例えば参考文献[6]参照)」がゴロゴロしており，そのような問題には「不動点の唯一性の呪縛」に支配された「縮小写像の不動点定理」は直接応用できないからである．

以下では，不動点理論の応用価値を飛躍的に高めるアイディアのいくつかを本章の**例2**の一般化という視点で紹介する．

[A] Mann の不動点近似定理と射影勾配法

ヒルベルト空間 $\mathcal{H}$ 上に定義された写像 $T:\mathcal{H}\to\mathcal{H}$ が

$$\|T(x)-T(y)\|\le\|x-y\|\quad(\forall x,y\in\mathcal{H})\tag{7.19}$$

を満たすとき，T は非拡大写像であるという．非拡大写像 T は，

$$\mathrm{Fix}(T):=\{x\in\mathcal{H}\mid T(x)=x\}\neq\emptyset$$

が仮定できるとき，準非拡大写像となり(5章の章末問題4)，$\mathrm{Fix}(T)$ は閉凸集合となる[12)]．

[12)] 非拡大写像の不動点の存在性は一般に保証されない．T の定義の仕方よって状況は全く異なる．例えば，$T:\boldsymbol{R}\ni x\mapsto x+1\in\boldsymbol{R}$ は非拡大写像となるが，$\mathrm{Fix}(T)=\emptyset$ である．

定理 7.8 (Mann の不動点近似定理)

非拡大写像 $T:\mathcal{H}\to\mathcal{H}$ が $\mathrm{Fix}(T)\neq\emptyset$ をもち，実数列 $\alpha_n\in(0,1]$ $(n=0,1,2,\cdots)$ が $\sum_{n=0}^{\infty}\alpha_n(1-\alpha_n)=\infty$ を満たすならば，任意の $x_0\in\mathcal{H}$ から，

$$x_{n+1}:=(1-\alpha_n)x_n+\alpha_n T(x_n)\quad(n=0,1,2,\cdots)\tag{7.20}$$

によって生成された点列 $(x_n)_{n=0}^{\infty}$ は，T の不動点の 1 つ $z\in\mathrm{Fix}(T)$ に弱収束する．

定理 7.8 を凸最適化問題に応用してみよう．凸関数 $f:\mathcal{H}\to\boldsymbol{R}$ のガトー微分 $f':\mathcal{H}\to\mathcal{H}$ がリプシッツ連続 (リプシッツ定数 $\kappa>0$)，すなわち

$$\|f'(x_1)-f'(x_2)\|\leq\kappa\|x_1-x_2\|\quad(\forall x_1,x_2\in\mathcal{H})\tag{7.21}$$

となるとき，すべての $\mu\in(0,2/\kappa]$ に対して

$$T_1:=P_C(I-\mu f')$$

は非拡大写像になることが知られている．特に $\mu\in(0,2\gamma/\kappa]$ (ただし，$\gamma\in(0,1)$) を選べば，

$$T_1=\left(1-\frac{1}{2-\gamma}\right)I+\frac{1}{2-\gamma}T_2$$

で定義される写像 $T_2:\mathcal{H}\to\mathcal{H}$ も非拡大となり，$\mathrm{Fix}(T_1)=\mathrm{Fix}(T_2)$ を満たす．定理 7.8 を

$$\alpha_n:=\frac{1}{2-\gamma}\quad(n=0,1,2,\cdots),\quad T=T_2$$

に適用すれば以下の弱収束定理が得られる．

系 7.2 (射影勾配法の弱収束定理)

凸関数 $f:\mathcal{H}\to\boldsymbol{R}$ が式 (7.21) と条件，

$$\underset{x\in C}{\arg\min}\, f(x):=\{z\in C\mid f(z)=\min_{x\in C}f(x)\}\neq\emptyset$$

を満たすとき，任意の $\mu\in(0,2/\kappa)$ と任意の $x_0\in\mathcal{H}$ に対して，

$$x_{n+1}:=P_C\left(I-\mu f'\right)(x_n)\tag{7.22}$$

によって生成される点列 $(x_n)_{n=0}^{\infty}$ は，

$$\mathrm{Fix}(T_2)=\mathrm{Fix}(T_1)=\underset{x\in C}{\arg\min}\, f(x)\tag{7.23}$$

の 1 点に弱収束する．

例 3 (a) (**Landweber 法**) 2 つのヒルベルト空間 $\mathcal{H}_1$(内積 $\langle\cdot,\cdot\rangle_1$，ノルム $\|\cdot\|_1$)，$\mathcal{H}_2$(内積 $\langle\cdot,\cdot\rangle_2$，ノルム $\|\cdot\|_2$) の間に定義された有界線形作用素 $A\in\mathcal{B}(\mathcal{H}_1,\mathcal{H}_2)$ と $b\in\mathcal{H}_2$ を使って関数

$$\Phi_1(x) := \frac{1}{2}\|A(x) - b\|_2^2 \quad (x \in \mathcal{H}_1)$$

を定義するとき，空でない閉凸集合 $C \subset \mathcal{H}_1$ に対して，

$$C_{\Phi_1} := \arg\min_{x \in C} \Phi_1(x) \neq \emptyset$$

が成立していると仮定する．

このとき，任意の $\mu \in \left(0, 2/\|A\|^2_{\mathcal{B}(\mathcal{H}_1,\mathcal{H}_2)}\right)$ と任意の初期値 $x_0 \in \mathcal{H}$ に対して，

$$x_{n+1} := P_C\left((I - \mu A^*A)(x_n) + \mu A^*(b)\right) \tag{7.24}$$

によって生成される点列 $(x_n)_{n=0}^{\infty}$ は，C_{Φ_1} の 1 点に弱収束する[13]．

(b) **(並列射影法)** ヒルベルト空間 $\mathcal{H}$ の閉凸集合 C_i $(i = 1, \cdots, m)$ と K が与えられ，関数 $\Phi_2 : \mathcal{H} \to [0, \infty)$ を

$$\Phi_2(x) := \frac{1}{2}\sum_{i=1}^{m} w_i d^2(x, C_i) \tag{7.25}$$

(ただし，$w_i > 0$, $\sum_{i=1}^{m} w_i = 1$) と定義するとき，

$$K_{\Phi_2} := \arg\min_{x \in K} \Phi_2(x) \neq \emptyset$$

が成立していると仮定する[14]．このとき，任意の $\mu \in (0, 2)$ と任意の初期値 $x_0 \in \mathcal{H}$ に対して，

$$x_{n+1} := P_K\left((1 - \mu)x_n + \mu\sum_{i=1}^{m} w_i P_{C_i}(x_n)\right) \quad (n = 0, 1, 2, \cdots) \tag{7.26}$$

によって生成される点列 $(x_n)_{n=0}^{\infty}$ は，K_{Φ_2} の 1 点に弱収束する[15]．□

【証明】 (a) 定理 6.6 の中で定義した A の共役作用素 A^* を用いると，$A^*A : \mathcal{H}_1 \to \mathcal{H}_1$ は自己共役作用素となり，すべての $x \in \mathcal{H}_1$ に対して，

$$\Phi_1(x) := \frac{1}{2}\langle A^*A(x), x\rangle_1 - \langle A^*b, x\rangle_1 + \frac{1}{2}\|b\|_2^2$$

$$\langle A^*A(x), x\rangle_1 = \langle A(x), (A^*)^*x\rangle_2 = \langle A(x), A(x)\rangle_2 = \|A(x)\|_2^2 \geq 0$$

となるので，Φ_1 は凸関数となる (例題 7.3 参照)．また，例題 5.3 から，Φ_1 のフレッシェ微分 (ガトー微分でもある) は $\Phi_1'(x) := A^*A(x) - A^*(b)$ $(x \in \mathcal{H}_1)$ で与えられ，定理 6.6 を使って，

---

[13] アルゴリズム (7.24) は Projected Landweber 法と呼ばれており，凸制約つき線形逆問題の解法として広く応用されている．

[14] 例えば，定理 7.5，系 7.1 より，K, C_i $(i = 1, 2, \cdots, m)$ の中に有界な集合があれば，K_{Φ_2} が空でない閉凸集合になることが保証される．

[15] $S := K \cap \bigcap_{i=1}^{m} C_i \neq \emptyset$ のとき，$K_{\Phi_2} = S$ となるから，複数の閉凸集合の共通部分に所属する点を求める問題 (convex feasibility problem)[27],[28] のアルゴリズムとして利用できる．

$$\|\Phi_1'(x_1) - \Phi_1'(x_2)\|_1 = \|A^*A(x_1 - x_2)\|_1$$
$$\leq \|A^*A\|_{\mathcal{B}(\mathcal{H}_1,\mathcal{H}_1)}\|x_1 - x_2\|_1 = \|A\|^2_{\mathcal{B}(\mathcal{H}_1,\mathcal{H}_2)}\|x_1 - x_2\|_1 \quad (\forall x_1, x_2 \in \mathcal{H}_1)$$

を得る．射影勾配法 (系 7.2) を使うとアルゴリズム (7.24) が導かれる．

(b) 本章の **例 1** より，任意の $x \in \mathcal{H}$ に対して，

$$\Phi_2'(x) = \sum_{i=1}^{m} w_i(I - P_{C_i})(x) = \sum_{i=1}^{m} w_i \left(\frac{I - N_i}{2}\right)(x)$$

ただし，$N_i := 2P_{C_i} - I$ $(i = 1, 2, \cdots, m)$ と表せる．系 5.1 より，N_i は非拡大写像なので，

$$\left\|\frac{I - N_i}{2}(x_1) - \frac{I - N_i}{2}(x_2)\right\| \leq \frac{1}{2}\|x_1 - x_2\| + \frac{1}{2}\|N_i(x_1) - N_i(x_2)\|$$
$$\leq \|x_1 - x_2\| \quad (\forall x_1, x_2 \in \mathcal{H})$$

となり，$\Phi_2' : \mathcal{H} \to \mathcal{H}$ も非拡大写像 (リプシッツ定数が 1) となる．したがって，Φ_2 に射影勾配法 (系 7.2) を適用し，アルゴリズム (7.26) が導かれる．■

[B] 「非拡大写像の不動点集合上の凸最適化」と「ハイブリッド最急降下法」

式 (7.23) に述べたように射影勾配法によって点列を生成するには「閉凸集合 C への距離射影 P_C の計算」が必要となる．P_C の計算が容易でない場合には射影勾配法は使えない．ところが，

$$C = \mathrm{Fix}(P_C) = \mathrm{Fix}(T)$$

となる非拡大写像 T は簡単に計算できる場合がある．ハイブリッド最急降下法 [32]~[34] は，距離射影 P_C のかわりに一般の非拡大写像 T を点列の生成に利用できるようにしたアルゴリズムであり，$\mathrm{Fix}(T)$ 上で凸関数 f の最小化を実現する16)．最も基本的な収束定理を紹介しておく．

定理 7.9 (ハイブリッド最急降下法の収束定理 [32])

$\mathrm{Fix}(T) \neq \emptyset$ をもつ非拡大写像 $T : \mathcal{H} \to \mathcal{H}$ と凸関数 $f : \mathcal{H} \to \boldsymbol{R}$ が与えられ，f のガトー微分 $f' : \mathcal{H} \to \mathcal{H}$ が $T(\mathcal{H}) := \{T(x) \mid x \in \mathcal{H}\}$ 上でリプシッツ連続 (リプシッツ定数 $\kappa > 0$)，すなわち

$$\|f'(x_1) - f'(x_2)\| \leq \kappa\|x_1 - x_2\| \quad (\forall x_1, x_2 \in T(\mathcal{H}))$$

かつ強単調，すなわちある定数 $\eta > 0$ が存在し，

$$\langle f'(x_1) - f'(x_2), x_1 - x_2\rangle \geq \eta\|x_1 - x_2\|^2 \quad (\forall x_1, x_2 \in T(\mathcal{H}))$$

---

16) ハイブリッド最急降下法は，非拡大写像以外にも拡張されている [34]．ハイブリッド最急降下法の画像処理への応用については，例えば [37] を参照されたい．

であると仮定する．また，$(\lambda_n)_{n\geq 1}\subset[0,\infty)$ は，

$$\text{(i)}\ \lim_{n\to\infty}\lambda_n=0,\quad \text{(ii)}\ \sum_{n\geq 1}\lambda_n=\infty,\quad \text{(iii)}\ \sum_{n\geq 1}|\lambda_n-\lambda_{n+1}|<\infty$$

を同時に満足するものと仮定する[17)]．このとき，任意の初期点 $u_0\in\mathcal{H}$ と

$$u_{n+1}:=T(u_n)-\lambda_{n+1}f'(T(u_n))\quad (n=0,1,2,\cdots)\tag{7.27}$$

を用いて生成される点列 $(u_n)_{n\geq 0}$ および，任意の初期点 $v_0\in\mathcal{H}$ と

$$v_{n+1}:=T\left(v_n-\lambda_{n+1}f'(v_n)\right)\quad (n=0,1,2,\cdots)\tag{7.28}$$

を用いて生成される点列 $(v_n)_{n\geq 0}$ は，ともに $f(x^*)=\min_{x\in\mathrm{Fix}(T)}f(x)$ を達成する唯一の点 $x^*\in\mathrm{Fix}(T)$ に強収束する．

例 4 (**アンカー法**(Anchor method[27],[29]~[31])) 任意に固定された $a\in\mathcal{H}$ に対して，定義される凸関数 $f(x):=\dfrac{1}{2}\|x-a\|^2$ に定理 7.9 を適用するとアンカー法

$$u_{n+1}:=\lambda_{n+1}a+(1-\lambda_{n+1})T(u_n)\qquad (n=0,1,2,\cdots)$$

を得る．このアルゴリズムの基本性質は，B. Halpern の報告以来，P. L. Lions (1994 年フィールズ賞受賞者)，R. Wittmann，H. H. Bauschke らによって解明されてきた． □

[C] 準非拡大写像と単調近似

ヒルベルト空間の集合 $S\subset\mathcal{H}$ に所属するどの点にも興味があり，どの点にも近づきたい状況では，集合 S への単調近似，すなわち

$$\left.\begin{array}{l} x\notin S\ \text{ならば}\ \|T(x)-z\|<\|x-z\|\quad (\forall z\in S)\\ x\in S\ \text{ならば}\ T(x)=x \end{array}\right\}\tag{7.29}$$

を満足する写像 $T:\mathcal{H}\to\mathcal{H}$ を実現することが当面の目標となる．5 章の章末問題 4 から，T は $\mathrm{Fix}(T)=S$ とする準非拡大写像であることが要請される．準非拡大写像の典型例として劣勾配射影 (subgradient projection) が知られている．劣勾配射影は連続な凸関数 $f:\mathcal{H}\to\boldsymbol{R}$ のレベル集合 $\mathrm{lev}_{\leq 0}f(\neq\emptyset)$ を不動点集合にもつ準非拡大写像であり，高性能な適応信号処理のアルゴリズムを実現する鍵となっている．実際に，劣勾配射影を利用したアルゴリズムの応用は無線通信の適応受信問題，適応音響信号処理問題のほか，オンラインパターン認識問題などに広がっている (例えば [35],[36])．

---

17) 例えば，$\lambda_n:=1/n$ $(n=1,2,3,\cdots)$ は，条件 (i)~(iii) を同時に満たす．

付　　　録

本書を読むときに理解の助けとなるよう，関数解析の前提となる基本的な内容を整理しておくので，参考にしていただきたい．

付録 1 では，集合と写像に関する基本事項をまとめている．

付録 2 では，実数の集合の上限と下限に関する基本事項をまとめている．

付録 3 では，微分積分で学んだ多変数関数の偏微分と全微分の基本事項をまとめている．

付録 4 では，多くの読者が既に複素行列の議論に慣れていることを想定し，本書の議論で用いたやや発展的な行列論の定理を複素行列に一般化して紹介している．

付録1　集合と写像

- もの の集まりを**集合**と呼び，与えられた集合をつくる個々のものを，その集合の**元**または**要素**と呼ぶ．x が集合 A の元であることを，x が集合 A に**属する**ともいい，$x \in A$ または $A \ni x$ と書く．x が A に属さないことを $x \notin A$ または $A \not\ni x$ で表す．例えば，1 から 7 までの自然数のつくる集合 $\{1,2,3,4,5,6,7\}$ のように有限個の元からなる集合を**有限集合**という．また，自然数全体の集合のように有限集合でない集合を**無限集合**という．以下，自然数 (正の整数) 全体の集合を $\boldsymbol{N}$ (natural number) で表す．同様に整数全体の集合を $\boldsymbol{Z}$ (Zahl, ドイツ語)，有理数全体の集合を $\boldsymbol{Q}$ (rational number)，実数全体の集合を $\boldsymbol{R}$ (real number)，複素数全体の集合を $\boldsymbol{C}$ (complex number) で表す．集合はその元が満たす条件で表すこともできる．一般に x が条件 P をもつことを $P(x)$ と書くとき，$P(x)$ であるような x 全体の集合を $\{x \mid P(x)\}$ のように表す．例えば，1 から 7 までの自然数のつくる集合は，$\{x \in \boldsymbol{N} \mid 1 \leq x \leq 7\}$ のように表せる．
- 2 つの集合 A と B が与えられるとき，$x \in A \Rightarrow x \in B$ となるとき，A は B の**部分集合**であるといい，$A \subset B$ または，$B \supset A$ と書く (例えば，$\{1,2,3\} \subset \{3,2,1\} \subset \{1,2,3,4\} \subset \boldsymbol{N} \subset \boldsymbol{Z} \subset \boldsymbol{Q} \subset \boldsymbol{R} \subset \boldsymbol{C}$)．特に「$x \in A \Leftrightarrow x \in B$」となるとき，$A$ と B は同じ集合であるといい $A = B$ と書く．つまり，

$$「A = B」\Leftrightarrow「A \subset B \text{ かつ } A \supset B」$$

である．一方,「$A \subset B$ かつ $A \neq B$」であるとき，A は，B の**真部分集合**であるといい，$A \subsetneq B$ または，$B \supsetneq A$ と書く (例えば，$\{1,2,3\} = \{3,2,1\} \subsetneq \{1,2,3,4\} \subsetneq \boldsymbol{N} \subsetneq \boldsymbol{Z} \subsetneq \boldsymbol{Q} \subsetneq \boldsymbol{R} \subsetneq \boldsymbol{C}$)．さらに，元を 1 つももたない集合を考え，これを**空集合**と呼び，$\emptyset$ で表す．空集合は任意の集合の部分集合と約束する．
- 1 つの集合 X が与えられ，その部分集合のみを考えるとき，X を**全体集合**という．全体集合 X の部分集合 A, B に対して A と B の**和集合**を $A \cup B := \{x \in X \mid x \in A$ または $x \in B\}$，A と B の**共通集合**を $A \cap B := \{x \in X \mid x \in A$ かつ $x \in B\}$，A の**補集合**を $A^C := \{x \in X \mid x \notin A\}$ で表す．また，A から B をひいた**差集合** $A \cap B^C$ を $A \setminus B$(または $A - B$) で表す (明らかに $A^C = X \setminus A$ となっている)．なお，$A \cap B = \emptyset$ であるとき，A と B は互いに素であるという．A と B が互いに素であるとき，$A \cup B$ を A と B の**直和**といい，$A + B$ で表すことがある．

例 1　2 つの実数 $a, b \in \boldsymbol{R}$ (ただし，$a \leq b$) が与えられるとき，$\boldsymbol{R}$ の部分集合がよく登場する．これらをまとめて区間と呼ぶ．

(i)　$(a,b) := \{x \in \boldsymbol{R} \mid a < x < b\}$ (開区間かつ有限区間)

(ii)　$[a,b] := \{x \in \boldsymbol{R} \mid a \leq x \leq b\}$ (閉区間かつ有限区間)

(iii)　$[a,b) := \{x \in \boldsymbol{R} \mid a \leq x < b\}$ (半開区間かつ有限区間)

(iv)　$(a,\infty) := \{x \in \boldsymbol{R} \mid a < x\}$ (開区間かつ無限区間)

(v)　$(-\infty, b] := \{x \in \boldsymbol{R} \mid x \le b\}$ (閉区間かつ無限区間)

$(a,b], [a,\infty)$, $(-\infty, b)$ も同様に定義する．また，$\boldsymbol{R}$ 自身も無限区間と考え $(-\infty,\infty)$ と表せる． □

- 一般に集合の集まり (その元が各々 1 つの集合であるような集合) のことを**集合族**という．集合 S のすべての部分集合を集めてできる集合族を S の**冪集合**といい，2^S と表す．これは，S が有限集合であるとき，この要素数 $|S|$ を用いて S のべき集合の要素 (すなわち S の部分集合) の総数が $2^{|S|}$ となりイメージしやすいことによる．
- (有限，無限であってもよい任意の) 集合 $\mathcal{M}(\neq \emptyset)$ が与えられ，$\mathcal{M}$ の各元 $\alpha \in \mathcal{M}$ に全体集合 X の部分集合 A_α が対応づけられているとき，集合族 $\{A_\alpha \mid \alpha \in \mathcal{M}\}$ の共通集合を $\bigcap_{\alpha\in\mathcal{M}} A_\alpha := \{x \mid x$ はすべての A_α $(\alpha \in \mathcal{M})$ に属する $\}$ のように定義する．集合族 $\{A_\alpha \mid \alpha \in \mathcal{M}\}$ の和集合は $\bigcup_{\alpha\in\mathcal{M}} A_\alpha := \{x \mid x$ はある A_α $(\alpha \in \mathcal{M})$ に属する $\}$ のように定義される．なお $\alpha \neq \beta$ となるいずれの $\alpha, \beta \in \mathcal{M}$ についても $A_\alpha \cap A_\beta = \emptyset$ が成立するとき，$\bigcup_{\alpha\in\mathcal{M}} A_\alpha$ を集合族 $\{A_\alpha \mid \alpha \in \mathcal{M}\}$ の直和と呼ぶ．
- $A, B, C, A_\alpha(\alpha \in \mathcal{M})$ を全体集合 X の部分集合とするとき，以下が成立する．
  - (i)　交換律：$A \cup B = B \cup A$, $A \cap B = B \cap A$
  - (ii)　結合律：$(A \cup B) \cup C = A \cup (B \cup C)$, $(A \cap B) \cap C = A \cap (B \cap C)$
  - (iii)　分配律：$(A \cup B) \cap C = (A \cap C) \cup (B \cap C)$, $(A \cap B) \cup C = (A \cup C) \cap (B \cup C)$
  - (iv)　相補律：$A \cap A^C = \emptyset$, $A \cup A^C = X$, $(A^C)^C = A$, $X^C = \emptyset$
  - (v)　ド・モルガンの法則：$\left(\bigcup_{\alpha\in\mathcal{M}} A_\alpha\right)^C = \bigcap_{\alpha\in\mathcal{M}} A_\alpha^C$,

    $\left(\bigcap_{\alpha\in\mathcal{M}} A_\alpha\right)^C = \bigcup_{\alpha\in\mathcal{M}} A_\alpha^C$ (1 章の章末問題 1 参照)
- A, B を空でない集合とする．任意の $a \in A$ に対し，何らかの約束によって，1 つの $b \in B$ が対応しているとき，この対応を「A から B への**写像**」という．与えられた写像を f で表すとき，写像 f によって a に b が対応することを

$$f : a \mapsto b \quad \text{または} \quad b = f(a)$$

また，f が A から B への写像であることを

$$f : A \to B$$

と書く．$f : A \to B$, $f : a \mapsto b$ であるとき，A を写像 f の**定義域** (domain) と呼び，$D(f)$ と表す (つまり $D(f) = A$)．また，$b = f(a)$ を f による a の**像** (image)，また，$R(f) := \{f(a) \in B \mid a \in A\}$ を f の**値域** (range) と呼ぶ．また，$A_1 \subset A$ に対して，$\{f(a) \in B \mid a \in A_1\}$ を f による A_1 の像 (image) と呼び，この集合を $f(A_1)$ と表すことがある．容易に確かめられるように $f(A_1) \subset f(A) = R(f) \subset B$ となっている．特に，$R(f) = B$ となっているとき，写像 f は A から B への**上への写像**，または，A から B への**全射**であるという．さらに A の任意の異なる 2 つの元 a_1, a_2 に対して $f(a_1) \neq f(a_2)$ となるとき [すなわち，$f(a_1) = f(a_2)$ となる a_1 と a_2 は $a_1 = a_2$ に限られるとき]，写像 f は A から B への **1 対 1 写像**，また

は**単射**であるという．全射であるとともに単射でもある写像を**上への 1 対 1 写像**または**全単射**と呼ぶ．

例 2 任意の $x \in \boldsymbol{R}$ に e^{-x^2} を対応させる写像を f_1 とすれば，

$$f_1 : \boldsymbol{R} \to \boldsymbol{R}, \quad f_1 : x \mapsto e^{-x^2}, \quad f_1(x) = e^{-x^2}$$

である．$f_1 : \boldsymbol{R} \to \boldsymbol{R}$ は全射でも単射でもない．f_1 を $\boldsymbol{R}$ から $(0,1]$ への写像と考えれば，$f_1 : \boldsymbol{R} \to (0,1]$ は全射となる．また，f_1 を $[0,\infty)$ から $\boldsymbol{R}$ への写像と考えれば，$f_1 : [0,\infty) \to \boldsymbol{R}$ は単射となる．さらに，f_1 を $[0,\infty)$ から $(0,1]$ への写像と考えれば，$f_1 : [0,\infty) \to (0,1]$ は全単射となる． □

- 2 つの写像 $f : A \to B$, $g : B_1 \to C$ が与えられ，$R(f) \subset B_1$ となるとき，$f(a) \in B_1$ $(\forall a \in A)$ となり，$g(f(a))$ が定義できる．$a \in A$ を $g(f(a)) \in C$ に対応させる写像を f と g の**合成写像**と呼び，$g \circ f$ で表す．このことを形式的に表現すると，

$$g \circ f : A \to C, \quad a \mapsto g(f(a))$$

となる．$f : A \to B$ と $g : B_1 \to C$ が単射ならば，$g \circ f : A \to C$ も単射となる．また，$B_1 = B$ となるとき，$f : A \to B$ と $g : B_1 \to C$ が全射なら $g \circ f : A \to C$ も全射となる．さらに，$B_1 = B$ となるとき，$f : A \to B$ と $g : B_1 \to C$ が全単射なら $g \circ f : A \to C$ も全単射となる．3 つの写像 $f : A \to B$, $g : B \to C$, $h : C \to D$ に対して，結合則 $h \circ (g \circ f) = (h \circ g) \circ f$ が成立する（1 章の章末問題 2 参照）．

- 単射 $f : A \to B$ が与えられたとき，任意の $b \in B_1 := R(f) \subset B$ に対し，$f(a) = b$ となる $a \in A$ が唯一つ存在するので，$b \in B_1$ に $a \in A$ を対応づける B_1 から A への写像が定義できる．この写像を $f : A \to B$ の**逆写像**と呼び．f^{-1} で表す．このことを形式的に表現すると，

$$f^{-1} : B_1 \to A, \quad f(a) \mapsto a$$

となる．このとき，$f^{-1}(f(a)) = a$ $(\forall a \in A)$ となり，合成写像 $f^{-1} \circ f = I_A$（ただし，$I_A : A \to A, a \mapsto a$ は，A に定義された恒等写像）が成立する．特に，$f : A \to B$ が全単射であるとき，$B_1 = B$ なので，$f \circ f^{-1} = I_B$（ただし，$I_B : B \to B, b \mapsto b$ は，B に定義された恒等写像）が成立する．

- 必ずしも単射でない写像 $f : A \to B$ が与えられたとき，任意の $E \subset B$ に対して定義される集合

$$f^{-1}(E) := \{a \in A \mid f(a) \in E\}$$

を f による集合 E の**逆像** (inverse image) または**原像** (preimage) と呼ぶ．任意の $E_1, E_2 \subset B$ に対して $f^{-1}(E_1 \cup E_2) = f^{-1}(E_1) \cup f^{-1}(E_2)$ および $f^{-1}(E_1 \cap E_2) = f^{-1}(E_1) \cap f^{-1}(E_2)$ が成立する．

- 2 つの集合 $X(\neq \emptyset)$, $Y(\neq \emptyset)$ に対して，$x \in X$, $y \in Y$ の順序対 (x, y) 全体の集合 $X \times Y := \{(x,y) \mid x \in X, y \in Y\}$ を X と Y の**直積**と呼ぶ．$A \subset X$, $B \subset Y$ とするとき，$A \times B = \{(x,y) \mid x \in A, y \in B\}$ は $X \times Y$ の部分集合となり，$A = \emptyset$ あるいは $B = \emptyset$ であるとき，$A \times B = \emptyset$ と約束する．これを一般化して n 個の集

合 $X_1, X_2, \cdots, X_n$ の直積を

$$\prod_{i=1}^{n} X_i := X_1 \times X_2 \times \cdots \times X_n$$
$$:= \{(x_1, x_2, \cdots, x_n) \mid x_1 \in X_1, \cdots, x_n \in X_n\}$$

と定義する．特に $X = X_i$ $(i = 1, 2, \cdots, n)$ のとき，この直積は X^n と表される．また，

$$\pi_i(x_1, x_2, \cdots, x_n) = x_i, \quad (x_1, x_2, \cdots, x_n) \in X_1 \times X_2 \times \cdots \times X_n$$

で定義される写像 $\pi_i : X_1 \times X_2 \times \cdots \times X_n \to X_i$ を第 i 座標成分への**射影**という(無限個の集合の直積やこれに対する射影も同様に定義される)．

- 2 つの集合 X と Y の間に全単射 (上への 1 対 1 対応) が存在するとき，X と Y は対等であるといい，同じ**濃度**または**基数**をもつといい，X の濃度を $|X|$ または $\mathrm{card}(X)$ で表す．X が有限集合の場合には，$|X|$ は集合の要素数である．自然数全体 $\boldsymbol{N}$ と対等な無限集合 X は，**可算集合**と呼ばれ，X の濃度を $\aleph_0$ (“アレフゼロ” と読む．$\aleph$ はヘブライ文字でギリシャ文字の α に対応する) と表記する．有限集合と可算集合はまとめて**高々可算な集合**と呼ばれる．

例題 A.1

以下を示せ．

(a)　A, B が可算集合であれば, $A \times B$ は可算集合である (有理数全体 $\boldsymbol{Q}$ は代表的な可算集合)．したがって，$\boldsymbol{N}^k := \boldsymbol{N} \times \boldsymbol{N} \times \cdots \times \boldsymbol{N}$ は可算集合である．

(b)　各 $i \in \boldsymbol{N}$ について A_i が高々可算な集合ならば，$\bigcup_{i=1}^{\infty} A_i$ も可算集合である．

【略解】 (a) について，特に，$\boldsymbol{N} \times \boldsymbol{N}$ は，$\boldsymbol{N}$ と対等であり，$\mathrm{card}(\boldsymbol{N} \times \boldsymbol{N}) = \aleph_0$ となることを確かめるには，図 A.1 に示すように $\boldsymbol{N} \times \boldsymbol{N}$ の元を図の矢印の順番の通りに端から全部数え上げてみればよい．この「順番づけ」そのものが $\boldsymbol{N}$ から $\boldsymbol{N} \times \boldsymbol{N}$ への全単射になっていることは明らかであろう．

(b) については，f_i を $\boldsymbol{N}$ から A_i への全射とすると，$(i, n) \mapsto f_i(n)$ は $\boldsymbol{N} \times \boldsymbol{N}$ から $\bigcup_{i=1}^{\infty} A_i$ への全射となる． $\boldsymbol{N} \times \boldsymbol{N}$ は可算集合なので，$\bigcup_{i=1}^{\infty} A_i$ も高々可算な集合となる．■

なおそれ以外の無限集合 (つまり $\boldsymbol{N}$ と 1 対 1 対応がつけられないほど多くの元をもつ集合) は**非可算集合**と呼ばれる．例えば, $[0,1](\subset \boldsymbol{R})$ が非可算集合であることを**対角線論法**を用いて示すことができる (対角線論法の練習になるので確認されたい)．X が $[0,1](\subset \boldsymbol{R})$ と対等であるとき, X の濃度を $\aleph$ (“アレフ”) と表記する．例えば, $(0,1)$ と $\boldsymbol{R}$ は $[0,1]$ と対等であることが示される ((i) $A := [0,1] - \{0, 1, 1/2, 1/3, \cdots\}$ と $B := (0,1) - \{1/2, 1/3, \cdots\}$ は，$A = B$．また，$\{0, 1, 1/2, 1/3, \cdots\}$ と $\{1/2, 1/3, \cdots\}$ も対等であるので，$[0,1] := A \cup \{0, 1, 1/2, 1/3, \cdots\}$ と $(0,1) :=$

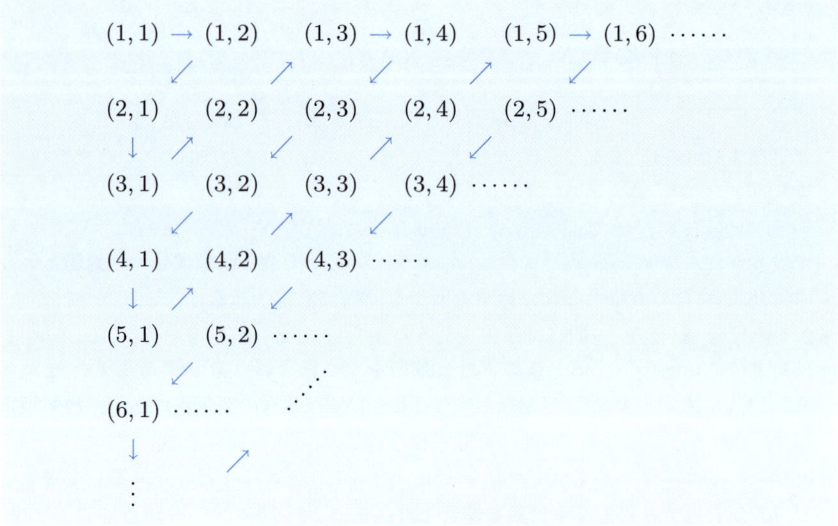

図 A.1

$B \cup \{1/2, 1/3, \cdots\}$ も対等となる．(ii) 関数 $f(x) = \tan \pi (x - 1/2)$ は $(0, 1)$ から $\boldsymbol{R}$ への全単射)．

なお，かつては，$\aleph_0$ と $\aleph$ の中間に濃度をもつ集合は存在しないと考えられていたが (この仮説を**連続体仮説**という)，こうした集合の存在性を認めても認めなくても，集合論の公理系に矛盾しないことがコーエン (Cohen, 1934~2007) によって示された．この業績でコーエンは，1966 年にフィールズ賞を受賞している．

- 集合の列 S_n $(n = 1, 2, \cdots)$ の収束性の概念を説明しておこう．集合列 S_n $(n = 1, 2, \cdots)$ に対して
  - **下極限**：集合列 S_n $(n = 1, 2, \cdots)$ の下極限を

$$\liminf_{n \to \infty} S_n = \bigcup_{n=1}^{\infty} \left(\bigcap_{k=n}^{\infty} S_k \right)$$

と定義する．直ちに意味をつかみかねる定義であるが，次のようにイメージすればよい．集合列 $\bigcap_{k=n}^{\infty} S_k$ $(n = 1, 2, 3, \cdots)$ は単調に膨らんでいくので，

$$\bigcup_{n=1}^{N} \left(\bigcap_{k=n}^{\infty} S_k \right) = \bigcap_{k=N}^{\infty} S_k \quad (\forall N \in \boldsymbol{N})$$

したがって，$N \to \infty$ のときの $\bigcap_{k=N}^{\infty} S_k$ が $\liminf_{n \to \infty} S_n$ に相当する[1]．

---

[1] この lim inf は，実数列に対する下極限 (定義 1.2 参照) と比較すると自然な定義であることがわかる．

○ **上極限**：集合列 S_n $(n = 1, 2, \cdots)$ の上極限を

$$\limsup_{n\to\infty} S_n = \bigcap_{n=1}^{\infty}\left(\bigcup_{k=n}^{\infty} S_k\right)$$

と定義する．これも次のようにイメージすればよい．集合列 $\bigcup_{k=n}^{\infty} S_k$ $(n = 1, 2, 3, \cdots)$ は単調に萎んでいくので，

$$\bigcap_{n=1}^{N}\left(\bigcup_{k=n}^{\infty} S_k\right) = \bigcup_{k=N}^{\infty} S_k \quad (\forall N \in \boldsymbol{N})$$

したがって，$N \to \infty$ のときの $\bigcup_{k=N}^{\infty} S_k$ が $\limsup_{n\to\infty} S_n$ に相当する．

○ **極限(集合)**：集合列 S_n $(n = 1, 2, \cdots)$ が

$$\liminf_{n\to\infty} S_n = \limsup_{n\to\infty} S_n$$

であるとき，この集合を $\lim_{n\to\infty} S_n$ と表記し，S_n の極限 (集合) と呼ぶ．単調な集合列は必ず極限をもち，集合列 S_n $(n = 1, 2, \cdots)$ が $S_n \subset S_{n+1}$ $(n = 1, 2, \cdots)$ ならば，

$$\lim_{n\to\infty} S_n = \bigcup_{n=1}^{\infty} S_n$$

また，S_n $(n = 1, 2, \cdots)$ が $S_n \supset S_{n+1}$ $(n = 1, 2, \cdots)$ ならば，

$$\lim_{n\to\infty} S_n = \bigcap_{n=1}^{\infty} S_n$$

が成立する (確認されたい)．

- (関係，同値関係) 集合 A に対し，直積 $A \times A := \{(x, y) \mid x, y \in A\}$ の部分集合 $R(\subset A \times A)$ が与えられるとき，R を A から A への**関係**という．特に任意の $x, y, z \in A$ に対して，

  (i)　(反射律)　$(x, x) \in R$

  (ii)　(対称律)　$(x, y) \in R$ ならば $(y, x) \in R$

  (iii)　(推移律)　$(x, y) \in R$, $(y, z) \in R$ ならば $(x, z) \in R$

  が成立するとき，関係 R は**同値関係**であるという．R が同値関係であるとき，$(x, y) \in R$ を満たす x と y は **同値**であるといい，xRy または，$x \sim y$ などと記される．

- (同値類) 集合 A に同値関係 R が与えられているとき，A の元 a に同値な元全体からなる集合

$$[a] := \{x \in A \mid (x, a) \in R\} = \{x \in A \mid x \sim a\}$$

  を「a の**同値類**」という．R に関する同値類全体からなる集合を A/R または，$A/\sim$ と記し，「R による A の**商集合** (または**商空間**)」という．(容易に確認できるように) 商集合 $A/R := \{[a] \mid a \in A\}$ の元 (同値類 $[a]$) は

(i) $a \in [a]$

(ii) $a \sim b \Leftrightarrow [a] = [b]$

(iii) $a \not\sim b \Leftrightarrow [a] \cap [b] = \emptyset$

という性質をもつ．したがって，写像 $f_R : A \to A/R : a \mapsto [a]$ は，多対 1 の写像となる．

付録2 実　数

定義 A.1

空でない集合 $S \subset \boldsymbol{R}$ が与えられるとき，$\alpha \in \boldsymbol{R}$ が

(a) $\alpha \in S$

(b) $a \leq \alpha \quad (\forall a \in S) \quad [\alpha \leq a \quad (\forall a \in S)]$

を満たすとき，α は S の**最大元**[**最小元**] であるといい，$\alpha = \max S$ $[\alpha = \min S]$ と表す．

S が有限集合であるとき，$\max S$ と $\min S$ が存在することは明らかである (例えば，$S = \{-\pi, \sqrt{2}, 3, 100\}$ であるとき，4 つの元からつくられるすべてのペアの大小を比較すれば最大元が決まる)．ところが，S が無限集合であるときには，$\max S$ と $\min S$ の存在性は保証されない．

例 3 (a) $S_1 := [1, \sqrt{2}]$ について $\max S_1 = \sqrt{2}$, $\min S_1 = 1$

(b) $S_2 := [1, \sqrt{2})$ について $\min S_2 = 1$ であるが，$\max S_2$ は存在しない (なぜなら，任意の $\alpha \in S_2$ に対して $\alpha < (\alpha + \sqrt{2})/2 \in S_2$ となるので，α が S_2 の最大元となることはない)． □

「実数の部分集合の最大元と最小元はいつでも定義できるわけでない」という状況は甚だ不便である．これを補う拡張概念として上限，下限が以下のように定義されている．

定義 A.2 (上界と下界)

空でない集合 $S \subset \boldsymbol{R}$ に対して，

(a) $a \leq \lambda \quad (\forall a \in S)$ となる $\lambda \in \boldsymbol{R}$ が存在するとき，S は**上に有界**であるといい，λ を S の (1 つの) **上界**と呼ぶ．集合 S が上に有界であるとき，S のすべての上界の中で最小のものを S の**上限**と呼び，$\sup S$ と書く．

(b) $a \geq \lambda \quad (\forall a \in S)$ となる $\lambda \in \boldsymbol{R}$ が存在するとき，S は**下に有界**であるといい，λ を S の (1 つの) **下界**と呼ぶ．集合 S が下に有界であるとき，S のすべての下界の中で最大のものを S の**下限**と呼び，$\inf S$ と書く．集合 S が上にも下にも有界であるとき，S は**有界**な集合であるという．

(c) 実数列 $(a_n)_{n=1}^{\infty}$ について，集合

$$A := \{x \in \boldsymbol{R} \mid x = a_n \text{ となる } n \in \boldsymbol{N} \text{ が存在する}\}$$

が上に有界であるとき，$(a_n)_{n=1}^{\infty}$ は上に有界であるといい，$\sup A$ を $\sup a_n$ と書く．同様に，A が下に有界であるとき，$(a_n)_{n=1}^{\infty}$ は下に有界であるといい，$\inf A$ を $\inf a_n$ と書く．

「S の最大元：$\max S$ が存在するとき，$\sup S = \max S$」また，「S の最小元：$\min S$ が存在するとき，$\inf S = \min S$」となる．これより，上限・下限は，各々，最大元，最小元の拡張であることはわかる．上限・下限の存在性は以下の定理 (「実数の連続性に関する公理と等価であること」) によって保証される (証明は例えば参考文献 [2] を参照されたい)．

定理 A.1 (上限・下限の存在性)

以下の 3 命題は等価である．

(a) (ワイエルシュトラスの公理)　$\boldsymbol{R}$ の空でない部分集合が上に有界であるとき，その集合の上限が存在する．

(b) (ワイエルシュトラスの公理)　$\boldsymbol{R}$ の空でない部分集合が下に有界であるとき，その集合の下限が存在する．

(c) 実数の連続性に関する 2 つの公理

(i) (アルキメデスの公理)　任意の $a, b \in (0, \infty)$ に対して $a < nb$ となる $n \in \boldsymbol{N}$ が存在する

(ii) (カントールの公理)　任意の減少する閉区間の列

$$J_1 \supset J_2 \supset \cdots \supset J_n \supset J_{n+1} \supset \cdots$$

に対し，$\bigcap_{n=1}^{\infty} J_n \neq \emptyset$ すなわちすべての J_n に共通な点が少なくとも 1 つ存在する

が成立する．

「(a)⇒(c)」の証明については，1 章の章末問題 6 を参照されたい．

注意 1

- 定理 A.1(a) の条件は，一見当たり前に見えるかもしれないが，実数の本質的な性質である．実際に，「上限として取りうる値」を有理数の範囲に限定してしまうと，$\boldsymbol{Q}$ の部分集合 $S := \{x \in \boldsymbol{Q} \mid x^2 < 2\} = \{x \in \boldsymbol{Q} \mid -\sqrt{2} < x < \sqrt{2}\}$ に対して，どんな $q \in \boldsymbol{Q}$ をとってきても $q < \sqrt{2}$ ならば，$q < r < \sqrt{2}$ となる $r \in \boldsymbol{Q}$ が存在するし，$q > \sqrt{2}$ ならば，$\sqrt{2} < r < q$ となる $r \in \boldsymbol{Q}$ が存在するので，q は，S の上限になりえない．
- 定理 A.1 の主張で「(a)⇒(b)」は，次のように簡単に確かめられる (逆も同様)．下に有界な集合 S に対して $S' := \{x \in \boldsymbol{R} \mid -x \in S\}$ は上に有界となり，(a) より $\sup S'$ が存在する．このとき，$-\sup S'$ が S の下限を与えることがわかる．

- 定理 A.1 で「アルキメデスの公理」は「任意の正の実数に対してそれより大きな自然数が必ず存在する」ことを主張している．「カントールの公理」は J_n $(n=1,2,\cdots)$ を閉区間としている点が重要である．実際，これに開区間を使うと共通点の存在は保証されない (例えば，$J'_n := (0,1/n)$ $(n=1,2,\cdots)$ とし，$\bigcap_{n=1}^{\infty} J'_n \ni x$ と仮定すると，「アルキメデスの公理」より $1/x < N$ となる自然数 N が存在する．したがって，$x \notin J'_N$ となり矛盾する)．
- 形式的に S が上に有界でないとき，$\sup S = \infty$，S が下に有界でないとき，$\inf S = -\infty$ と定義する．また，空集合 $\emptyset$ に対して，$\sup\emptyset = -\infty$, $\inf\emptyset = \infty$ と定義する．∞，$-\infty$ は，実数でない形式的な記号である．□

付録3　多変数実関数の微分

定義 A.3

開集合 $\mathcal{D} \subset \boldsymbol{R}^n$ 上で定義された実数値関数

$$f : \mathcal{D} \subset \boldsymbol{R}^n \to \boldsymbol{R}, \quad \boldsymbol{x} = (x_1, x_2, \cdots, x_n) \mapsto f(x_1, x_2, \cdots, x_n)$$

について考える．

(a)　(偏微分)　$\boldsymbol{\xi} = (\xi_1, \xi_2, \cdots, \xi_n) \in \boldsymbol{R}^n$ で，

$$\lim_{\alpha_1 \to 0} \left| \frac{f(\xi_1 + \alpha_1, \xi_2, \cdots, \xi_n) - f(\xi_1, \xi_2, \cdots, \xi_n)}{\alpha_1} - A_{\boldsymbol{\xi}}^{(1)} \right| = 0$$

となる実数 $A_{\boldsymbol{\xi}}^{(1)}$ が存在するとき, f は, 点 $\boldsymbol{\xi}$ で x_1 に関し偏微分可能であるという．$A_{\boldsymbol{\xi}}^{(1)}$ を f の点 $\boldsymbol{\xi}$ における x_1 に関する偏微分係数と呼び, $f_{x_1}(\xi_1, \xi_2, \cdots, \xi_n)$ または, $\dfrac{\partial f}{\partial x_1}(\xi_1, \xi_2, \cdots, \xi_n)$ のように表す．f の点 $\boldsymbol{\xi}$ における x_i $(i \neq 1)$ に関する偏微分係数も同様に定義され, $f_{x_i}(\xi_1, \xi_2, \cdots, \xi_n)$ または, $\dfrac{\partial f}{\partial x_i}(\xi_1, \xi_2, \cdots, \xi_n)$ と表す．

(b)　(全微分)　$\boldsymbol{\xi} = (\xi_1, \xi_2, \cdots, \xi_n) \in \boldsymbol{R}^n$ で

$$\begin{aligned} &f(\xi_1 + h_1, \xi_2 + h_2, \cdots, \xi_n + h_n) - f(\xi_1, \xi_2, \cdots, \xi_n) \\ &= \sum_{i=1}^{n} A_{\boldsymbol{\xi}}^{(i)} h_i + o(\|\boldsymbol{h}\|) \end{aligned}$$

となる実数 $A_{\boldsymbol{\xi}}^{(i)} \in \boldsymbol{R}$ $(i = 1, 2, \cdots, n)$ が存在するとき，f は，点 $\boldsymbol{\xi}$ で微分可能，または全微分可能であるという (ただし，$\|\boldsymbol{h}\| = \sqrt{h_1^2 + \cdots + h_n^2}$ であり，$o(\cdot)$ はランダウの記法を表す．定義 5.1(a) 参照)．f が点 $\boldsymbol{\xi}$ で微分可能であるとき，特に，$\boldsymbol{h} = (h_1, 0, \cdots, 0) \in \boldsymbol{R}^n$ で，$h_1 \to 0$ とした $\boldsymbol{h} \to \boldsymbol{0}$ を適用すると，

$$f(\xi_1 + h_1, \xi_2, \cdots, \xi_n) - f(\xi_1, \xi_2, \cdots, \xi_n) = A_{\boldsymbol{\xi}}^{(1)} h_1 + o(|h_1|)$$

となり，

$$\lim_{h_1\to 0}\left|\frac{f(\xi_1+h_1,\xi_2,\cdots,\xi_n)-f(\xi_1,\xi_2,\cdots,\xi_n)}{h_1}-A^{(1)}_{\boldsymbol{\xi}}\right|=0$$

が成立するので，「f は，点 $\boldsymbol{\xi}$ で x_1 に関して偏微分可能となり，$A^{(1)}_{\boldsymbol{\xi}} = \dfrac{\partial f}{\partial x_1}(\xi_1,\xi_2,\cdots,\xi_n)$」となる．同様に，$f$ が点 $\boldsymbol{\xi}$ で微分可能であるとき，点 $\boldsymbol{\xi}$ で各変数 x_i $(i=1,2,\cdots,n)$ に関して偏微分可能となり，$A^{(i)}_{\boldsymbol{\xi}} = \dfrac{\partial f}{\partial x_i}(\xi_1,\xi_2,\cdots,\xi_n)$ が成立する．

定理 A.2 (多変数関数のテイラー (Taylor, 1685～1731) の定理)

多変数の実関数 $f(x_1,x_2,\cdots,x_n)$ が，開集合 $\mathcal{D}\subset \boldsymbol{R}^n$ で m 回連続微分可能 (m 次以下のすべての偏導関数が存在し，これらが $\mathcal{D}$ で連続) であるとする．このとき，$\boldsymbol{a}:=(a_1,a_2,\cdots,a_n)\in\mathcal{D}$ と $\boldsymbol{h}:=(h_1,h_2,\cdots,h_n)\in\boldsymbol{R}^n$ に対して $\{\boldsymbol{a}+t\boldsymbol{h}\mid 0\le t\le 1\}\subset\mathcal{D}$ であれば，

$$\begin{aligned}
f(\boldsymbol{a}+\boldsymbol{h}) = f(\boldsymbol{a}) &+ \left(\sum_{k=1}^{n} h_k\frac{\partial}{\partial x_k}\right) f(\boldsymbol{a}) \\
&+ \frac{1}{2!}\left(\sum_{k=1}^{n} h_k\frac{\partial}{\partial x_k}\right)^2 f(\boldsymbol{a}) + \cdots \\
&+ \frac{1}{(m-1)!}\left(\sum_{k=1}^{n} h_k\frac{\partial}{\partial x_k}\right)^{m-1} f(\boldsymbol{a}) \\
&+ \frac{1}{m!}\left(\sum_{k=1}^{n} h_k\frac{\partial}{\partial x_k}\right)^{m} f(\boldsymbol{a}+\theta\boldsymbol{h}) \quad (0<\exists\theta<1) \qquad \text{(A.1)}
\end{aligned}$$

となる．

付録 4　行列論に関する補足

定理 A.3 (レイリー (Rayleigh, 1842～1919) 商)

エルミート行列 $A\in\boldsymbol{C}^{n\times n}$ の固有値を $\lambda_1\le\lambda_2\le\cdots\le\lambda_n$ とし，対応する固有ベクトルを $\boldsymbol{u}_1,\cdots,\boldsymbol{u}_n\in\boldsymbol{C}^n$ とする (これらの固有ベクトルは $\boldsymbol{C}^n$ の正規直交基底になっているとする[2])．ここで，関数 $F:\boldsymbol{C}^n\setminus\{\boldsymbol{0}\}\to\boldsymbol{R}$ を

$$F(\boldsymbol{x}) := \frac{\boldsymbol{x}^*A\boldsymbol{x}}{\boldsymbol{x}^*\boldsymbol{x}}, \quad (\forall\boldsymbol{x}:=(x_1,\cdots,x_n)^t\in\boldsymbol{C}^n\setminus\{\boldsymbol{0}\})$$

[2] 行列 $A\in\boldsymbol{C}^{n\times n}$ が $A^*=A$ (ただし $*$ は複素共役転置) となるとき，エルミート行列 (Hermitian matrix) であるという．エルミート行列の固有値は実数となり，上の条件を満たす固有ベクトルが選べる (線形代数のテキスト参照)．

と定義する (t はベクトルの転置，また $\boldsymbol{x}^* := (\bar{x}_1, \cdots, \bar{x}_n)$ と定義している．ただし，$\bar{x}_i \in \boldsymbol{C}$ は $x_i \in \boldsymbol{C}$ の複素共役)．このとき，以下が成立する．

(a)　F の最小値は，λ_1 で $F(\boldsymbol{u}_1) = \lambda_1$，$F$ の最大値は，λ_n で $F(\boldsymbol{u}_n) = \lambda_n$ となる．

(b)　(ミニマックス (minimax) 原理)　行列

$$B_{r-1} := \begin{bmatrix} \boldsymbol{b}_1^t \\ \vdots \\ \boldsymbol{b}_{r-1}^t \end{bmatrix} \in \boldsymbol{C}^{(r-1)\times n}$$

$$[\boldsymbol{b}_j := (\beta_{j1}, \cdots, \beta_{jn})^t \in \boldsymbol{C}^n \ \ (j = 1, 2, \cdots, r-1)]$$

が任意に与えられるとき，集合

$$S(B_{r-1}) := \left\{ \boldsymbol{x} \in \boldsymbol{C}^n \setminus \{\boldsymbol{0}\} \,\middle|\, \langle \boldsymbol{b}_j, \boldsymbol{x} \rangle := \sum_{k=1}^{n} \bar{\beta}_{jk} x_k = 0 \quad (j = 1, 2, \cdots, r-1) \right\}$$

の上で

$$\min_{\boldsymbol{x} \in S(B_{r-1})} F(\boldsymbol{x}) \leq \lambda_r \tag{A.2}$$

となる．特に，$U_{r-1} := \begin{bmatrix} \boldsymbol{u}_1^t \\ \vdots \\ \boldsymbol{u}_{r-1}^t \end{bmatrix}$ に対して等号が成立し，

$$\max_{B_{r-1} \in \boldsymbol{C}^{(r-1)\times n}} \left[\min_{\boldsymbol{x} \in S(B_{r-1})} F(\boldsymbol{x}) \right] = \min_{\boldsymbol{x} \in S(U_{r-1})} F(\boldsymbol{x}) = \lambda_r \tag{A.3}$$

となる．

【証明】 (a)　任意の $\boldsymbol{x} \in \boldsymbol{C}^n \setminus \{\boldsymbol{0}\}$ は，$\boldsymbol{x} = \alpha_1 \boldsymbol{u}_1 + \cdots + \alpha_n \boldsymbol{u}_n$ ($\alpha_j = \boldsymbol{u}_j^* \boldsymbol{x} \in \boldsymbol{C}$ $(j = 1, \cdots, n)$ は同時に 0 にならない) のように展開できるので，

$$\langle \boldsymbol{x}, \boldsymbol{x} \rangle = \boldsymbol{x}^* \boldsymbol{x} = |\alpha_1|^2 + \cdots + |\alpha_n|^2$$

$$\langle \boldsymbol{x}, A\boldsymbol{x} \rangle = \boldsymbol{x}^* A \boldsymbol{x} = \lambda_1 |\alpha_1|^2 + \cdots + \lambda_n |\alpha_n|^2$$

となり，

$$F(\boldsymbol{x}) = \frac{\lambda_1 |\alpha_1|^2 + \cdots + \lambda_n |\alpha_n|^2}{|\alpha_1|^2 + \cdots + |\alpha_n|^2} \tag{A.4}$$

のように表せる．これより，

$$\lambda_1 = \frac{\lambda_1 |\alpha_1|^2 + \cdots + \lambda_1 |\alpha_n|^2}{|\alpha_1|^2 + \cdots + |\alpha_n|^2} \leq F(\boldsymbol{x}) \leq \frac{\lambda_n |\alpha_1|^2 + \cdots + \lambda_n |\alpha_n|^2}{|\alpha_1|^2 + \cdots + |\alpha_n|^2} = \lambda_n$$

が成立する．さらに，式 (A.4) の表現を利用すれば，特に，$\boldsymbol{x} = \boldsymbol{u}_1$ (つまり $\alpha_1 = 1$, $\alpha_2 = \cdots = \alpha_n = 0$) であるとき，$F(\boldsymbol{u}_1) = \lambda_1$，また，$\boldsymbol{x} = \boldsymbol{u}_n$ (つまり $\alpha_1 = \cdots = \alpha_{n-1} = 0$, $\alpha_n = 1$) であるとき，$F(\boldsymbol{u}_n) = \lambda_n$ となることが直ちに確認できる．

(b)　式 (A.2) を示すには，ある $\hat{\boldsymbol{x}} \in S(B_{r-1})$ が存在し，$F(\hat{\boldsymbol{x}}) \leq \lambda_r$ となることを示せばよい．特別な例として，$\hat{\boldsymbol{x}} = \hat{\alpha}_1 \boldsymbol{u}_1 + \cdots + \hat{\alpha}_r \boldsymbol{u}_r$ (すなわち，$\hat{\alpha}_{r+1} = \hat{\alpha}_{r+2} = \cdots = \hat{\alpha}_n = 0$) のタイプで，$S(B_{r-1})$ に所属するベクトルが選べる[3)]ので，

$$\min_{\boldsymbol{x} \in S(B_{r-1})} F(\boldsymbol{x}) \leq F\left(\hat{\alpha}_1 \boldsymbol{u}_1 + \cdots + \hat{\alpha}_r \boldsymbol{u}_r\right) = \frac{\lambda_1 |\hat{\alpha}_1|^2 + \cdots + \lambda_r |\hat{\alpha}_r|^2}{|\hat{\alpha}_1|^2 + \cdots + |\hat{\alpha}_r|^2} \leq \lambda_r \tag{A.5}$$

が確かめられた．さらに，一般に $\langle \boldsymbol{u}_j, \boldsymbol{u}_k \rangle = \delta_{jk}$ (クロネッカーのデルタ) に注意すると，

$$\begin{aligned} &\boldsymbol{x} = \alpha_1 \boldsymbol{u}_1 + \cdots + \alpha_n \boldsymbol{u}_n \in S(U_{r-1}) \cup \{\boldsymbol{0}\} \\ \Leftrightarrow\ &(\alpha_1, \cdots, \alpha_{r-1}) = (0, \cdots, 0) \quad (\alpha_i \in \boldsymbol{C}, i = r, r+1, \cdots, n) \\ \Leftrightarrow\ &\boldsymbol{x} = \alpha_r \boldsymbol{u}_r + \cdots + \alpha_n \boldsymbol{u}_n \end{aligned}$$

となるので，

$$\min_{\boldsymbol{x} \in S(U_{r-1})} F(\boldsymbol{x}) = \min_{(\alpha_r, \cdots, \alpha_n) \in \boldsymbol{C}^{n-r+1} \setminus \{\boldsymbol{0}\}} F(\alpha_r \boldsymbol{u}_r + \cdots + \alpha_n \boldsymbol{u}_n)$$

ところが，任意の $(\alpha_r, \cdots, \alpha_n) \in \boldsymbol{C}^{n-r+1} \setminus \{\boldsymbol{0}\}$ に対して，

$$F(\alpha_r \boldsymbol{u}_r + \cdots + \alpha_n \boldsymbol{u}_n) = \frac{\lambda_r |\alpha_r|^2 + \cdots + \lambda_n |\alpha_n|^2}{|\alpha_r|^2 + \cdots + |\alpha_n|^2} \geq \lambda_r = F(\boldsymbol{u}_r)$$

となるので，

$$\min_{\boldsymbol{x} \in S(U_{r-1})} F(\boldsymbol{x}) \geq \lambda_r$$

この関係と式 (A.5) から $\displaystyle\min_{\boldsymbol{x} \in S(U_{r-1})} F(\boldsymbol{x}) = \lambda_r$ が確かめられる． ■

行列 $U \in \boldsymbol{C}^{n \times n}$ が，

$$U^* U = U U^* = I$$

(ただし，* は行列の複素共役転置を表し，I は単位行列とする) となるとき，U は**ユニタリー行列** (unitary matrix) であるという．特に行列 $Q \in \boldsymbol{R}^{n \times n}$ が

$$Q^t Q = Q Q^t = I$$

(ただし，^{t} は行列の転置を表す) となるとき，Q は**直交行列** (orthogonal matrix) であるという．

[3)] このことは，

$$\langle \boldsymbol{b}_j, \boldsymbol{x} \rangle = \hat{\alpha}_1 \langle \boldsymbol{b}_j, \boldsymbol{u}_1 \rangle + \cdots + \hat{\alpha}_r \langle \boldsymbol{b}_j, \boldsymbol{u}_r \rangle = 0 \quad (j = 1, 2, \cdots, r-1)$$

を満たす $(\hat{\alpha}_1, \cdots, \hat{\alpha}_r) \in \boldsymbol{C}^r \setminus \{\boldsymbol{0}\}$ が存在することから容易に確かめられる．

定理 A.4 (シュール (Schur, 1875～1941) の定理)

任意の正方行列 $A \in \boldsymbol{C}^{n\times n}$ は適当なユニタリー行列 U によって

$$U^*AU = \begin{bmatrix} \lambda_1 & b_{12} & \cdots\cdots & b_{1n} \\ & \lambda_2 & b_{23} \ \cdots & b_{2n} \\ & & \lambda_3 \ \cdots & b_{3n} \\ & 0 & \ddots & \vdots \\ & & & \lambda_n \end{bmatrix} \tag{A.6}$$

$$= \underbrace{\begin{bmatrix} \lambda_1 & & & 0 \\ & \lambda_2 & & \\ & & \lambda_3 & \\ & 0 & & \ddots \\ & & & & \lambda_n \end{bmatrix}}_{\Lambda} + \underbrace{\begin{bmatrix} 0 & b_{12} & \cdots\cdots & b_{1n} \\ & 0 & b_{23} \ \cdots & b_{2n} \\ & & 0 \ \cdots & b_{3n} \\ & 0 & \ddots & \vdots \\ & & & 0 \end{bmatrix}}_{P}$$

のように上三角化できる (式 (A.6) の対角成分の左下の三角の領域部分の成分はすべて 0 であり，対角成分 λ_k $(k = 1, \cdots, n)$ は A の固有値を表している).

【証明】 A の次数 n に関する数学的帰納法による.

(1)　$n = 1$ のとき，シュールの定理は明らかに成立する ($U = [1] \in \boldsymbol{C}^{1\times 1}$ とすればよい).

(2)　以下, $n = m$ のときにシュールの定理が成立すると仮定し, $A \in \boldsymbol{C}^{(m+1)\times(m+1)}$ についても適当なユニタリー行列によって上三角化できることを示す．A の 1 つの固有値 λ_1 に対応する固有ベクトル $\boldsymbol{x}_1 \in \boldsymbol{C}^{m+1}$ を $\boldsymbol{x}_1^*\boldsymbol{x}_1 = 1$ となるようにとる．いま, $\widetilde{U} := [\boldsymbol{x}_1\ \boldsymbol{u}_1\ \boldsymbol{u}_2\ \cdots\ \boldsymbol{u}_m] \in \boldsymbol{C}^{(m+1)\times(m+1)}$ が $\widetilde{U}^*\widetilde{U} = I \in \boldsymbol{C}^{(m+1)\times(m+1)}$ (すなわち，$\widetilde{U}$ はユニタリー行列) となるように $\boldsymbol{u}_1, \boldsymbol{u}_2, \cdots, \boldsymbol{u}_m \in \boldsymbol{C}^{m+1}$ を選ぶことができる (例えば，グラム・シュミットの直交化による) ので,

$$\widetilde{U}^*A\widetilde{U} = \begin{bmatrix} \lambda_1 & \widetilde{b}_{12} \ \cdots\cdots \ \widetilde{b}_{1n} \\ 0 & \\ 0 & A_m \\ \vdots & \\ 0 & \end{bmatrix}$$

の形になる．また，帰納法の仮定より，$A_m \in \boldsymbol{C}^{m\times m}$ に対して，あるユニタリー行列 $U_m \in \boldsymbol{C}^{m\times m}$ が存在し，$U_m^*A_mU_m$ は上三角行列となる．さらに，このユニタリー行列 U_m を用いて新しいユニタリー行列

$$U_{m+1} := \begin{bmatrix} 1 & 0 & \cdots\cdots & 0 \\ 0 & & & \\ 0 & & U_m & \\ \vdots & & & \\ 0 & & & \end{bmatrix} \in \boldsymbol{C}^{(m+1)\times(m+1)}$$

を定義すると，

$$U_{m+1}^{*}\widetilde{U}^{*}A\widetilde{U}U_{m+1}$$

$$= \begin{bmatrix} 1 & 0 & \cdots\cdots & 0 \\ 0 & & & \\ 0 & & U_m^{*} & \\ \vdots & & & \\ 0 & & & \end{bmatrix} \begin{bmatrix} \lambda_1 & \widetilde{b}_{12} & \cdots\cdots & \widetilde{b}_{1n} \\ 0 & & & \\ 0 & & A_m & \\ \vdots & & & \\ 0 & & & \end{bmatrix} \begin{bmatrix} 1 & 0 & \cdots\cdots & 0 \\ 0 & & & \\ 0 & & U_m & \\ \vdots & & & \\ 0 & & & \end{bmatrix}$$

$$= \begin{bmatrix} \lambda_1 & \widehat{b}_{12} & \cdots\cdots\cdots & \widehat{b}_{1n} \\ 0 & & & \\ 0 & & U_m^{*}A_mU_m & \\ \vdots & & & \\ 0 & & & \end{bmatrix}$$

は上三角行列となることがわかる $[(\widehat{b}_{12},\cdots,\widehat{b}_{1n}) := (\widetilde{b}_{12},\cdots,\widetilde{b}_{1n})U_m$ とおいた$]$．ところで，

$$\begin{aligned}(\widetilde{U}U_{m+1})^{*}(\widetilde{U}U_{m+1}) &= U_{m+1}^{*}\widetilde{U}^{*}\widetilde{U}U_{m+1} \\ &= U_{m+1}^{*}U_{m+1} = I\end{aligned}$$

より，$\widetilde{U}U_{m+1} \in \boldsymbol{C}^{(m+1)\times(m+1)}$ はユニタリー行列なので，シュールの定理は $n = m+1$ のときも成立し，任意の n で定理が成立する．■

注意 2　式 (A.6) より，

$$\prod_{k=1}^{n}(\lambda - \lambda_k) = \det(\lambda I - U^{*}AU) = \det\{U^{*}(\lambda I - A)U\}$$

$$= \det(U^{*})\det(U)\det(\lambda I - A) = \det(U^{*}U)\det(\lambda I - A)$$

$$= \det(I)\det(\lambda I - A) = \det(\lambda I - A)$$

となるので，$\lambda_k\ (k = 1, 2, \cdots, n)$ は A の n 個の固有値となる．□

定義 A.4 (スペクトル半径)

行列 $A \in \boldsymbol{C}^{n\times n}$ の固有値を $\lambda_1, \lambda_2, \cdots, \lambda_n \in \boldsymbol{C}$ とするとき，

$$\rho(A) := \max_{k=1,2,\cdots,n} |\lambda_k| \tag{A.7}$$

を A の**スペクトル半径** (spectral radius) という．

定理 A.5 (行列のスペクトル半径とノルム)

複素ベクトル空間 $\boldsymbol{C}^n$ に定義された任意のノルム[4] $\|\boldsymbol{x}\|_\alpha$ $(\boldsymbol{x} \in \boldsymbol{C}^n)$ に基づいて行列 $A \in \boldsymbol{C}^{n\times n}$ の行列ノルムを

$$\|A\|_\alpha := \max_{\boldsymbol{x}\neq\boldsymbol{0}} \frac{\|A\boldsymbol{x}\|_\alpha}{\|\boldsymbol{x}\|_\alpha}$$

のように定義する．このとき，スペクトル半径 $\rho(A)$ とノルム $\|A\|_\alpha$ の間に以下の関係が成立する．

(a)　任意の行列ノルム $\|\cdot\|_\alpha$ に対して，

$$\rho(A) \leq \|A\|_\alpha \tag{A.8}$$

(b)　任意の $A \in \boldsymbol{C}^{n\times n}$ と任意の $\varepsilon > 0$ に対して，

$$\rho(A) \leq \|A\|_\alpha \leq \rho(A) + \varepsilon \tag{A.9}$$

を満足する行列ノルム $\|\cdot\|_\alpha$ が存在する．

【証明】 (a)　A の任意の固有値 λ_k $(k = 1, 2, \cdots, n)$ に対応する固有ベクトルを $\boldsymbol{x}_k \in \boldsymbol{C}^n$ とすると，

$$\|A\|_\alpha \geq \frac{\|A\boldsymbol{x}_k\|_\alpha}{\|\boldsymbol{x}_k\|_\alpha} = \frac{\|\lambda_k \boldsymbol{x}_k\|_\alpha}{\|\boldsymbol{x}_k\|_\alpha} = |\lambda_k|$$

となるので，式 (A.8) の関係が成立する．

(b)　定理 A.4 より，あるユニタリー行列 $U \in \boldsymbol{C}^{n\times n}$ が存在し，$U^*AU = \Lambda + P$ (式 (A.6)) のように上三角化できる．ここで，任意に選んだ $\delta > 0$ に対して，

$$W := \begin{bmatrix} 1 & & & & \\ & \delta & & \text{\Large 0} & \\ & & \delta^2 & & \\ & \text{\Large 0} & & \ddots & \\ & & & & \delta^{n-1} \end{bmatrix}$$

---

[4] 実ベクトル空間の場合と同様に複素ベクトル空間 $\boldsymbol{C}^n$ に定義された関数 $\|\cdot\| : \boldsymbol{C}^n \to [0, \infty)$ は任意の $\boldsymbol{x}, \boldsymbol{y} \in \boldsymbol{C}^n$ と任意の $\alpha \in \boldsymbol{C}$ に対して，以下の 3 条件を満たすとき，$\boldsymbol{C}^n$ のノルムであるという．

(a)　$\|\boldsymbol{x}\| \geq 0$ かつ「$\|\boldsymbol{x}\| = 0 \Leftrightarrow \boldsymbol{x} = \boldsymbol{0}$」

(b)　$\|\boldsymbol{x} + \boldsymbol{y}\| \leq \|\boldsymbol{x}\| + \|\boldsymbol{y}\|$

(c)　$\|\alpha\boldsymbol{x}\| = |\alpha|\|\boldsymbol{x}\|$

を定義すると，

$$\begin{aligned} W^{-1}U^*AUW &= W^{-1}\varLambda W + W^{-1}PW \\ &= \varLambda + W^{-1}PW = \varLambda + \delta E(\delta) \end{aligned}$$

すなわち

$$A = UW\left[\varLambda + \delta E(\delta)\right]W^{-1}U^* \tag{A.10}$$

となる．ただし，各 $\delta > 0$ に対して $E(\delta) = [e_{ij}(\delta)] \in \boldsymbol{C}^{n\times n}$ は

$$e_{ij}(\delta) := \begin{cases} 0 & (j \le i) \\ b_{ij}\delta^{j-i-1} & (j > i) \end{cases}$$

で与えられる．ここで，$\boldsymbol{C}^n$ に新しいノルム

$$\|\boldsymbol{x}\|_\alpha := \|W^{-1}U^*\boldsymbol{x}\|_2 := \left[(W^{-1}U^*\boldsymbol{x})^*W^{-1}U^*\boldsymbol{x}\right]^{1/2}$$

を定義し，式 (A.10) に注意すると，任意の $\boldsymbol{x} \in \boldsymbol{C}^n$ に対して，

$$\begin{aligned} &\|A\boldsymbol{x}\|_\alpha = \left[(W^{-1}U^*A\boldsymbol{x})^*W^{-1}U^*A\boldsymbol{x}\right]^{1/2} \\ &= \left[\left\{(\varLambda + \delta E(\delta))\,W^{-1}U^*\boldsymbol{x}\right\}^*\left\{(\varLambda + \delta E(\delta))\,W^{-1}U^*\boldsymbol{x}\right\}\right]^{1/2} \\ &= \left[(W^{-1}U^*\boldsymbol{x})^*\left\{(\varLambda + \delta E(\delta))^*\,(\varLambda + \delta E(\delta))\right\}(W^{-1}U^*\boldsymbol{x})\right]^{1/2} \\ &= \left[(W^{-1}U^*\boldsymbol{x})^*\varLambda^*\varLambda(W^{-1}U^*\boldsymbol{x}) + (W^{-1}U^*\boldsymbol{x})^*G(\delta)(W^{-1}U^*\boldsymbol{x})\right]^{1/2} \end{aligned}$$

となる．ここで，

$$G(\delta) := \delta^2E(\delta)^*E(\delta) + \delta E(\delta)^*\varLambda + \delta\varLambda^*E(\delta)$$

とおいた．$G(\delta)$ は，エルミート行列 (したがって，すべての固有値は実数) であり，$\lim_{\delta\to 0}G(\delta) = 0 \in \boldsymbol{C}^{n\times n}$ であることは容易に確かめられる．正則行列 $W^{-1}U^*$ は，$\boldsymbol{C}^n$ から $\boldsymbol{C}^n$ の上への 1 対 1 写像となり，$\boldsymbol{C}^n \setminus \{\boldsymbol{0}\} = \{W^{-1}U^*\boldsymbol{x} \mid \boldsymbol{x} \in \boldsymbol{C}^n \setminus \{\boldsymbol{0}\}\}$ を保証するので，

$$\begin{aligned} &\|A\|_\alpha^2 = \max_{\boldsymbol{x}\ne\boldsymbol{0}}\frac{\|A\boldsymbol{x}\|_\alpha^2}{\|\boldsymbol{x}\|_\alpha^2} = \max_{\boldsymbol{y}\ne\boldsymbol{0}}\frac{\boldsymbol{y}^*\left(\varLambda^*\varLambda + G(\delta)\right)\boldsymbol{y}}{\boldsymbol{y}^*\boldsymbol{y}} \\ &\le \max_{\boldsymbol{y}\ne\boldsymbol{0}}\frac{\boldsymbol{y}^*\left(\varLambda^*\varLambda\right)\boldsymbol{y}}{\boldsymbol{y}^*\boldsymbol{y}} + \max_{\boldsymbol{y}\ne\boldsymbol{0}}\frac{\boldsymbol{y}^*G(\delta)\boldsymbol{y}}{\boldsymbol{y}^*\boldsymbol{y}} \\ &= \max_{k=1,\cdots,n}|\lambda_k|^2 + \lambda_{\max}\left(G(\delta)\right)\ \ (\lambda_{\max}\ \text{は最大固有値を与える写像}) \\ &= \rho^2(A) + \lambda_{\max}\left(G(\delta)\right) \end{aligned}$$

明らかに，$\lim_{\delta\to 0}\lambda_{\max}\left(G(\delta)\right) = 0$ であるから[5)]，十分小さな $\delta > 0$ を選ぶことにより，

$$\|A\|_\alpha \le \rho(A) + \varepsilon$$

を保証できる．■

---

5) より正確には「代数方程式の根の連続性」による (例えば，高木貞治，代数学講義，改訂新版，共立出版，1965．定理 2.7 参照)．

定理 A.6 (行列の特異値分解)

$A \in \boldsymbol{C}^{m\times n} \setminus \{O\}$ に対して定義されるエルミート行列 $AA^* \in \boldsymbol{C}^{m\times m}$ (非負定値行列となることに注意) の固有値 $\lambda_j(AA^*)$ $(j=1,2,\cdots,m)$ が順に

$$\lambda_1(AA^*) \geq \cdots \geq \lambda_r(AA^*) > \lambda_{r+1}(AA^*) = \cdots = \lambda_m(AA^*) = 0$$

のように与えられるとき，

$$\sigma_j := \sqrt{\lambda_j(AA^*)} > 0 \quad (j=1,\cdots,r)$$

を A の**特異値** (singular value) という．このとき，以下が成立する．

(a) $\boldsymbol{u}_i \in \boldsymbol{C}^m$ $(i=1,\cdots,r)$ が

$$\begin{cases} AA^*\boldsymbol{u}_i = \sigma_i^2\boldsymbol{u}_i, & i \in \{1,\cdots,r\} \\ \boldsymbol{u}_i^*\boldsymbol{u}_j = \delta_{ij}, & i,j \in \{1,\cdots,r\} \end{cases} \tag{A.11}$$

を満たす $AA^* \in \boldsymbol{C}^{m\times m}$ の固有ベクトルであれば，

$$\boldsymbol{v}_j := \frac{1}{\sigma_j}A^*\boldsymbol{u}_j \in \boldsymbol{C}^n \quad (j=1,\cdots,r) \tag{A.12}$$

は，$A^*A \in \boldsymbol{C}^{n\times n}$ の固有ベクトルとなり，

$$\begin{cases} A^*A\boldsymbol{v}_i = \sigma_i^2\boldsymbol{v}_i, & i \in \{1,\cdots,r\} \\ \boldsymbol{v}_i^*\boldsymbol{v}_j = \delta_{ij}, & i,j \in \{1,\cdots,r\} \\ \boldsymbol{u}_i = \dfrac{1}{\sigma_i}A\boldsymbol{v}_i, & i \in \{1,\cdots,r\} \end{cases} \tag{A.13}$$

を満たす．以上の議論は，A と A^* の役割を入れ替えても同様に成立するので，AA^* と A^*A の正の固有値は完全に一致する．さらに，

(b)
$$\mathcal{R}(A)^\perp = \mathcal{N}(A^*) = \mathcal{N}(AA^*) = \mathcal{R}(AA^*)^\perp \tag{A.14}$$

$$\mathcal{R}(A^*)^\perp = \mathcal{N}(A) = \mathcal{N}(A^*A) = \mathcal{R}(A^*A)^\perp \tag{A.15}$$

が成立し[6]，

$$\mathcal{R}(AA^*) = \mathcal{R}(A), \quad \mathcal{R}(A^*A) = \mathcal{R}(A^*),$$
$$r = \mathrm{rank}(AA^*) = \mathrm{rank}(A) = \mathrm{rank}(A^*) = \mathrm{rank}(A^*A) \tag{A.16}$$

となる．

(c) $\mathcal{R}(AA^*)^\perp = \mathcal{N}(A^*) \subset \boldsymbol{C}^m$ の正規直交基底 $\{\boldsymbol{u}_i\}_{i=r+1}^m$ を追加してユニタリー行列 $U = [\boldsymbol{u}_1 \cdots \boldsymbol{u}_r\, \boldsymbol{u}_{r+1} \cdots \boldsymbol{u}_m] \in \boldsymbol{C}^{m\times m}$ を構成し，また $\mathcal{R}(A^*A)^\perp = \mathcal{N}(A) \subset \boldsymbol{C}^n$ の正規直交基底 $\{\boldsymbol{v}_i\}_{i=r+1}^n$ を追加してユニタリー行列 $V = [\boldsymbol{v}_1 \cdots \boldsymbol{v}_r\, \boldsymbol{v}_{r+1} \cdots \boldsymbol{v}_n] \in \boldsymbol{C}^{n\times n}$ を構成すると，

---

[6] $\mathcal{R}(A) := \{A\boldsymbol{x} \in \boldsymbol{C}^m \mid \boldsymbol{x} \in \boldsymbol{C}^n\}$ は A の値域 (range)，$\mathcal{R}(A)^\perp := \{\boldsymbol{x} \in \boldsymbol{C}^m \mid \boldsymbol{x}^*\boldsymbol{y} = 0\ (\forall \boldsymbol{y} \in \mathcal{R}(A))\}$ は，$\mathcal{R}(A)$ の直交補空間 (orthogonal complement space)，$\mathcal{N}(A) := \{\boldsymbol{x} \in \boldsymbol{C}^n \mid A\boldsymbol{x} = \boldsymbol{0}\}$ は，A の核空間 (null space または kernel space) を表している．

$$\Sigma = U^*AV = (\Sigma_{ij})_{1\le i\le m, 1\le j\le n}$$

$$= \left[\begin{array}{ccc:c} \sigma_1 & & 0 & \\ & \ddots & & O \\ 0 & & \sigma_r & \\ \hdashline & O & & O \end{array}\right] \in \boldsymbol{C}^{m\times n} \tag{A.17}$$

となり，行列 $A \in \boldsymbol{C}^{m\times n}$ は，

$$A = U\Sigma V^* = [\boldsymbol{u}_1 \cdots \boldsymbol{u}_r] \begin{bmatrix} \sigma_1 & & 0 \\ & \ddots & \\ 0 & & \sigma_r \end{bmatrix} [\boldsymbol{v}_1 \cdots \boldsymbol{v}_r]^*$$

$$= \sum_{i=1}^{r} \sigma_i \boldsymbol{u}_i \boldsymbol{v}_i^* \tag{A.18}$$

のように表現できる．式 (A.18) を A の**特異値分解** (singular value decomposition) という．

【証明】 (a)　式 (A.12) の $\boldsymbol{v}_i$ $(i = 1, \cdots, r)$ に対して，式 (A.11) より，

$$A^*A\boldsymbol{v}_i = \frac{1}{\sigma_i}A^*AA^*\boldsymbol{u}_i = \sigma_i A^*\boldsymbol{u}_i = \sigma_i^2 \boldsymbol{v}_i$$

と

$$\boldsymbol{v}_i^*\boldsymbol{v}_j = \frac{1}{\sigma_i\sigma_j}\boldsymbol{u}_i^*AA^*\boldsymbol{u}_j = \frac{\sigma_j}{\sigma_i}\boldsymbol{u}_i^*\boldsymbol{u}_j = \frac{\sigma_j}{\sigma_i}\delta_{ij} = \delta_{ij}$$

さらには，$\boldsymbol{u}_i = (1/\sigma_i)A\boldsymbol{v}_i$ の成立が確かめられる．

(b)　(式 (A.14) の証明) (「式 (A.15) の証明」も同様)　「$\mathcal{N}(AA^*) = \mathcal{N}(A^*)$」を示せば十分である (式 (A.14) 中の残りの等号成立は明らか)．$\mathcal{N}(AA^*) \supset \mathcal{N}(A^*)$ は明らか．一方，任意の $\boldsymbol{x} \in \mathcal{N}(AA^*)$ に対して，$0 = \boldsymbol{x}^*AA^*\boldsymbol{x} = \|A^*\boldsymbol{x}\|^2$ から，$\boldsymbol{x} \in \mathcal{N}(A^*)$ となるので，$\mathcal{N}(AA^*) \subset \mathcal{N}(A^*)$ も成立する．

(式 (A.16) の証明)　はじめの等号を示せば十分．$\mathcal{R}(AA^*)^\perp \subset \boldsymbol{C}^m$ の正規直交基底 $\{\boldsymbol{u}_i\}_{i=r+1}^m$ を追加し，$\boldsymbol{C}^m$ の正規直交基底 $\{\boldsymbol{u}_i\}_{i=1}^m$ を構成すると，

$$\mathcal{R}(AA^*) = \left\{ AA^*\left(\sum_{i=1}^{m} c_i\boldsymbol{u}_i\right) \mid (c_1, \cdots, c_m)^t \in \boldsymbol{C}^m \right\}$$

$$= \left\{ AA^*\left(\sum_{i=1}^{r} c_i\boldsymbol{u}_i\right) \mid (c_1, \cdots, c_r)^t \in \boldsymbol{C}^r \right\}$$

$$= \left\{ \sum_{i=1}^{r} c_i\sigma_i^2\boldsymbol{u}_i \mid (c_1, \cdots, c_r)^t \in \boldsymbol{C}^r \right\}$$

となるので，$\mathrm{rank}(AA^*) = r$ となる．

(c)　$A^*\boldsymbol{u}_i = \boldsymbol{0}$ $(i = r+1, \cdots, m)$, $A\boldsymbol{v}_i = \boldsymbol{0}$ $(i = r+1, \cdots, n)$ より，

$$\Sigma_{ij} = \boldsymbol{u}_i^* A \boldsymbol{v}_j = 0 \quad (i > r \text{ または } j > r \text{ のとき})$$

また，$i, j \in \{1, \cdots, r\}$ のとき

$$\begin{aligned} \Sigma_{ij} &= \boldsymbol{u}_i^* A \boldsymbol{v}_j = \frac{1}{\sigma_j} \boldsymbol{u}_i^* AA^* \boldsymbol{u}_j \\ &= \sigma_j \boldsymbol{u}_i^* \boldsymbol{u}_j = \sigma_j \delta_{ij} \end{aligned}$$

となることがわかる．■

特異値分解と固有値分解の関係を明らかにするために，特に $A \in \boldsymbol{C}^{m\times m}$ がエルミート行列の場合の特異値分解もみておこう．A の固有値 $\lambda_i(A) \in \boldsymbol{R}$ $(i = 1, \cdots, m)$ を

$$|\lambda_1(A)| \geq \cdots \geq |\lambda_r(A)| > |\lambda_{r+1}(A)| = \cdots = |\lambda_m(A)| = 0$$

のように順序づけ，対応する固有ベクトル $\{\boldsymbol{u}_i\}_{i=1}^m$ を

$$\begin{cases} A\boldsymbol{u}_i = \lambda_i(A)\boldsymbol{u}_i & (i \in \{1, \cdots, m\}) \\ \boldsymbol{u}_i^* \boldsymbol{u}_j = \delta_{ij} & (i, j \in \{1, \cdots, m\}) \end{cases} \tag{A.19}$$

を満たすように選べば，

$$\begin{cases} A^*A\boldsymbol{u}_i = A^2\boldsymbol{u}_i = \lambda_i(A)A\boldsymbol{u}_i = \lambda_i^2(A)\boldsymbol{u}_i \\ \boldsymbol{u}_i^* \boldsymbol{u}_j = \delta_{ij} \quad (i, j \in \{1, \cdots, m\}) \end{cases} \tag{A.20}$$

となるので，

$$\begin{cases} \sigma_i := |\lambda_i(A)| \quad (i \in \{1, \cdots, m\}) \\ U := [\boldsymbol{u}_1 \cdots \boldsymbol{u}_r \, \boldsymbol{u}_{r+1} \cdots \boldsymbol{u}_m] \end{cases} \tag{A.21}$$

としてよい．このとき，式 (A.12) から，

$$\begin{cases} \boldsymbol{v}_i = \dfrac{1}{|\lambda_i(A)|} A\boldsymbol{u}_i = \dfrac{\lambda_i(A)}{|\lambda_i(A)|} \boldsymbol{u}_i \quad (i = 1, \cdots, r) \\ \boldsymbol{v}_i = \boldsymbol{u}_i \quad (i = r+1, \cdots, m) \\ V := [\boldsymbol{v}_1 \cdots \boldsymbol{v}_r \, \boldsymbol{v}_{r+1} \cdots \boldsymbol{v}_m] \end{cases} \tag{A.22}$$

とおき，A の相異なる非零の固有値をあらためて $\{\widehat{\lambda}_1(A), \widehat{\lambda}_2(A), \cdots, \widehat{\lambda}_l(A)\}$ $(l \leq r)$ と記すと，式 (A.18) より，A の特異値分解は

$$A = U\Sigma V^* = U \left[\begin{array}{ccc:c} \sigma_1 & & 0 & \\ & \ddots & & O \\ 0 & & \sigma_r & \\ \hdashline & O & & O \end{array} \right] V^*$$

$$
= U \left[\begin{array}{ccc:c} \lambda_1(A) & & 0 & \\ & \ddots & & O \\ 0 & & \lambda_r(A) & \\ \hdashline & O & & O \end{array} \right] U^*
$$

$$
= \sum_{i=1}^{r} \lambda_i(A) \boldsymbol{u}_i \boldsymbol{u}_i^* \tag{A.23}
$$

$$
= \sum_{k=1}^{l} \widehat{\lambda}_k(A) \left(\sum_{i:\lambda_i(A)=\widehat{\lambda}_k(A)} \boldsymbol{u}_i \boldsymbol{u}_i^* \right) \tag{A.24}
$$

で与えられる．式 (A.23) は，A の固有値分解にほかならない．また，式 (A.24) は，A が，その固有値 $\widehat{\lambda}_k(A)$ に対応する固有空間

$$
M_k := \left\{ \boldsymbol{x} \in \boldsymbol{C}^m \mid A\boldsymbol{x} = \widehat{\lambda}_k(A)\boldsymbol{x} \right\}
$$

への直交射影

$$
P_{M_k} = \sum_{i:\lambda_i(A)=\widehat{\lambda}_k(A)} \boldsymbol{u}_i \boldsymbol{u}_i^*
$$

の線形和として表現できることを示している．これがエルミート行列のスペクトル分解であり，以下のようにまとめられる．

系 A.1 (エルミート行列のスペクトル分解)

エルミート行列 $A \in \boldsymbol{C}^{m \times m}$ の相異なる非零固有値を $\widehat{\lambda}_k(A)$ $(k = 1, \cdots, l)$，これに対応する固有空間 $M_k \subset \boldsymbol{C}^m$ $(k = 1, \cdots, l)$ への直交射影を $P_{M_k} : \boldsymbol{C}^m \to M_k$ とすると，

$$
A = \sum_{k=1}^{l} \widehat{\lambda}_k(A) P_{M_k} \tag{A.25}
$$

と表せる．

参考文献

各カテゴリー内の順番はおおよその参照頻度順になっている．

関数解析の準備に役立つ本

［1］ T. M. Apostol, Mathematical Analysis, 2nd ed., Addison-Wesley, 1974.
初等的な微分積分学と関数解析のギャップを埋める格好の名著．距離空間の舞台で有限次元の解析学が鮮やかに展開されている．筆者は学部 1 年生の春，池辺八洲彦先生 (現在，筑波大名誉教授，会津大名誉教授) からこの本をご紹介いただき，現代的なスタイルに魅せられ，没頭して読んだ経験がある．

［2］ 三村征雄, 微分積分学 I, 岩波書店, 1970 と 三村征雄, 微分積分学 II, 岩波書店, 1973.
Apostol と同じく現代的なスタイルで著された 2 分冊の名著．関数解析の準備としても最適．

［3］ 青木利夫, 高橋渉, 集合・位相空間要論, 培風館, 1979.
初学者への配慮が行き届いた位相空間論に関する簡潔にして明快なテキスト．距離空間に関する部分だけでも一読に値する．

［4］ H. Anton, Elementary Linear Algebra, 8th ed., Wiley, 2000.
(「アントンのやさしい線型代数 (山下 訳)，現代数学社，1979」がある)．線形代数のエッセンスが平易に説明されている．初学者に最適．

［5］ 平岡和幸, 堀玄, プログラミングのための線形代数, オーム社, 2004.
初学者への配慮に満ちた解説が理解の助けになる．信号処理工学への応用が意識されている．

［6］ A. Ben-Israel and T. N. E. Greville, Generalized Inverses：Theory and Applications, 2nd ed., Springer–Verlag, 2003.
一般逆行列の数理と膨大な応用例が丁寧に紹介されている．

関数解析の入門書

［7］ E. Kreyszig, Introductory Functional Analysis with Applications, John Wiley & Sons, 1989.
大著だが，数学を専門としない人が読んでも無理なく理解できる丁寧な説明が秀逸．

［8］ 加藤敏夫, 位相解析 —— 理論と応用への入門, 共立出版, 1966.
応用家のために関数解析の概念が丁寧に説明された古典的名著．

［9］ 洲之内治男, 改訂関数解析入門, サイエンス社, 1994.

関数解析の大要を掴むのに格好のハンディな入門書．本書では触れられなかった線形作用素のスペクトル理論や超関数論の入門的な解説もある．

[10] 千葉克裕, 関数解析, 培風館, 1982.
コンパクトな分量の中に丁寧な説明がバランスよくまとめられており，理解の助けになる．

本格的な関数解析

[11] K. Yosida, Functional Analysis, Springer–Verlag, 1965.
世界的な名著として広く読まれている．

[12] 黒田成俊, 関数解析, 共立出版, 1980.
本格的な関数解析が学べる．スペクトル理論やフーリエ解析をきちんと学ぶのに格好の書．

[13] 藤田宏, 黒田成俊, 伊藤清三, 関数解析, 岩波書店, 1991.
物理や工学への応用も意識して丁寧に書かれた本格的な関数解析の定本．

非線形解析と最適化理論への応用

[14] D. G. Luenburger, Optimization by Vector Space Methods, John Wiley & Sons, 1969 (「ルーエンバーガ, 関数解析による最適理論 (増淵, 嘉納 共訳), コロナ社, 1973」がある).
関数解析の工学的応用を本気で志す人にとって価値のある名著．関数解析の基本定理を用いて非線形最適化理論の多くのアイディアがいくつかの幾何学的な原理に帰着されることを明快に解説している．特に直交射影定理を基盤とした豊富な応用例は大学院時代の筆者の目を見開かせてくれた．

[15] E. Zeidler, Nonlinear Functional Analysis and its Applications, I —— Fixed Point Theorems, Springer–Verlag, 1986.
非線形関数解析の 5 巻に及ぶ大著の第 1 分冊 (Part I∼Part V, Part II は 2 分冊におよぶ)．5.3 節の一部で参考にした．

[16] F. Deutsch, Best Approximation in Innner Product Spaces, Springer–Verlag, 2001.
内積空間に限定することにより最良近似理論の美しい成果を平易に提示することに成功している．筆者は，Deutsch 教授の明快な講義に接し，感銘を受けた．第 6 章と第 7 章の一部の議論は Deutsch 教授の本を参考にした．

[17] 高橋渉, 非線形・凸解析入門, 横浜図書, 2005.
初学者が凸解析の核心に一気に接近できるように工夫された好著．第 7 章の一部で参考にした．

[18] 高橋渉, 非線形関数解析学 —— 不動点定理とその周辺, 近代科学社, 1988 (同書の内容をさらに発展させた「W. Takahashi, Nonlinear Functional Analysis —— Fixed Point Theory and its Applications, Yokohama Publishers, 2000」がある).
不動点理論を軸に現代的な視点で非線形関数解析の成果が丁寧に解説されて

いる．

[19] H. Stark and Y. Yang, Vector Space Projections —— A Numerical Approach to Signal and Image Processing, Neural Nets, and Optics, John Wiley & Sons, 1998.

凸射影法 (POCS) とその豊富な応用例を通して，非拡大写像の不動点理論の魅力に触れることができる．

数値解析への応用

[20] 森正武, 数値解析, 共立出版, 1970.

数値解析の数理的な方法を体系的に学ぶのに最適な名著．豊富な例と丁寧な説明を通して背景にある関数解析的な考え方も自然に習得できる．

[21] 有本卓, 数値解析 (1), コロナ社, 1981.

実践的な数値解析のテキスト．特に筆者の専門分野である信号処理工学への応用が意識されて書かれており有難い．応用数学の専門書としても貴重な存在．

[22] 杉原正顯, 室田一雄, 数値計算法の数理, 岩波書店, 1994.

数理を駆使して展開される現在の数値解析の真髄を見ることができる．いくつかの話題では関数解析の諸定理が見事に応用されている．

[23] J. M. Ortega, W. C. Rheinboldt, Iterative solution of nonlinear equations in several variables, Academic Press, 1970.

非線形方程式の解の逐次近似アルゴリズムの大域的な収束解析がニュートン法を中心に丁寧に説明されている．議論は有限次元に限定されているが，関数解析的な議論が駆使されている．

ルベーグ積分の入門書

本書で詳しく述べられなかったルベーグ積分について以下の本を紹介しておく．

[24] 吉田洋一, ルベグ積分入門, 培風館, 1965.

初学者がルベーグ積分の考え方をやさしく理解できるように配慮の行きとどいた名著．

[25] 志賀浩二, ルベーグ積分 30 講, 朝倉書店, 1990.

斬新なスタイルで楽しみながらルベーグ積分の考え方が理解できる画期的な書．なお，同シリーズの「固有値問題 30 講」は本書がカバーしていない“線形作用素のスペクトル理論”への秀逸な入門書になっている．

[26] 河田龍夫, 確率と統計, 朝倉書店, 1961.

工学では雑音解析が必要となることが多く，本格的な議論にはルベーグ積分が現れる．確率論を通して測度論を学ぶとルベーグ積分の意味がよくわかって一石二鳥である．測度論的な確率論が無理なく理解できるよう配慮された名著．

その他

「7.6 展望：凸最適化理論と不動点理論の広がり」で参考にした論文をアルファベット順に挙げておく．

[27] H. H. Bauschke and J. M. Borwein, On projection algorithms for solving

convex feasibility problems, *SIAM Review,* vol.38, pp.367–426, 1996.

[28] P. L. Combettes, Foundation of set theoretic estimation, *Proc. IEEE* 81, pp.182-208, 1993.

[29] B. Halpern, Fixed points of nonexpanding maps, *Bull. Amer. Math. Soc.* **73** pp.957–961, 1967.

[30] P. L. Lions, Approximation de points fixes de contractions, *C. R. Acad. Sci. Paris Sèrie A-B* **284**, pp.1357–1359, 1977.

[31] R. Wittmann, Approximation of fixed points of nonexpansive mappings, *Arch. Math.* **58**, pp. 486-491, 1992.

[32] I. Yamada, The hybrid steepest descent method for the variational inequality problem over the intersection of fixed point sets of nonexpansive mappings, in *Inherently Parallel Algorithm for Feasibility and Optimization and Their Applications,* (D. Butnariu, Y. Censor, and S. Reich, Eds.), pp.473-504, Elsevier, 2001.

[33] I. Yamada, N. Ogura and N. Shirakawa, A numerically robust hybrid steepest descent method for the convexly constrained generalized inverse problems, in *Inverse Problems, Image Analysis, and Medical Imaging,* (Z. Nashed and O. Scherzer, Eds.) *Contemporary Mathematics,* **313** Amer. Math. Soc., pp.269–305, 2002.

[34] I. Yamada and N. Ogura, Hybrid steepest descent method for variational inequality problem over the fixed point set of certain quasi-nonexpansive mappings, *Numerical Functional Analysis and Optimization*, vol.25, no.7&8, pp. 619-655, 2004.

[35] I. Yamada and N. Ogura, Adaptive projected subgradient method for asymptotic minimization of sequence of nonnegative convex functions, *Numerical Functional Analysis and Optimization*, vol.25, no.7&8, pp. 593-617, 2004.

[36] I. Yamada, K. Slavakis and K. Yamada, An efficient robust adaptive filtering algorithm based on parallel subgradient projection technigues, *IEEE Trans. Signal Processing*, vol.50, no.5, pp.1091–1101, 2002.

[37] B. Zhang, J. M. Fadili and J.-L. Starck, Wavelets, Ridgelets, and Curvelets for Poisson noise removal, *IEEE Trans. Image Processing*, vol.17, no.7, pp.1093–1108, 2008.

索　　引

あ 行

か 行

さ 行

た 行

な 行

は 行

ま　行

や　行

ら　行

わ　行

数字・欧字

著者略歴

山田（やまだ）　功（いさお）

1985 年　筑波大学第三学群情報工学卒業

1990 年　東京工業大学大学院理工学研究科博士課程電気・電子工学専攻
修了

現　在　東京工業大学工学院教授
工学博士

専　門　信号処理, 最適化, 逆問題 を中心とした数理工学,
データサイエンス, 情報通信工学

工学のための数学＝EKM–6

工学のための 関数解析

2009 年 5 月 10 日 ©　　初 版 発 行
2018 年 1 月 10 日　　初版第 5 刷発行

著者　山田　功　　発行者　矢 沢 和 俊
印刷者　小宮山恒敏
製本者　米 良 孝 司

【発行】　株式会社　数理工学社
〒151–0051　東京都渋谷区千駄ヶ谷 1 丁目 3 番 25 号
☎（03）5474–8661（代）　サイエンスビル

【発売】　株式会社　サイエンス社
〒151–0051　東京都渋谷区千駄ヶ谷 1 丁目 3 番 25 号
営業☎（03）5474–8500（代）　振替 00170–7–2387
FAX☎（03）5474–8900

印刷　小宮山印刷工業（株）　　製本　ブックアート

≪検印省略≫

ISBN978–4–901683–62–3

PRINTED IN JAPAN

サイエンス社・数理工学社の
ホームページのご案内
http://www.saiensu.co.jp
ご意見・ご要望は
suuri@saiensu.co.jp まで.